全国职业技术院校工程机械运用与维修专业教材

工程机械（挖掘机）维修

人力资源社会保障部教材办公室组织编写

中国劳动社会保障出版社

简介

本书包括挖掘机液压系统常见故障维修、电气系统常见故障维修、动力系统常见故障维修三大模块。主要内容有液压泵常见故障维修、液压控制阀常见故障维修、液压执行元件常见故障维修、电气原理图分析、电气系统故障维修、发动机曲柄连杆与配气机构故障维修、发动机进排气和燃油供给系统故障维修、发动机润滑与冷却系统典型故障维修、发动机综合故障分析。

本书由汪超主编，蒋炜副主编，钱锦秀、黄炜、李樾、李颜、郑佳参加编写，张峻审稿。

图书在版编目（CIP）数据

工程机械（挖掘机）维修 / 汪超主编. —北京：中国劳动社会保障出版社，2017

全国职业技术院校工程机械运用与维修专业教材

ISBN 978-7-5167-3189-5

Ⅰ.①工…　Ⅱ.①汪…　Ⅲ.①挖掘机-机械维修-高等职业教育-教材
Ⅳ.①TU621.07

中国版本图书馆CIP数据核字（2017）第258908号

中国劳动社会保障出版社出版发行

（北京市惠新东街 1 号　邮政编码：100029）

*

河北品睿印刷有限公司印刷装订　　新华书店经销

787 毫米 ×1092 毫米　16 开本　14.25 印张　2 插页　269 千字

2017 年 11 月第 1 版　　2024 年 8 月第 2 次印刷

定价：26.00 元

营销中心电话：400-606-6496

出版社网址：http://www.class.com.cn

http://jg.class.com.cn

前　言

为了更好地适应全国职业技术院校工程机械运用与维修专业的教学要求，全面提升教学质量，人力资源社会保障部教材办公室组织有关学校的骨干教师、行业和企业专家，依据《技工院校工程机械运用与维修专业教学计划和教学大纲（2016）》，在充分调研企业生产和学校教学情况，并吸收和借鉴各地职业技术院校教学改革成功经验的基础上，编写了本套专业教材。

教材体系

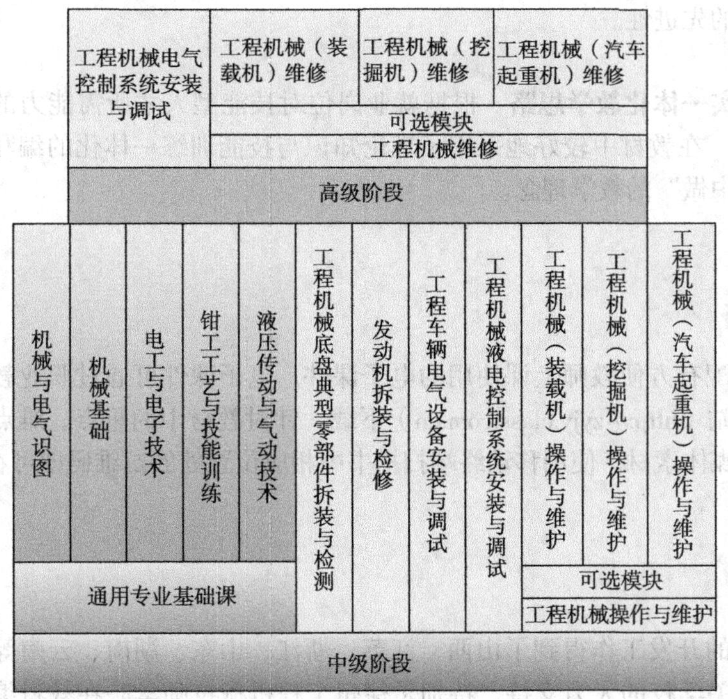

注：通用专业基础课可从机械类、电类通用教材中选用。

适用对象

工程机械运用与维修专业中级、高级两个层次和以下 3 种学制：

• 初中毕业生 3 年学制培养中级工
• 高中毕业生 3 年学制培养高级工
• 初中毕业生 5 年学制培养高级工

编写特色

■ **体现国家标准要求** 以国家职业标准为依据，涵盖相关国家职业标准（中级、高级）的知识和技能要求；以最新的国家技术标准为参照，使教材更加科学和规范。

■ **体现企业需求** 广泛听取包括徐州工程机械集团有限公司等知名企业专家意见，根据企业岗位和教学实践的需求，确定学生应具备的能力与知识结构，并注重教材内容的深度、广度与实际需求相匹配。

■ **体现行业技术发展** 根据工程机械相关领域技术的最新发展，确定新知识、新技术、新设备、新材料等方面的内容，如挖掘机中斗杆和动臂的回转优先与合流控制技术、汽车起重机中的双变量新型节能液压系统、压路机中的基于 CAN-BUS 总线通信系统技术等，保证教材的先进性。

■ **体现理实一体化教学思路** 根据就业岗位对技能型人才所需能力的要求，加强实践性教学内容，在教材中较好地采用了理论知识与技能训练一体化的编写模式，以体现“做中学”“学中做”的教学理念。

教学服务

本套教材配有方便教师上课使用的电子课件，电子课件可通过职业教育教学资源数字学习中心网站（http:// zyjy.class.com.cn）下载。针对教材中的重点、难点，还制作了动画、视频等多媒体素材，使用移动终端扫描书中相应位置处的二维码即可在线观看。

致谢

本次教材的开发工作得到了山西、江苏、浙江、山东、湖南、云南等省人力资源社会保障厅及有关学校的大力支持，特别是徐州工程机械技师学院在教材编写中做了大量的工作，在此我们表示诚挚的谢意。

人力资源社会保障部教材办公室

2017 年 4 月

目 录

模块一 液压系统常见故障维修

液压系统故障是挖掘机故障中最常见的故障之一。本模块主要介绍挖掘机液压泵、液压控制阀、液压执行元件常见故障维修。通过学习，应熟练掌握液压系统的结构组成及故障诊断和排除方法。

课题 1　液压泵常见故障维修

学习目标

1. 了解挖掘机液压泵的结构与原理。
2. 了解挖掘机液压泵的拆解与装配过程和方法。
3. 掌握液压泵的常见故障诊断与排除方法。
4. 掌握液压泵的故障实例分析方法。

液压泵将原动机的机械能转换成工作液体的压力能，按其职能划分，属于液压能源元件，又称为动力元件。液压传动中使用的液压泵都是靠密闭工作空间的容积变化进行工作的，所以又称容积式液压泵。

液压泵按结构可分为齿轮泵、叶片泵、柱塞泵。本课题主要介绍挖掘机上常用的主泵—双联变量轴向柱塞泵、先导泵—单向齿轮泵的基本概念、结构特点、工作原理、常见故障诊断与排除。

一、XE60 型挖掘机主泵的结构与原理

XE60 型挖掘机主泵外观如图 1—1—1 所示，其原理图如图 1—1—2 所示。

图 1—1—1　XE60 型挖掘机主泵外观

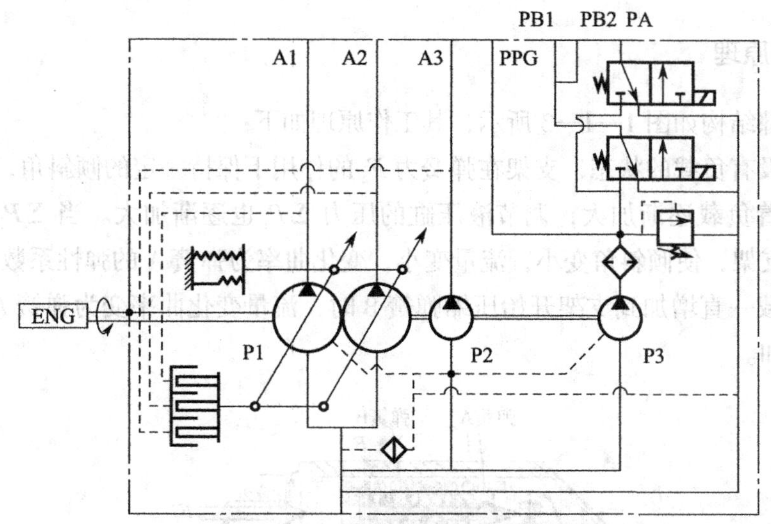

图 1—1—2 XE60 型挖掘机主泵原理图

P1—柱塞变量双泵 P2—齿轮泵 P3—先导泵

1. 主泵参数

（1）发动机额定转速

2 200 r/min。

（2）柱塞变量双泵

1）最大排量：25 × 2 mL/r。

2）额定使用压力：21.5 MPa。

（3）齿轮泵

1）最大排量：16.2 mL/r。

2）额定使用压力：21.5 MPa。

（4）先导泵

1）最大排量：4.5 mL/r。

2）额定使用压力：2.9 MPa。

3）最大输入扭矩：151 N · m。

2. 产品特点

（1）由一个柱塞变量双泵、一个大功率齿轮泵和一个先导泵组成。

（2）该柱塞变量泵有两个出油口 A1、A2，A1 和 A2 出油流量相同。

（3）齿轮泵的最大输出功率可达 15 kW。

（4）先导泵自带溢流阀，保证了稳定的先导压力。

3. 工作原理

主泵内部结构如图 1—1—3 所示，其工作原理如下：

（1）在没有负载的状态，支架在弹簧力 F_a 的作用下保持一定的倾斜角，流量最大。

（2）随着负载逐渐加大，调节液压缸的压力 ΣP_i 也逐渐加大。当 $\Sigma P_i=F_a$ 时，其压力开始推动支架，使倾斜角变小，流量变小，变化曲率为弹簧 A 的弹性系数。

（3）负载一直增加到支架开始压缩弹簧 B 时，流量变化曲率变为弹簧 A 和弹簧 B 的弹性系数之和。

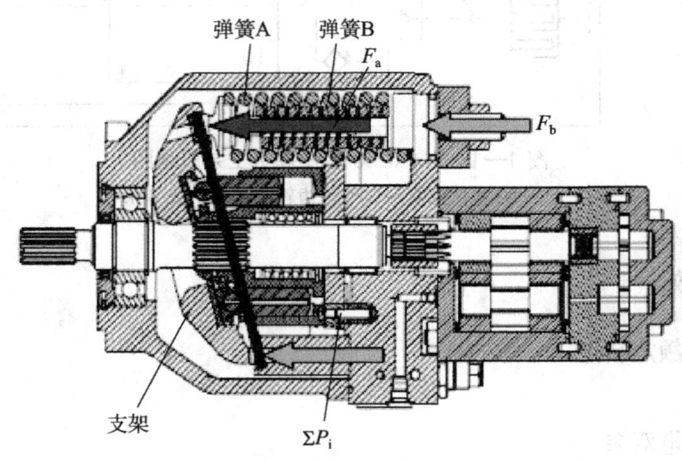

图 1—1—3　主泵内部结构

二、XE 系列中型挖掘机液压泵结构与原理

XE 系列挖掘机主泵采用的泵装置是斜盘式串联轴向柱塞变量双泵，该装置由前泵、后泵和辅助液压泵组成。主泵上装有调节器，对泵进行控制。

1. 辅助液压泵的结构与原理

挖掘机辅助液压泵一般采用齿轮泵，如图 1—1—4 中所示的齿轮泵 5。

齿轮泵具有结构简单、体积小、质量轻、工作可靠、成本低以及对液压油的污染不太敏感、便于维护和修理等优点，因此广泛地用在各种液压机械上。但由于齿轮泵的压力较低，只能作定量泵使用。此外，流量脉动和压力脉动较大，噪声高，故使用范围受到一定限制。

齿轮泵按啮合形式分为外啮合和内啮合两种，分别如图 1—1—5、图 1—1—6 所示，应用较广泛的是外啮合渐开线齿形的齿轮泵，故在此做重点介绍。

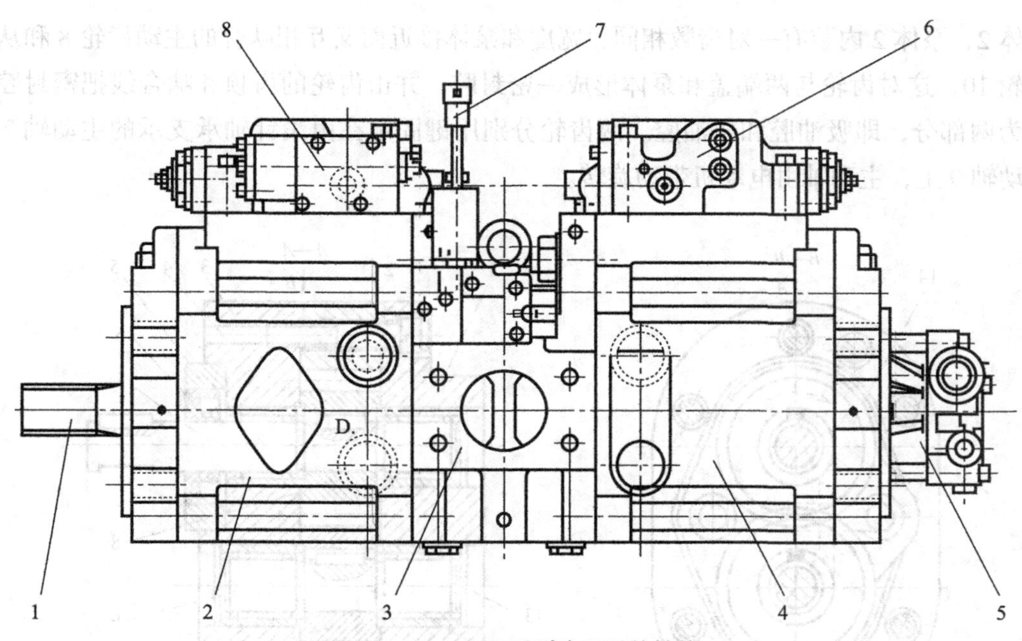

图 1—1—4　XE 系列液压泵的结构

1—驱动轴　2—前泵　3—中泵体　4—后泵　5—齿轮泵　6—后泵调节器　7—比例电磁阀　8—前泵调节器

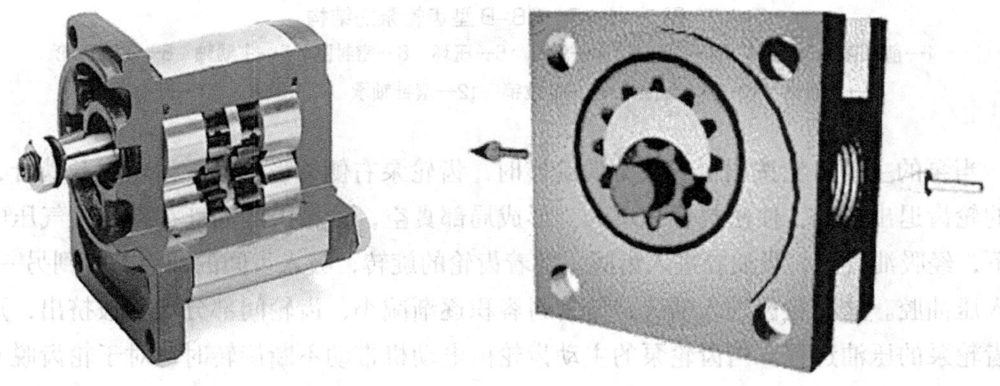

图 1—1—5　外啮合齿轮泵　　图 1—1—6　内啮合齿轮泵

（1）齿轮泵的结构

齿轮泵由一对几何参数完全相同的齿轮、泵体、前盖板、后盖板、长短轴等组成。工作时，两啮合的轮齿将泵体、前盖板、后盖板和齿轮包围的密闭容积分成两部分，轮齿进入啮合的一侧密闭容积减小，经压油口排油，退出啮合的一侧密闭容积增大，经吸油口吸油。

（2）齿轮泵的工作原理

图 1—1—7 所示 CB-B 型齿轮泵为分离三片式结构，三片是指前泵盖 1、后泵盖 3 和

泵体 2，泵体 2 内装有一对齿数相同、宽度和泵体接近而又互相啮合的主动齿轮 8 和从动齿轮 10，这对齿轮与两端盖和泵体形成一密封腔，并由齿轮的齿顶和啮合线把密封腔划分为两部分，即吸油腔和压油腔。两齿轮分别用键固定在由滚针轴承支承的主动轴 7 和从动轴 9 上，主动轴由电动机带动旋转。

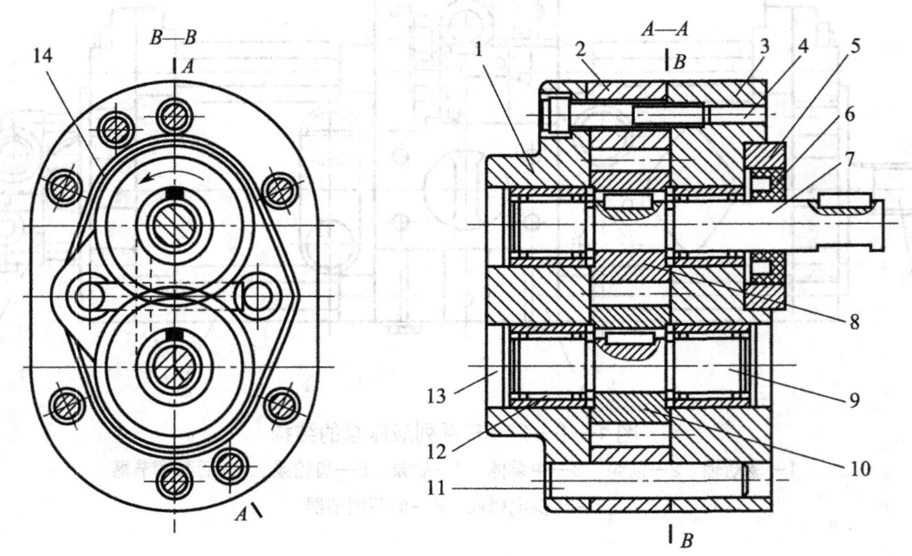

图 1—1—7 CB-B 型齿轮泵的结构

1—前泵盖 2—泵体 3—后泵盖 4—螺钉 5—压环 6—密封圈 7—主动轴 8—主动齿轮 9—从动轴 10—从动齿轮 11—定位销 12—滚针轴承 13—堵头 14—卸荷槽

当泵的主动齿轮按图示箭头方向旋转时，齿轮泵右侧（吸油腔）齿轮脱开啮合，齿轮的轮齿退出齿间，使密封容积增大，形成局部真空，油箱中的油液在外界大气压的作用下，经吸油管路、吸油腔进入齿间。随着齿轮的旋转，吸入齿间的油液被带到另一侧，进入压油腔。这时轮齿进入啮合，使密封容积逐渐减小，齿轮间部分油液被挤出，形成了齿轮泵的压油过程。当齿轮泵的主动齿轮由电动机带动不断旋转时，对于轮齿脱开啮合的一侧，由于密封容积变大则不断从油箱中吸油；而轮齿进入啮合的一侧，由于密封容积减小则不断地排油，这就是齿轮泵的工作原理。

前泵盖、后泵盖和泵体由两个定位销 11 定位，用 6 个螺钉紧固。为了保证齿轮能灵活地转动，同时又要保证泄漏最少，在齿轮端面和泵盖之间应有适当间隙（轴向间隙），小流量泵轴向间隙为 0.025 ~ 0.04 mm，大流量泵为 0.04 ~ 0.06 mm。齿顶和泵体内表面间的间隙（径向间隙）一般取 0.13 ~ 0.16 mm，由于齿顶油液的泄漏方向与齿顶的运动方向相反，故径向间隙稍大些。

为了防止压力油从泵体和泵盖间泄漏到泵外，并减小压紧螺钉的拉力，在泵体两侧的端面上开有油封卸荷槽 14，使渗入泵体和泵盖间的压力油引入吸油腔。在泵盖和从动

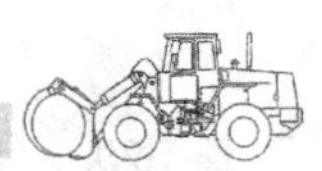

轴上小孔的作用是将泄漏到轴承端部的压力油也引到泵的吸油腔，防止油液外溢，同时也润滑了滚针轴承。

2. 主泵的结构与原理

（1）主泵结构（图 1—1—8）

前泵和后泵通过花键套连接，柴油机的动力经弹性联轴器传到主泵的传动轴，同时驱动两分泵。两泵吸油孔和排油孔分布在中泵体上，公共吸油口向前、后泵供油。

a）

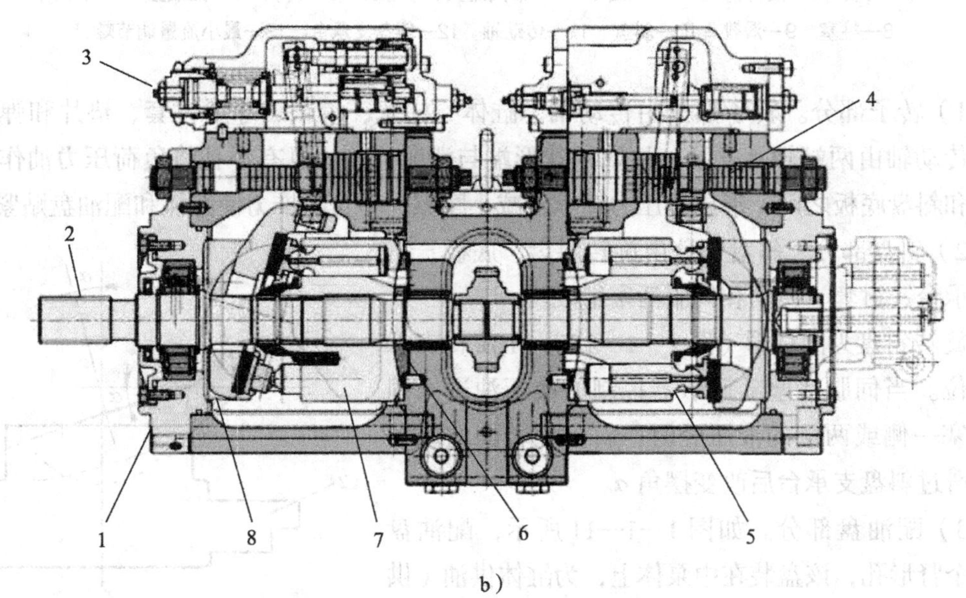

b）

图 1—1—8　主泵实物图和结构图

a）实物图　b）结构图

1—斜盘支承台　2—传动轴　3—调节器　4—伺服活塞倾斜销　5—柱塞　6—配油盘　7—缸体　8—斜盘

主泵主要由转子部分、斜盘部分和配油盘部分组成，如图1—1—9所示。转子部分接受动力做旋转运动，柱塞在缸体中移动（即该装置是整体功能的主要部分），斜盘摆动可改变排量，配油盘可转换吸油和排油。

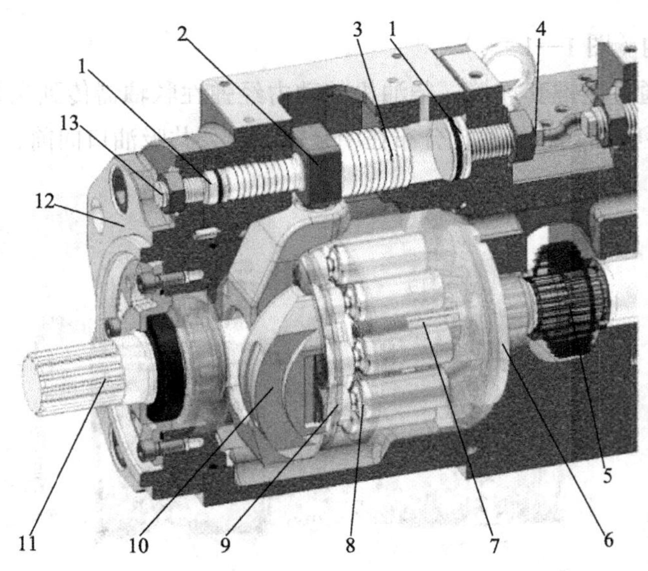

图1—1—9 泵体的结构

1—挡块 2—倾斜销 3—伺服活塞 4—最大流量调节螺钉 5—齿轮 6—配油盘 7—缸体 8—柱塞 9—滑靴 10—斜盘 11—传动轴 12—斜盘支承台 13—最小流量调节螺钉

1）转子部分。转子部分由传动轴、缸体、柱塞、滑靴、球形衬套、垫片和弹簧组成。传动轴由两端轴承支承。柱塞的球形端与滑靴连接，且有小孔将负荷压力油作用在滑靴和斜盘底板之间，形成静压力轴承，减小摩擦。弹簧的推力使缸体和配油盘贴紧。

2）斜盘部分。斜盘部分由旋转斜盘、底板、斜盘支承台、衬套、转销和伺服活塞组成。

旋转斜盘为圆柱形（图1—1—10），由旋转支承台定位。当伺服活塞随调节器控制的液压油进入伺服活塞一侧或两侧的液压腔时，斜盘经转销的球形部分滑过斜盘支承台后改变摆角 α。

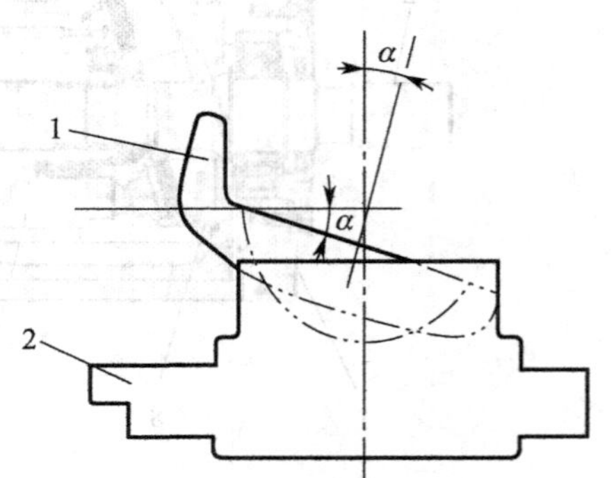

图1—1—10 旋转斜盘部分

1—旋转斜盘 2—斜盘支承台

3）配油盘部分。如图1—1—11所示，配油盘有两个肾形孔，该盘装在中泵体上，为缸体供油（供油口a）和排油（排油口b），并与中泵体上外接口连接。

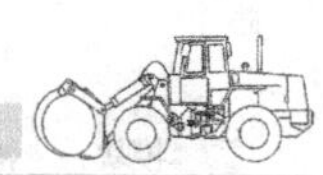

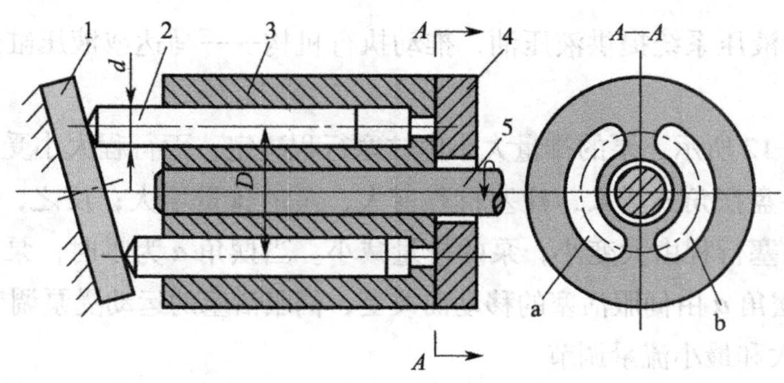

图 1—1—11 配油盘部分

1—斜盘 2—柱塞 3—缸体 4—配油盘 5—传动轴

（2）主泵动作过程及最大、最小流量的调节

1）主泵动作过程。如图 1—1—12 所示，柴油机的动力经弹性联轴器传到泵传动轴，使转子转动，同时，柱塞在缸体中做往复运动，柱塞从下止点运动到上止点为一个行程。当每个柱塞在朝离开配油盘方向的 180° 半周内转动时，柱塞从上止点向下止点运动，容积变大，产生一定真空度，将油经配油盘吸油孔吸入，实现进油过程；在其余的半周（180°）旋转时，柱塞将朝配油盘方向运动，即柱塞从下止点向上止点移动，容积变小，将压力油通过配油盘的出油孔排出，实现排油过程。随着泵的连续旋转，油将不断

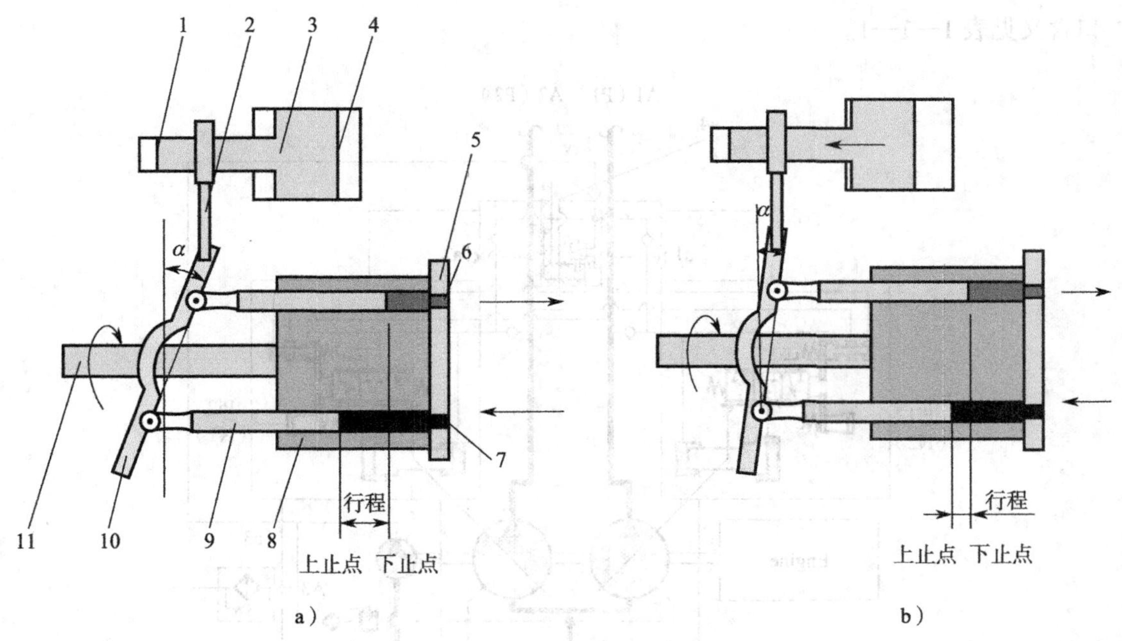

图 1—1—12 主泵的工作原理

a）泵排量变大 b）泵排量变小

1—小端 2—挡销 3—伺服活塞 4—大端 5—配油盘 6—排油孔

7—吸油孔 8—缸体 9—柱塞 10—斜盘 11—传动轴

吸进和排出，给液压系统提供液压油，推动执行机构——马达或液压缸运动，完成能量转换。

如图 1—1—12 所示，泵的排量大小由柱塞行程决定，而行程大小受泵斜盘摆角 α 的影响，即泵的斜盘摆角 α 增大，柱塞行程变大，泵的排量增大；反之，泵的斜盘摆角 α 由大变小，则柱塞行程由大变小，泵的排量减小。当摆角 α 为零时，泵为零排量（即排量为零）。斜盘摆角 α 由伺服活塞的移动而改变，伺服活塞的运动受泵调节器控制。

2）泵的最大和最小流量调节

①最大流量的调节（泵的最大摆角）。调节时，松开六角螺母，拧紧（或松开）最大流量调节螺钉。调节螺钉每拧紧 1/4 圈，最大流量减少 7 L/min。最大流量的调节不改变其他控制性能。

②最小流量的调节（泵的最小摆角）。调节时，松开六角螺母，拧紧（或松开）最小流量调节螺钉。调节螺钉每拧紧 1/4 圈，最小流量增大 5 L/min。最小流量的调节不改变其他控制性能。

注意：如果最小流量调节螺钉拧得过紧，泵输出最大压力时需求功率会增大，柴油机可能出现过负荷。

（3）主泵的液压系统

1）中型挖掘机主泵液压系统。中型挖掘机主泵液压系统如图 1—1—13 所示，各油口含义见表 1—1—1。

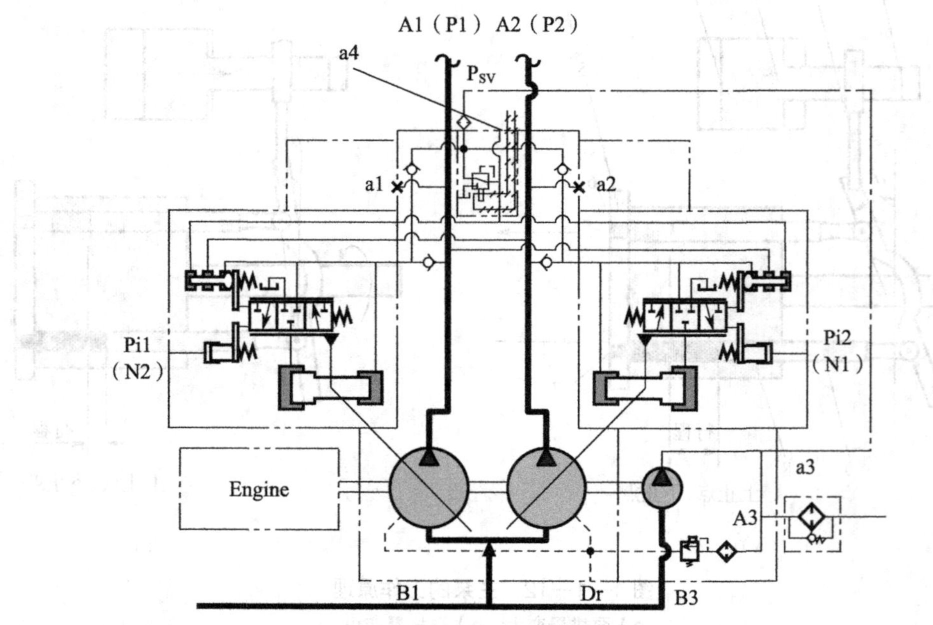

图 1—1—13 主泵的液压系统

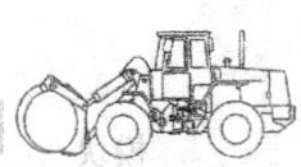

表 1—1—1 油口含义

油口	油口名
A1、A2	出油口
B1	吸油口
Dr	泄油口
Pi1、Pi2	先导油口
a1、a2、a3、a4	测压口
A3	齿轮泵出油口
B3	齿轮泵吸油口

2）工作原理。当发动机停止时，旋转斜盘处在最大倾角位置，如图 1—1—14 所示。当发动机运转时，旋转斜盘倾角逐渐转向最小倾角，转换过程如图 1—1—15 所示。

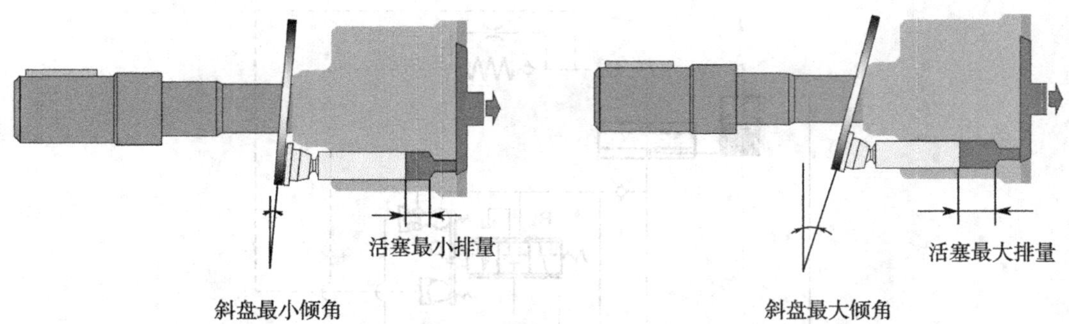

图 1—1—14 斜盘最小倾角和最大倾角对应的最小流量和最大流量

具体过程如下：

①底部溢流阀阻力建立起油压，推着柱塞 A 向左边移动，于是活塞 B 也向左边移动，油压作用于活塞 C 的右端。活塞 C 向左移动，使旋转斜盘旋到流量最小的倾角位置。

②当机器在空载状态下工作时，油压供给液压缸或马达，以至没有油压作用在活塞 A 上，于是活塞 B 停在中间位置，活塞 C 处于使旋转斜盘保持在最大倾角的位置，如图 1—1—16 所示。

③在机器工作过程中，液压缸的油压压缩活塞 D 和 B 的弹簧，使得活塞 B 向左边移动，打开油道，于是油进入活塞 C 的右边，使旋转斜盘的角度由于活塞 C 的面积差而变化。活塞 C 左、右面积的关系如下：

$$S_{左边} < S_{右边}$$

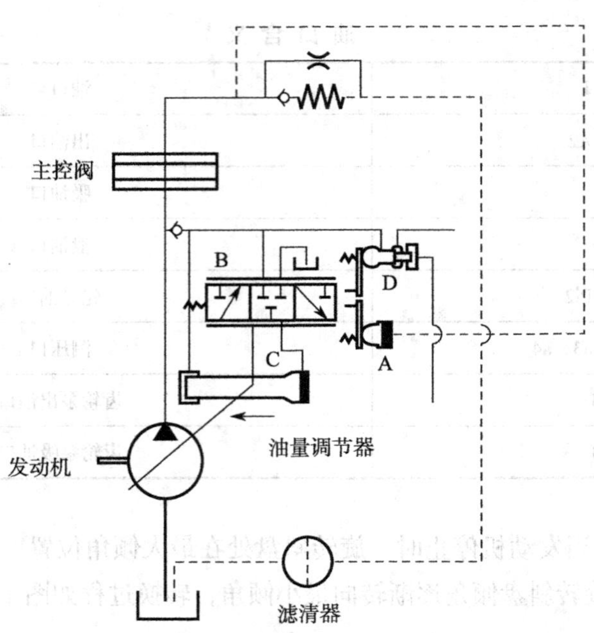

图 1—1—15　发动机运转后斜盘倾角变化图

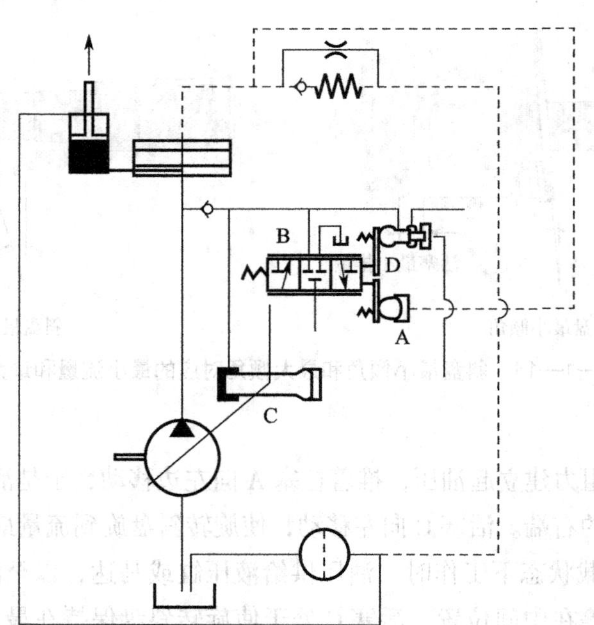

图 1—1—16　泵供给液压缸或马达斜盘倾角变化图

如果负荷压力小于活塞 D 和 B 的弹簧压力，活塞 B 回到中间位置，油道关闭，于是旋转斜盘的倾角变到最大流量位置。

3）调节器控制。调节器控制包括负流量控制、全功率控制及比例电磁阀控制（又称功率变化控制）。

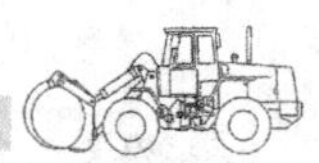

①负流量控制。主控阀中有回油时，通过负反馈阀组的节流孔，使油液在节流孔前产生压力差，将节流孔前的压力引至泵调节器来控制泵的排量，如图 1—1—17 所示。

图 1—1—17　泵负流量控制

当来自主阀 FL 或 FR 口的油进入 Pi1 或 Pi2 口时，最终推动斜盘倾角变小，油压力越大，斜盘倾角越小，泵的流量就越小，如图 1—1—18 所示。

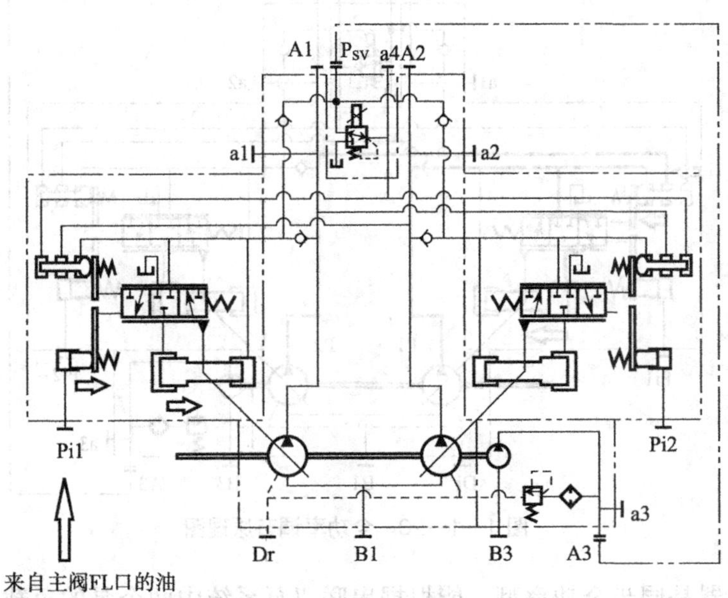

图 1—1—18　负流量控制原理图

靠改变先导压力 p_i，主泵倾斜角（出油流量）可以被任意调节（图 1—1—19）。调节器用于负流量控制时，先导压力 p_i 增大，而出油流量 Q 减少。由于这种作用原理，当获得机器工作所需流量的相应先导压力时，主泵仅仅排出所需流量，所以不会白白消耗功率。

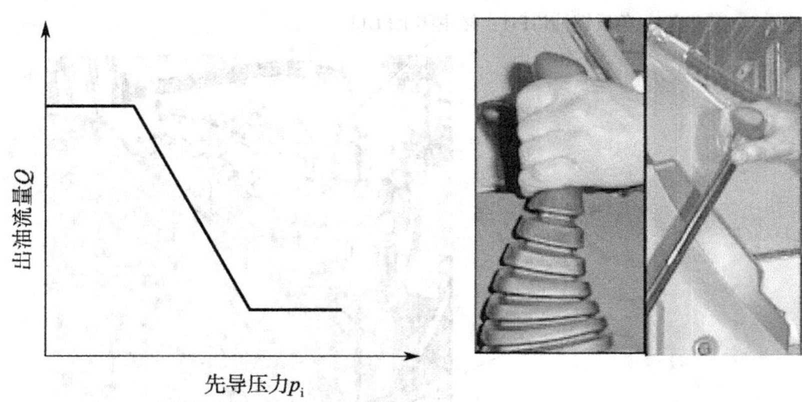

图 1—1—19　出油流量与先导压力的关系

②全功率控制。由于主体泵出油压力 p_1 和从随泵出油压力 p_2 的增大，调节器自动减小主泵倾斜角（出油流量），以把输出扭矩限定在某一数值内（速度恒定时输出功率也恒定），如图 1—1—20 所示。

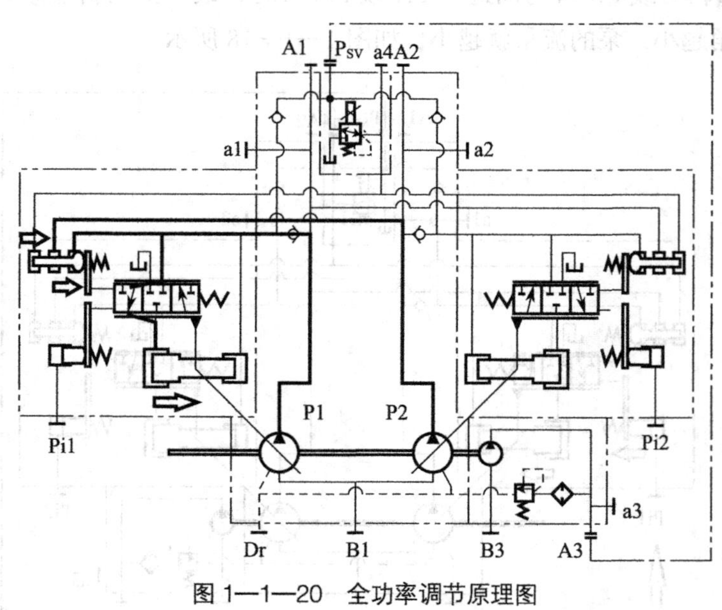

图 1—1—20　全功率调节原理图

因为调节器是同步全功率型，能根据串联双泵系统中两个泵的负载压力和来工作，所以，发动机在进行功率调节时能自动防止过载而不用考虑两泵的负载状况。

因为调节器是同步全功率型，它能把两个泵的倾斜角度（排量）调节至相同值。

③比例电磁阀控制。如图 1—1—21 所示，通过改变比例电磁阀的电流信号值，可以

改变斜盘的倾角。信号值越大，推动斜盘的力越大，因而斜盘倾角越小，流量越小。先导油通过比例电磁阀形成的次级压力 p_f（功率变化压力）通过主泵内部通道平均分配后进入每个油泵调节器的功率控制部分，并把它改变为相同的设定功率。此功能允许任意设定主泵的输出功率，因此可以根据工作状况提供最佳的机器功率。

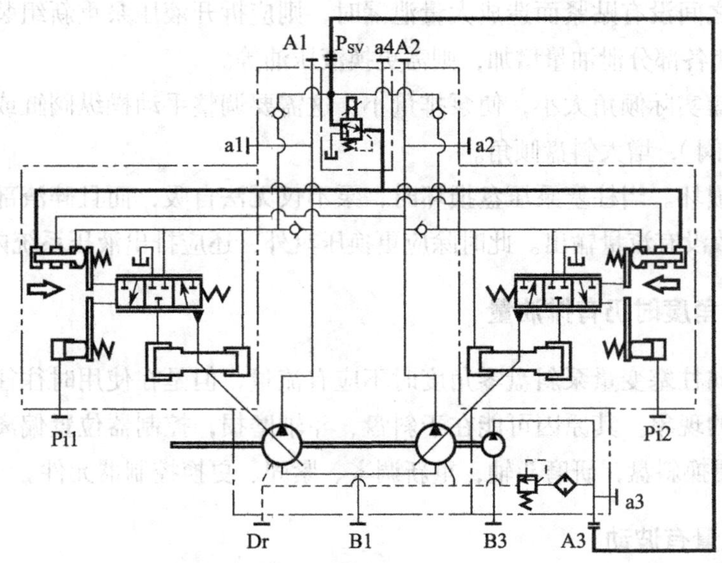

图 1—1—21　比例电磁阀控制原理图

功率模式有 L 模式（轻载模式）、S 模式（经济模式）、H 模式（重载模式）三种。调节监控器上的控制面板可改变功率模式，如图 1—1—22 所示。功率变化压力 p_f 可按图示把主泵的设定功率值调节到所需的功率水平。当功率变化压力 p_f 变大时，就减小了主泵的倾斜角，于是设定的功率值也同样变小；相反，当功率变化压力 p_f 变小时，设定的功率值将变大。

图 1—1—22　控制面板

三、挖掘机液压泵的常见故障诊断与排除

1. 液压泵输出流量不足或无流量输出

（1）泵吸入量不足的原因可能是油箱液压油油面过低、油温过高、进流管漏气、过滤器堵塞等。

（2）泵泄漏量过大的主要原因是密封不良。例如，泵体和配流盘的支承面有砂眼或裂痕，配流盘被杂质划伤，变量机构及其中单向阀各元件之间配合或密封不好等，这可以通过检查泵体内液压油中的异物来判断泵中损坏或泄漏的部位。

故障排除则根据不同的原因进行，如研磨配流盘及缸体端面，研磨单向阀密封面，更换有砂眼或裂纹的零件；当柱塞孔严重磨损或损坏时，应将缸孔重新镀铜、研磨等；若变量机构的活塞磨损严重，可更换活塞，保证活塞与活塞孔间隙为 0.01 ~ 0.02 mm；当配流盘与泵体之间没有贴紧而造成大量泄漏时，则应拆开液压泵重新组装；如果是液压油黏度过低，使各部分泄油量增加，则需更换液压油等。

（3）泵斜盘实际倾角太小，使泵排量小。这需要调整手动操纵阀缸或伺服操纵系统（包括各种操纵阀），增大斜盘倾角。

（4）压盘损坏。当柱塞泵压盘损坏时，泵不仅无法自吸，而且碎渣部分易进入液压系统，可能导致没有流量输出。此时除应更换压盘外，还应排出液压系统内的碎渣等。

2. 斜盘零角度时仍有排油量

斜盘式轴向柱塞变量泵斜盘零角度时不应有流量，但是在使用时往往出现零角度时仍有流量输出的现象。其原因可能在于斜盘、斗轴磨损，控制器位置偏离、松动或损坏等。此时需要更换斜盘，研磨斗轴，重新调零、紧固、更换控制器元件。

3. 输出流量有波动

（1）若流量波动与旋转速度同步、有规则地变化，则可认为是与排油行程有关的零件发生了损伤，如柱塞与柱塞孔、滑靴与斜盘、缸体和配流盘等发生了损伤。

（2）若流量波动很大，对变量泵可以认为是变量机构的控制作用不佳。如异物混入变量机构，控制活塞上划出伤痕等，从而引起控制活塞运动的不稳定。其他如弹簧控制系统可能伴随负荷的变化产生自激振荡，控制活塞阻尼器效果差引起控制活塞运动的不稳定等。

流量的不稳定又往往伴随着压力的波动。出现这类故障时，一般都需要拆开液压泵，更换受损零件，加大阻尼，改进弹簧刚度，提高控制压力等。

4. 输出压力异常

（1）输出压力过低

当泵在自吸状态下时，若进油管路漏气或系统中液压缸、单向阀、换向阀等有较大的泄漏，均会使压力升不上去，此时需要找出漏气处，紧固、更换密封件，即可提高压力。若溢流阀有故障或调整压力低，系统压力也上不去，此时应重新调整压力或检修溢流阀。如果液压泵的缸体与配流盘产生偏差，造成大量泄漏，严重时缸体可能破裂，此时应重新研磨配合面或更换液压泵。

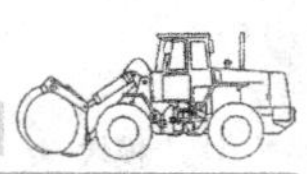

（2）输出压力过高

若回路负载持续上升，泵的压力也持续上升，属于正常现象。若负载一定，泵的压力超过负载所需压力值，则应检查泵以外的液压元件，如方向阀、压力阀、传动装置和回油管道。若最大压力过高，应调整溢流阀。

5. 振动和噪声

（1）机械振动和噪声

泵轴和原动机不同轴，轴承、传动齿轮、联轴器损伤，装配螺栓松动等均会产生振动和噪声。

如果泵的转动频率与组合的压力阀的固有频率相同时，将会产生共振，可通过改变泵的转速来消除共振。

（2）管道内液流产生的噪声

当进油管道太细，粗过滤器堵塞或回油能力减弱，进油管道中混入空气，油液黏度过高，油面太低导致吸油不足，高压管道中有压力冲击等时，均会产生噪声。处理方式为正确设计油箱，合理选用过滤器、油管、方向控制阀等。

6. 液压泵过度发热

液压泵过度发热主要是由于系统内高压油流经各液压元件时产生节流压力损失。处理方式为正确选择运动元件之间的间隙以及油箱容量、冷却器的大小。

7. 漏油

液压泵的漏油可分为外漏与内漏两种。内漏在漏油量中的比例最大，其中缸体与配流盘之间的内泄漏又是主要的。为此要检查缸体与配流盘是否有烧蚀、磨损现象以及安装是否合适等，检查滑阀与斜盘间的滑动情况以及变量机构控制活塞的磨损状态。

故障的排除视检查情况进行，必要时除更换零件、油封、加粗或疏通漏油管孔外，还要适当选择运动件之间的间隙，如变量控制活塞与后泵盖的配合间隙应为 0.01 ~ 0.02 mm。

8. 变量操纵机构过大或过小造成操纵失灵

（1）对于手动伺服或变量泵，有时操纵杆停不住，原因和解决办法如下：

1）伺服阀的阀芯对阀套油槽的遮盖量不够，此时需检查阀套位置，更换阀芯。

2）伺服阀的阀芯被卡死，此时需清洗、研磨、更换阀芯。

3）变量控制活塞磨损严重，造成漏油和停住，应更换活塞。

4）伺服阀的阀芯端部折断，此时需要更换阀芯。

（2）液控变量泵的变换速度不够，原因和解决办法如下：

1）控制压力太低，此时应提高控制压力，使其达到 3 ~ 5 MPa。

2）控制流量太小，此时应增大控制流量。

9. 液压泵发生气穴故障

液压泵出现气穴现象时，气泡破坏了液流的连续性，会造成液压泵流量压力的脉动。严重时，带有气泡的液体随泵的转动进入高压区，高压使气泡瞬间破灭，引发振动及噪声，甚至引起局部液压冲击，并产生局部高温。当附着在金属表面上的气泡发生破裂时，它所产生的局部高温和高压会使金属表面发生氧化剥蚀，称为气蚀。气蚀不仅会严重侵蚀液压泵内的金属零件，缩短其使用寿命，更会加剧工作油液的炭化发黑，危害极大。

液压泵气穴故障诊断流程如图 1—1—23 所示。

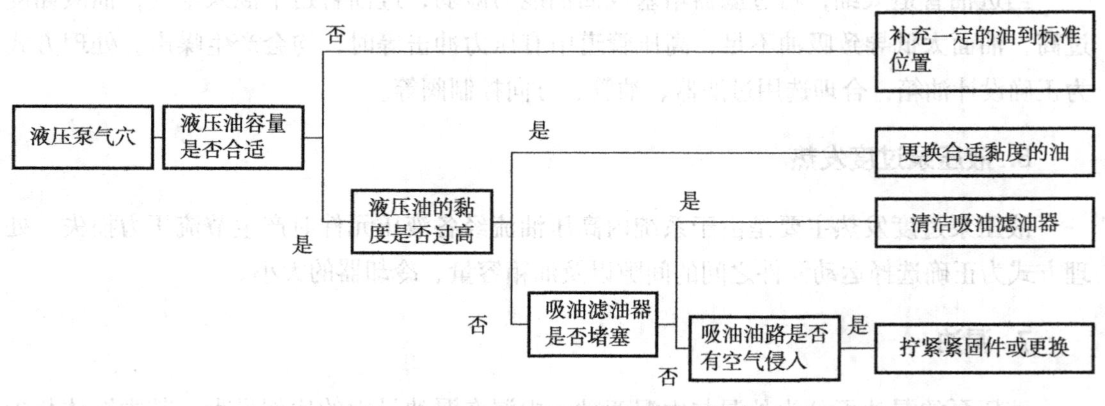

图 1—1—23　液压泵气穴故障诊断流程

课题 2　液压控制阀常见故障维修

学习目标

1. 熟悉挖掘机工作装置、行走装置、回转装置三部分的液压油路分析。
2. 熟悉挖掘机主控制阀的结构、原理及故障的诊断与排除方法。
3. 掌握挖掘机先导阀的结构与原理。

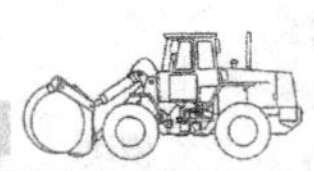

一、主控制阀的结构

下面主要针对小型挖掘机（XE60 型）和中型挖掘机（XE210 型）进行讲解。

1. XE60 型挖掘机主控制阀

（1）外形结构（图 1—2—1）

图 1—2—1　XE60 型挖掘机主控制阀外形结构

（2）规格尺寸及对应功能

XE60 型挖掘机主控制阀的主要参数、各口功能及各油口尺寸如图 1—2—2 所示。

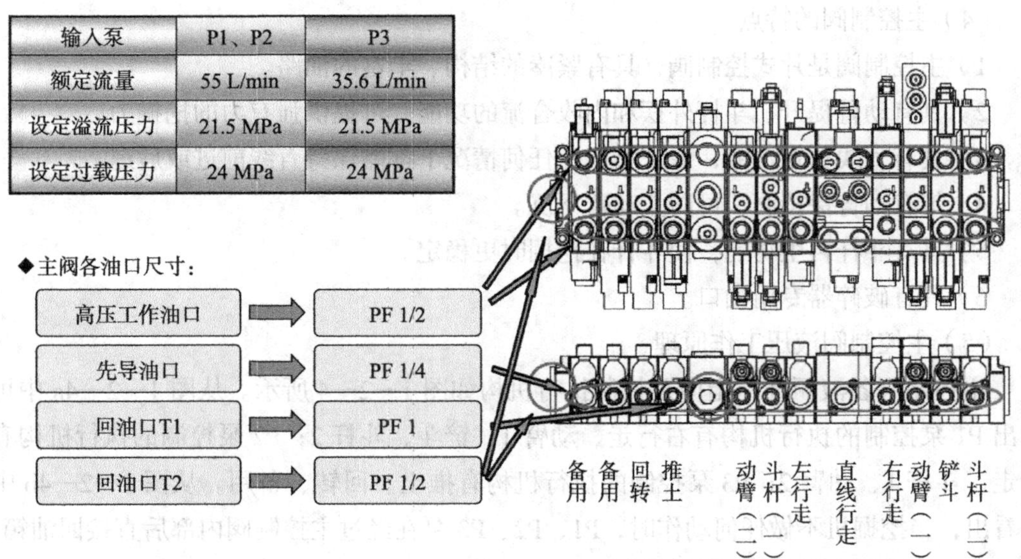

输入泵	P1、P2	P3
额定流量	55 L/min	35.6 L/min
设定溢流压力	21.5 MPa	21.5 MPa
设定过载压力	24 MPa	24 MPa

图 1—2—2　主控制阀的主要参数、各口功能及各油口尺寸

（3）内部结构

主控制阀内部结构如图 1—2—3 所示，它主要由先导形式的阀芯控制整个油路的方向，通过过载溢流阀起到安全保护作用。

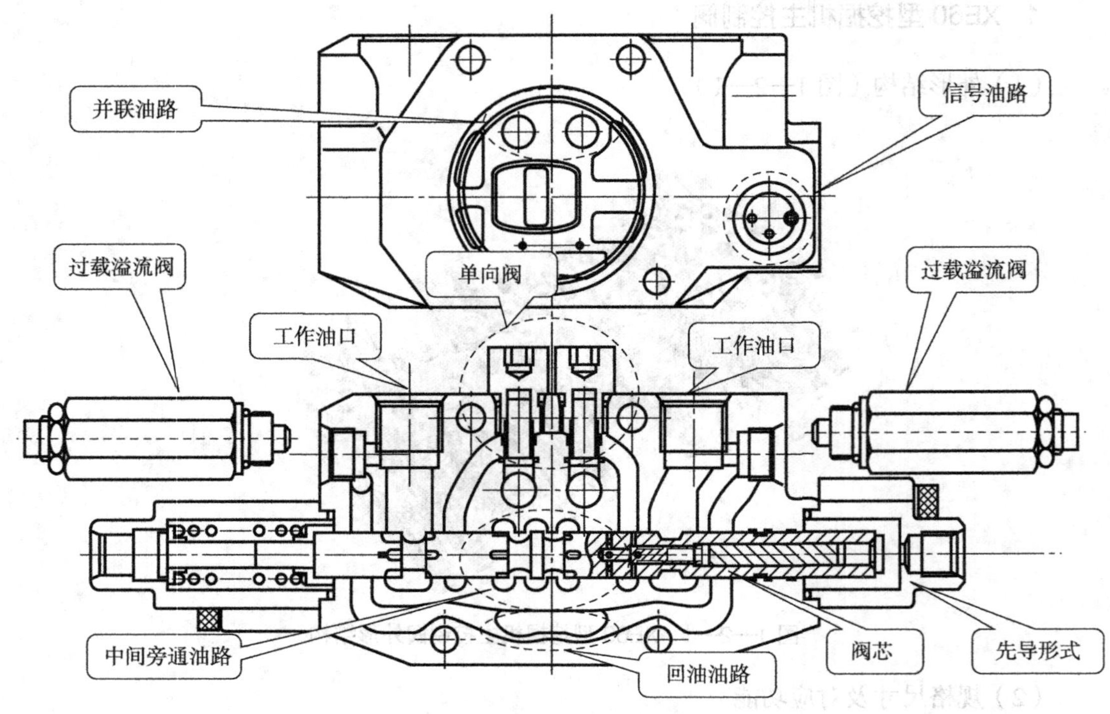

图 1—2—3　主控制阀内部结构

（4）主控制阀的特点

1）主控制阀是片式控制阀，具有紧凑的结构、丰富的油路。

2）具有动臂提升、斗杆外摆和内收合流的功能，可提供强有力的挖掘力。

3）具有直线行走功能，保证整机在任何情况下都能保持直线前进或后退。

4）带有动臂保持阀，可防止动臂下沉。

5）具有斗杆再生功能，使斗杆在挖掘时更稳定。

6）具有破碎器专用油口。

（5）主控制阀液压工作原理

主控制阀各液压油路走向及控制执行机构如图 1—2—4 所示。从图 1—2—4a 中可以看出 P1 泵控制的执行机构有右行走、动臂 1、铲斗、斗杆 2；P2 泵控制的执行机构有左行走、斗杆 1、动臂 2；P3 泵控制的执行机构有推土、回转、备用。从图 1—2—4b 中可以看出，当挖掘机不做任何动作时，P1、P2、P3 泵在经过主控制阀内部后直接回油箱。

XE60 型液压系统原理图见附图 1。

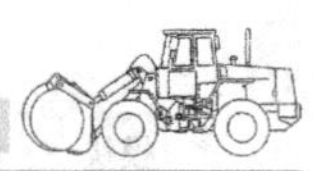

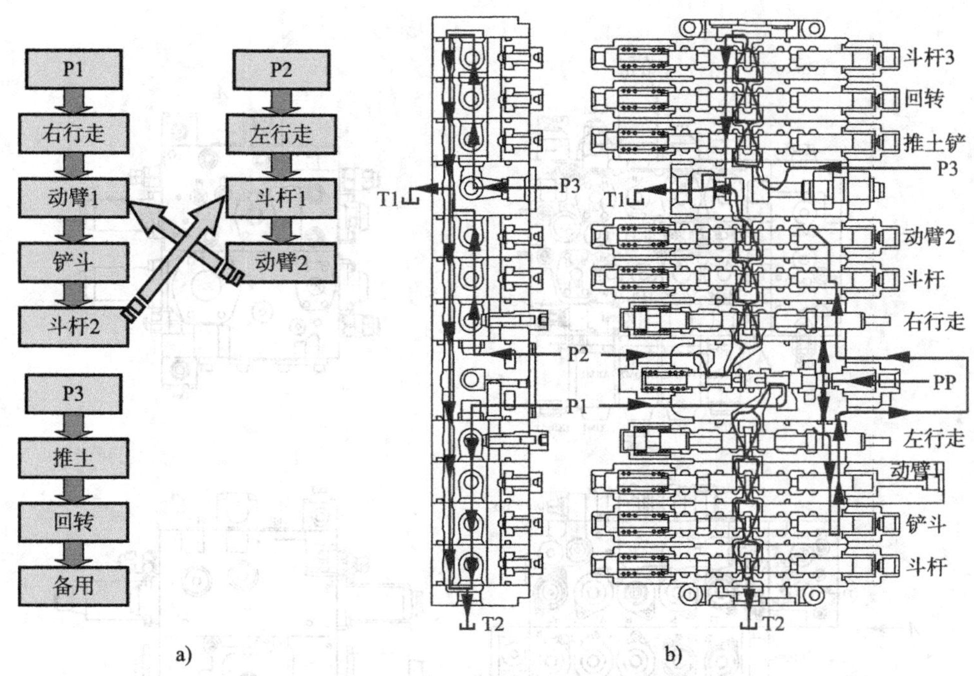

图 1—2—4 液压油路走向及控制执行机构

a）液压油路走向 b）控制执行机构

2. XE210 型挖掘机主控制阀

（1）主控制阀结构

XE210 型挖掘机主控制阀实物外形如图 1—2—5 所示，其结构视图如图 1—2—6 所示。

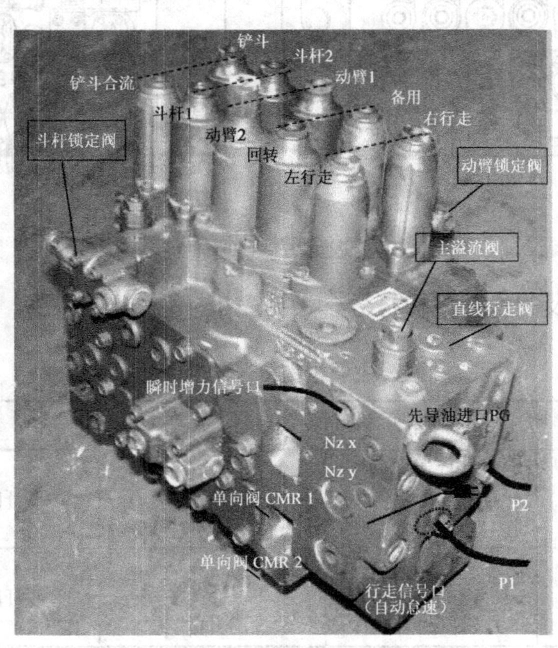

图 1—2—5 主控制阀实物外形

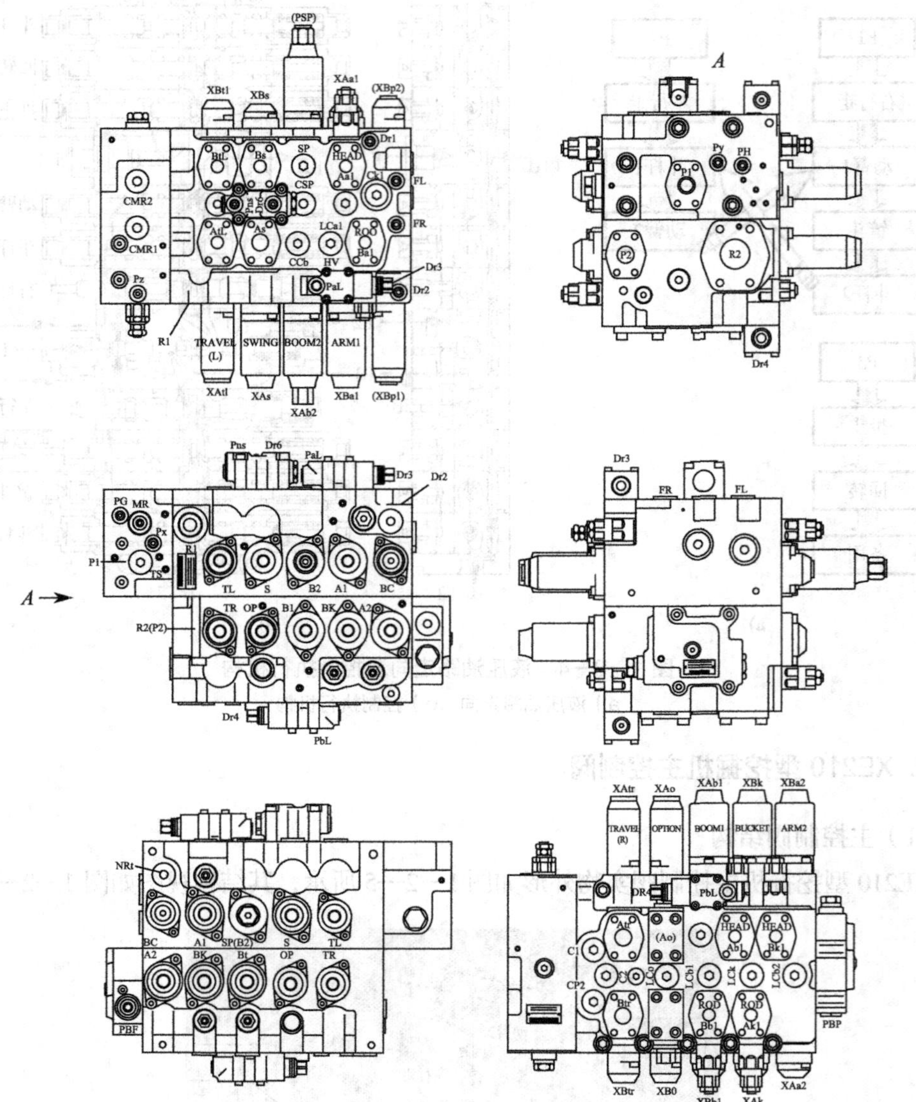

图 1—2—6 主控制阀结构视图

图 1—2—6 中涉及的主要机构符号含义见表 1—2—1。

表 1—2—1 主要机构符号含义

序号	执行机构	机构含义	对应先导阀口	阀口含义
1	ARM1	斗杆 1	XAa1	斗杆阀芯 1 的两个先导阀口
			XBa1	
2	ARM2	斗杆 2	XAa2	斗杆阀芯 2 的两个先导阀口
			XBa2	

续表

序号	执行机构	机构含义	对应先导阀口	阀口含义
3	BOOM1	动臂 1	XAb1	动臂阀芯 1 的两个先导阀口
			XBb1	
4	BOOM2	动臂 2	XAb2	动臂阀芯 2 的两个先导阀口
			XBb2	
5	BUCKET	铲斗	XAk	铲斗的两个先导阀口
			XBk	
6	SWING	回转	XBs	回转的两个先导阀口
			XAs	
7	TRAVEL（L）	左行走	XBt1	左行走的两个先导阀口
			XAt1	
8	TRAVEL（R）	右行走	XBtr	右行走的两个先导阀口
			XAtr	
9	OPTION	备选（破碎锤等）	XA0	备选口的两个先导阀口
			XB0	

（2）主控制阀的特点

1）具有负流量控制系统。

2）具有极佳的可控制性。

3）结构紧凑且整体铸造而成，不易漏油。

4）具有回转优先功能。

5）具有直线行走功能。

6）具有瞬时增压功能。

7）具有斗杆合流、动臂合流功能。

8）具有中位锁定功能。

二、主控制阀的工作原理

1. 空挡油路

当操纵杆处在空挡位置时，来自主泵的压力油通过控制阀流回液压油箱，如图 1—2—7 所示。

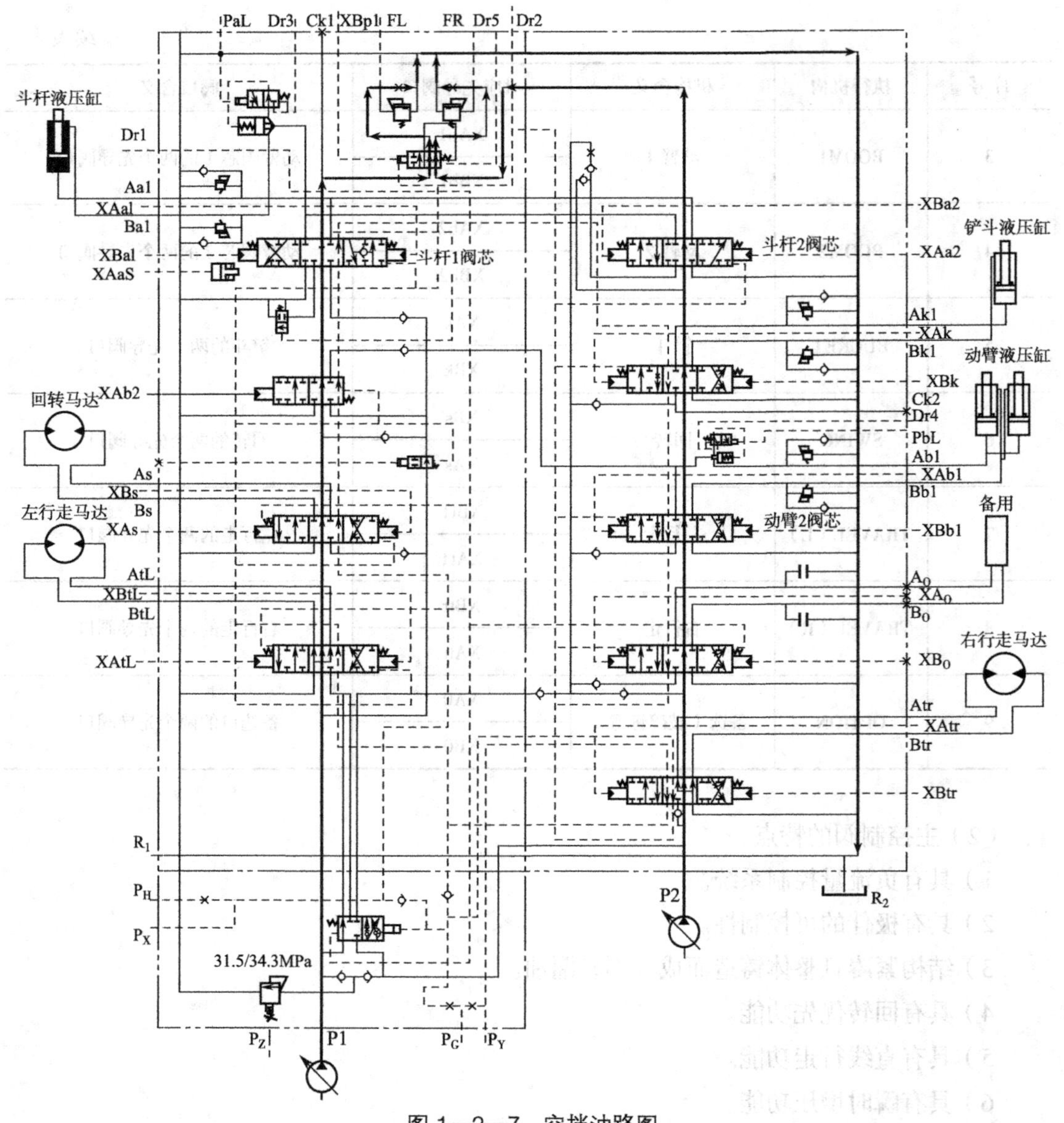

图 1—2—7　空挡油路图

2. 单一作业油路

当 P1 泵的压力油流到左侧控制阀中单一动作左侧先导阀柱时，压力油分别流到左行走、回转、动臂 2、斗杆 1 的各阀柱中，使得各执行机构工作。

当 P2 泵的压力油流到右侧控制阀中单一动作右侧先导阀柱时，压力油分别流到右行走、备用、动臂 1、铲斗的各阀柱中，使得各执行机构工作。

3. 斗杆合流（斗杆外摆时合流）

斗杆由来自两个泵的压力油进行驱动（斗杆合流），如图 1—2—8 所示。具体过程如下：

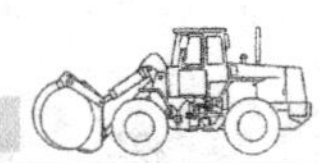

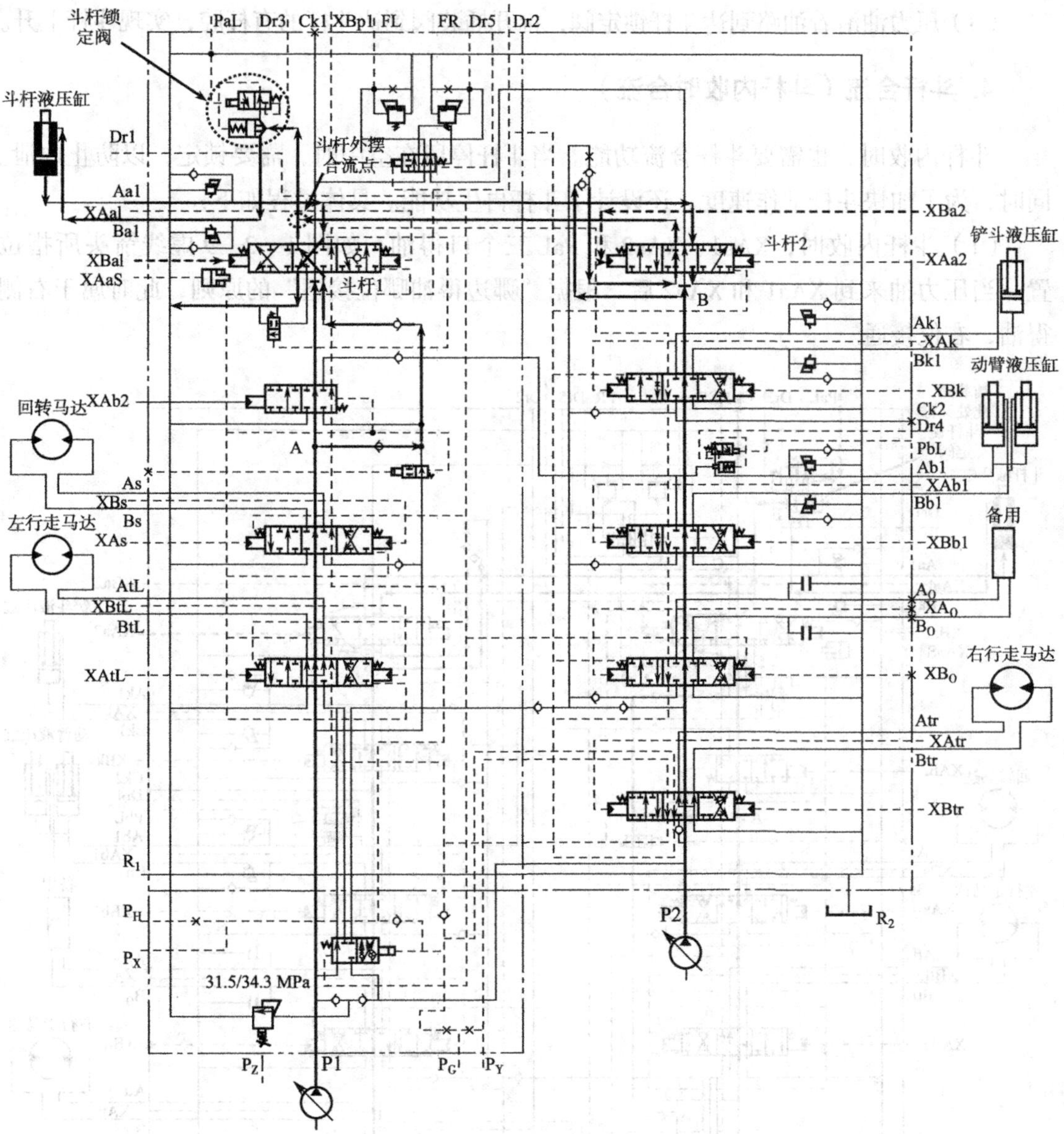

图 1—2—8　斗杆外摆工作原理图

（1）当先导手柄做外摆动作时，先导油到达先导控制阀口 XBa1 和 XBa2，换向阀在先导油的推动下根据“哪边得油哪位接通”的原则，结果都是左侧斗杆先导阀的阀芯得油，因而都是左位接通。

（2）当 P1 泵和 P2 泵的压力油流到斗杆 1 和斗杆 2 时，中位不通，需要往回找“节点”（油路的交叉口）。P1 泵的压力油往回找到 A 口，从 A 口顺着油路到达斗杆 1 从左往右数的第 4 油口，对应左位第一油口的油路是通路。同样，P2 泵的压力油沿着节点 B 口到达斗杆外摆合流点与 P1 泵的压力油实现合流。

（3）压力油沿着油路到达斗杆锁定阀，推开插装阀到达斗杆的有杆腔，实现斗杆上升。

4. 斗杆合流（斗杆内收时合流）

斗杆内收时，也需要斗杆合流功能。当斗杆停留在空中时，需要锁定，以防止内泄。同时，为了加快斗杆动作速度，还设计了斗杆再生功能。具体过程如下：

（1）斗杆内收时，XAa1、XAa2 和 PaL 三个口得油，如图 1—2—9 虚线箭头所指位置。当压力油来到 XAa1 和 XAa2 后，根据“哪边得油哪位接通”的原则，此时属于右侧得油，右位接通。

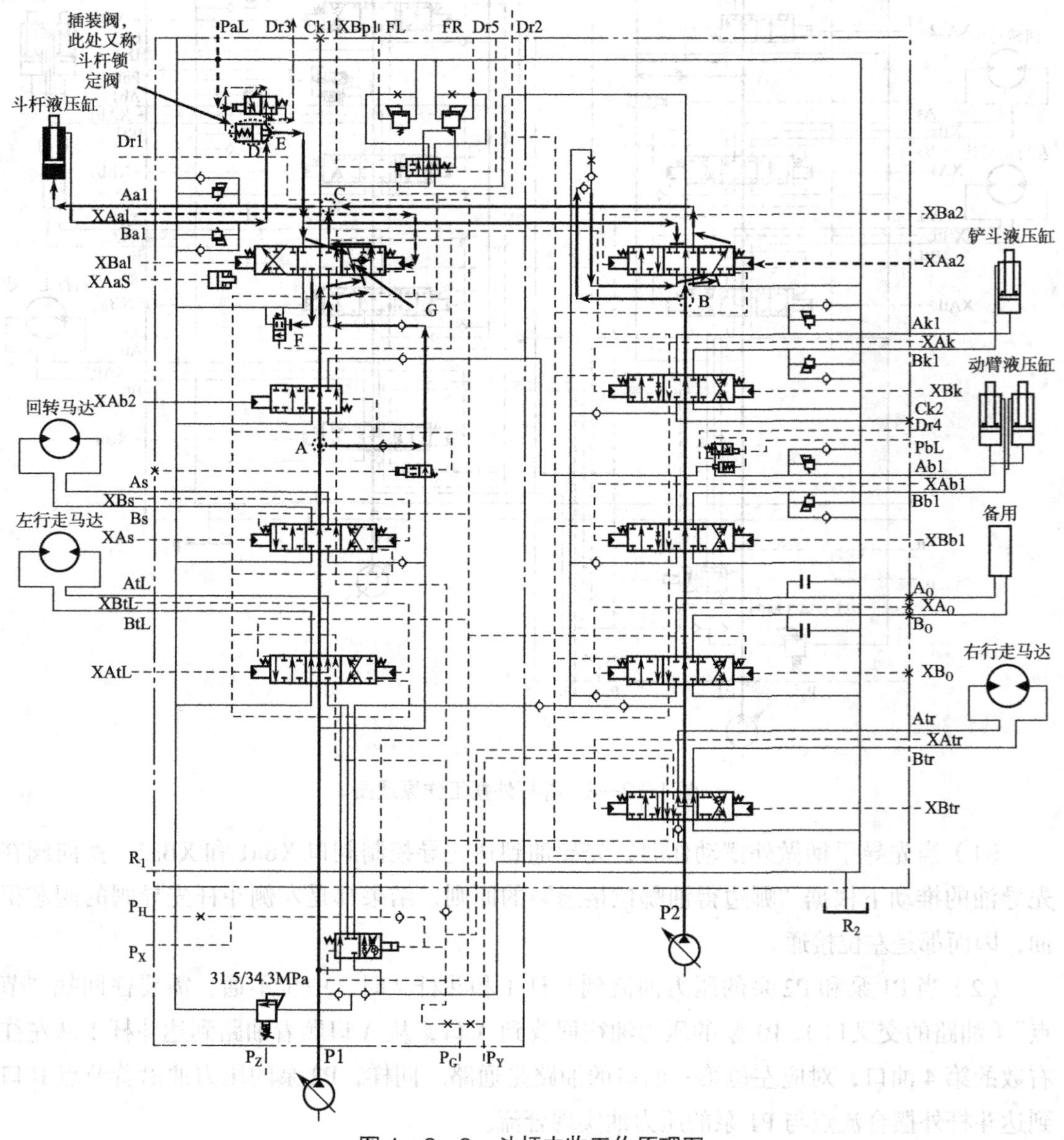

图 1—2—9　斗杆内收工作原理图

（2）P1 泵的压力油到达斗杆 1 阀芯处，由于右位接通，因而第三油口不通，顺着原路返回找到节点 A，从 A 点一直向前到斗杆 1 阀芯，原先接的是三位九通换向阀中位第四油口，现与右位第四油口相通，形成通路，压力油到达 C 点。

（3）P2 泵的压力油到达斗杆 2 阀芯处，由于右位接通，因而第三油口不通，顺着原路返回找到节点 B，从 B 点一直向前到斗杆 2 阀芯，原先接的是三位九通换向阀中位第二油口，现从右位第二油口流入直到 C 点与 P1 泵的压力油形成合流。合流后的压力油进入斗杆液压缸的无杆腔，实现斗杆内收。

5. 斗杆再生

斗杆内收从无杆腔进油，从有杆腔出油。压力油来到插装阀的 D 口位置，如图 1—2—9 与图 1—2—10 所示。

当压力油到达 D 口时，如果图 1—2—11 中的二位三通换向阀没有被换位，进入插装阀有杆腔的压力油就会顺着二位三通换向阀流到插装阀的无杆腔。根据压力油产生的力 $F=pA$，其中 p 是油压，A 是受力面积，得出插装阀无杆腔产生的力大于有杆腔产生的力，因而只会越推越紧，D 口的油无法从 E 口流出。

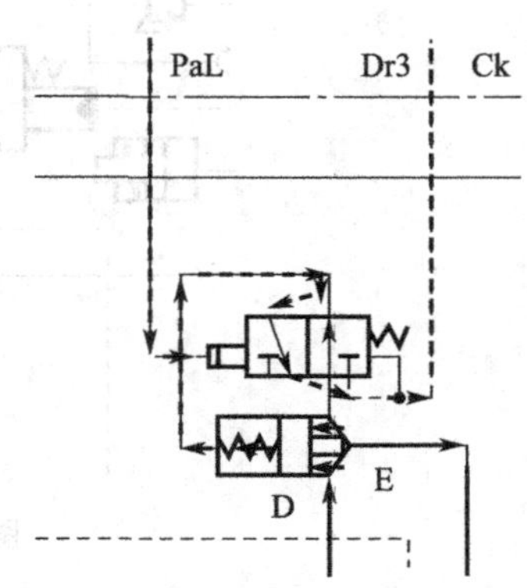

图 1—2—10　液压锁定阀原理图

斗杆做内收动作时，除了 XAa1 和 XAa2 口外，PaL 口被接通。PaL 口一旦被接通，则二位三通换向阀左位接通，此时，从 D 口来的油无法从二位三通换向阀进入插装阀的无杆腔，无杆腔此时只受弹簧的弹力，因而从 D 口进入有杆腔的油很轻易地就能将活塞向左推动，无杆腔中原有的油会从 Dr3 口流回油箱，从而打开插装阀，使得 D 口与 E 口接通，完成正常的回油。

从 E 口出来的油分两路，一路到达斗杆 2，但是右位不通；另一路到达斗杆 1，从斗杆 1 右位上面第一油口进，下面第二油口出，来到 F 口，由于二位二通换向阀不通，因而需要往回找节点，第一个节点在阀芯内的 G 点，从 G 点经过单向阀又回到原来的进油管路中，与原来的油汇合到达斗杆液压缸的无杆腔，实现斗杆内收，此过程即为斗杆再生，如图 1—2—11 所示。

6. 斗杆锁定

斗杆锁定一般用在当需要挖掘机很长时间定位不动（如吊装焊接管道时）的情况下。由于圆柱形阀杆总会有少量泄漏，单靠主阀中位闭锁（当液压缸无内泄时）是不可靠的。因此必须在主阀与液压缸之间再设置一个液压锁定阀，从而保证动臂缸和斗杆缸长时间定位。

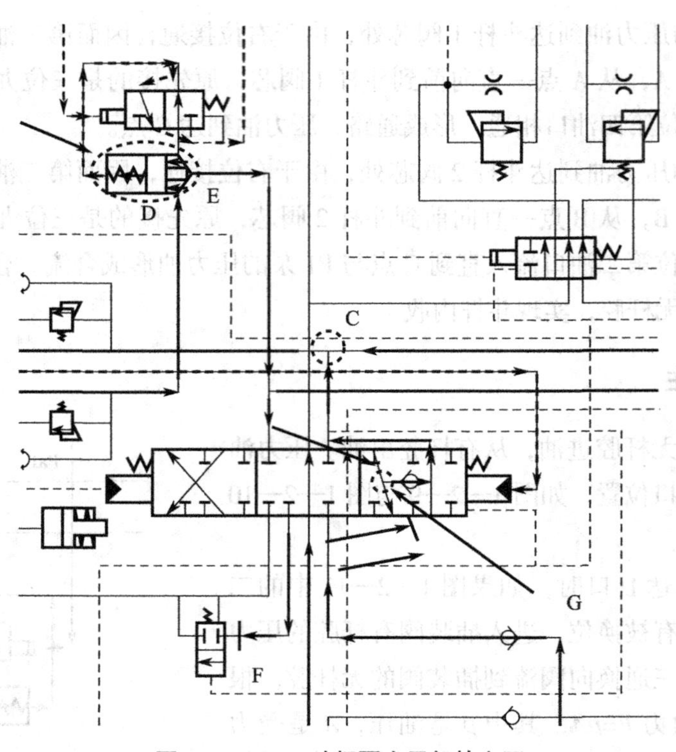

图 1—2—11　斗杆再生局部放大图

如图 1—2—12 所示，当挖掘机负载重物悬空很长时间且先导手柄不做任何动作时，油口 PaL 得不到油，此时两位三通换向阀右位接通。在重物重力的作用下就会使斗杆有内收的趋势，液压油从斗杆液压缸有杆腔的 D 口流入插装阀有杆腔，通过插装阀有杆腔继续运行至二位三通换向阀右位，直至插装阀无杆腔。由于插装阀两端的液压油来自同一路，因而油压是相同的，但是产生的压力与受力面积成正比，无杆腔的压力为油产生的推力 F_1 和弹簧弹力 $F_{弹}$之和，有杆腔的压力为 F_2。而 $F_1=pA_1$，$F_2=pA_2$，A_1 为插装阀无杆腔油液受力面积，A_2 为插装阀有杆腔油液受力面积。显然 $A_1>A_2$，所以 $F_1>F_2$，那么 $F_1+F_{弹}>F_2$。因而此时的插装阀无论如何都不能被向左推开，因而起到了斗杆锁定作用。

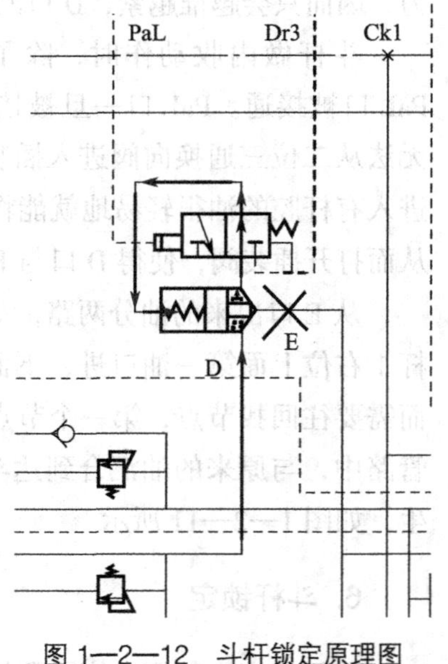

图 1—2—12　斗杆锁定原理图

7. 动臂合流

动臂在上升过程中需要的油量较大，因而也需要动臂合流。合流过程如下：

（1）先导阀芯动作。动臂上升时，XAb1 和 XAb2 两个口得油，如图 1—2—13 虚线箭头所指位置。当压力油来到 XAb1 和 XAb2 先导油口后，换向阀左侧得油，左位接通。

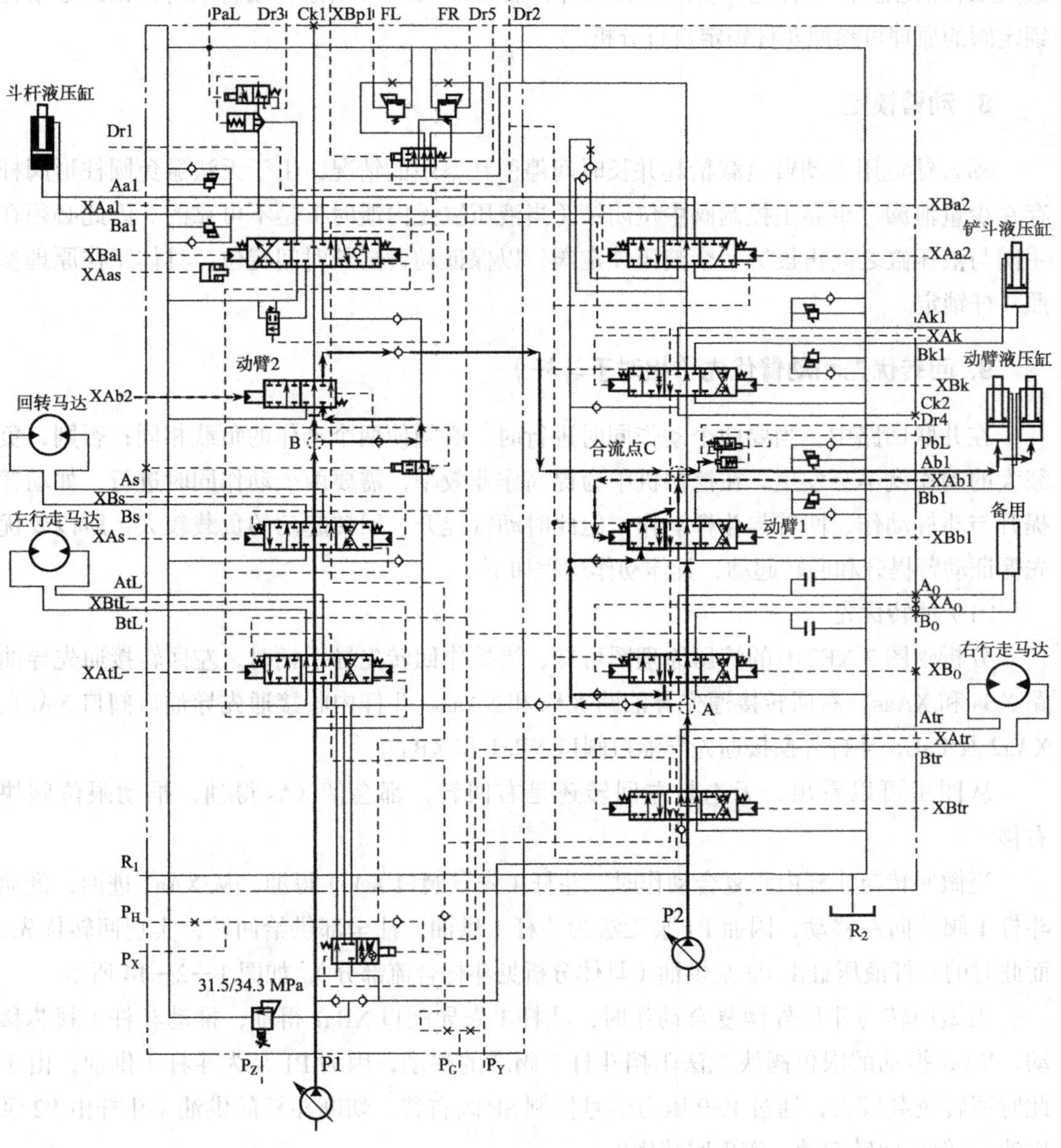

图 1—2—13　动臂合流原理

（2）P2 泵的压力油来到动臂 1 阀芯处，此时左位接通，左位第三油口不通，顺着原路返回找到节点 A，从 A 点一直向前到斗杆 1 阀芯下方第二油口，此路为通路，压力油到达 C 点。

(3) P1 泵的压力油来到动臂 2 阀芯处，由于左位接通，因而第三油口不通，顺着原路返回找到节点 B，从 B 点一直向前到动臂 2 阀芯，原先接的是二位八通换向阀右位第二油口，现从左位第三油口流入，直到 C 点与 P2 泵的压力油形成合流。合流后的压力油进入动臂液压缸的无杆腔，实现动臂上升，如图 1—2—13 所示。动臂上升回油经过动臂锁定阀的原理可参照斗杆锁定自行分析。

8. 动臂锁定

动臂锁定用于动臂负载抬起并长时间停留在空中的情况，由于无法避免圆柱形阀杆存在少量泄漏，单靠主控制阀中位闭锁（当液压缸无内泄时）是不可靠的。因此必须在主阀与液压缸之间再设置一个液压锁定阀，以保证动臂缸长时间定位，具体工作原理参照斗杆锁定。

9. 回转优先和动臂优先（相对于斗杆）

在并联回路中，当要两个动作同时进行时，必须使两个动作的负载相同；否则，负载大的动作就不会发生。在挖掘机中为提高作业效率，需要两个动作同时进行，如动臂提升与斗杆动作、回转与斗杆动作，但此时动臂提升、回转起动的负载较大，所以要优先保证动臂提升和回转起动，具体动作过程如下：

（1）回转优先

分析附图 2 XE210 的液压原理图可知，当操作回转先导手柄时，左回转接通先导油路 XBs 和 XAas，右回转接通先导油路 XAs 和 XAas。斗杆内收接通先导油口阀口 XAa1、XAa2 及 PaL，斗杆外摆接通先导油口阀口 XBa1 和 XBa2。

从图中可以看出，无论是左回转还是右回转，都会使 XAs 得油，推动限位阀块右移。

当做回转与斗杆内收复合动作时，斗杆 1 先导阀口 XAa1 得油，从 XAa1 进油，推动斗杆 1 阀芯向左移动，因而 P1 泵无法为斗杆 1 供油，油全部供给回转，实现回转优先，而此时的斗杆液压缸由 P2 泵供油（具体分析见斗杆合流部分），如图 1—2—14 所示。

当做回转与斗杆外摆复合动作时，斗杆 1 先导阀口 XBa1 得油，推动斗杆 1 阀芯移动，XAas 推动的限位阀块无法阻挡斗杆 1 阀芯的移动，因而 P1 泵为斗杆 1 供油，由于此时回转负载较大，通过 PSP 压力信号控制 SP 阀右移，切断斗杆的供油（斗杆由 P2 泵供油），保证回转起动，实现回转优先。

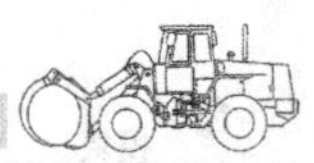

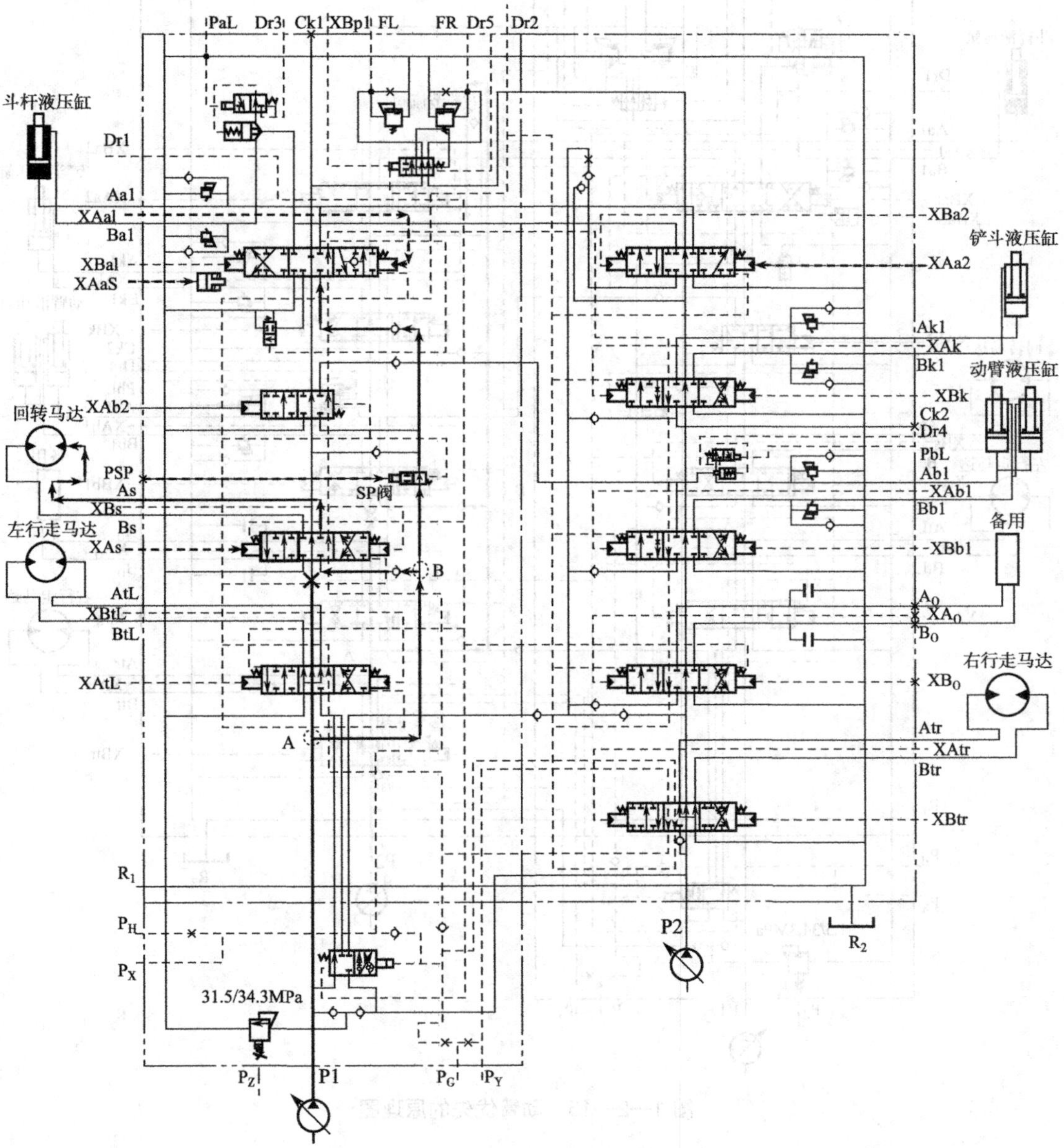

图 1—2—14 回转优先原理图

（2）动臂优先

如图 1—2—15 所示，当动臂提升与斗杆复合动作时，斗杆阀前端的节流阀提高其负荷，保证动臂能够提升。

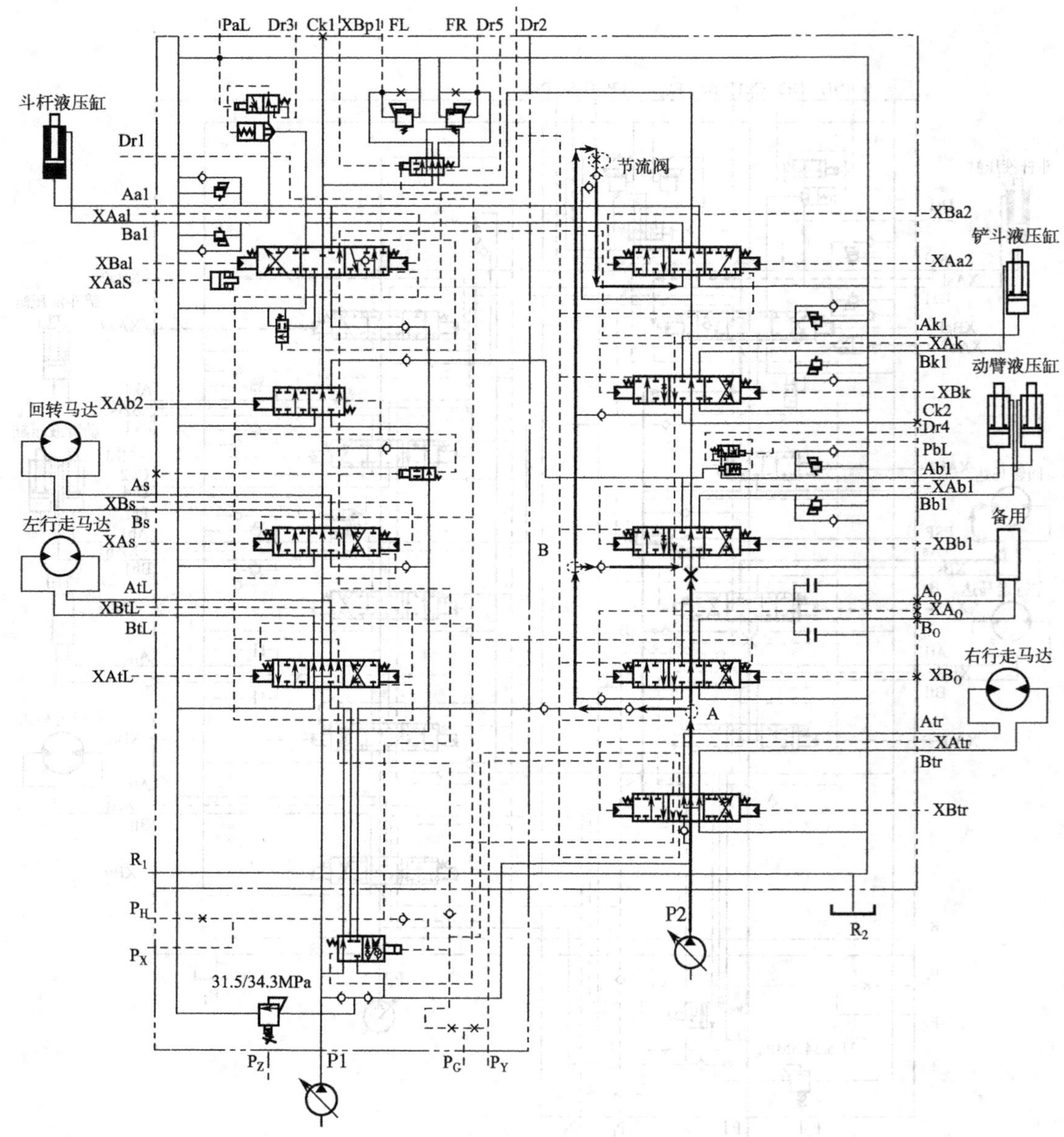

图 1—2—15 动臂优先的原理图

10. 直线行走

挖掘机在直线行走过程中，司机操纵回转和工作装置的任何一个动作，直线行走阀杆都会保持挖掘机的直线行走，或者说保持进入两个行走马达的相对流量不改变。

基本原理：扣除其他动作需要的流量后，两个泵的出油经过直线行走阀杆汇合，再重新分配给两个行走马达。

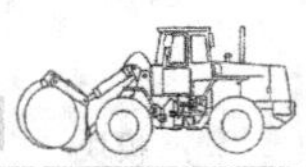

具体分析如下：

当挖掘机在直线行走过程中不做任何其他动作时，从 PG 口进入主控制阀的先导油经路线①和②被右行走阀芯堵死不通，路线③也被右行走阀芯堵死不通，路线④被左行走阀芯堵死不通，路线⑤一直回到油箱卸荷，也就是当只做直线行走时，直线行走先导阀无油进入，左位接通。通过分析，P1 泵供给左行走马达，P2 泵供给右行走马达，两泵相同，因而可以保持两边同步直线行走，如图 1—2—16 所示。

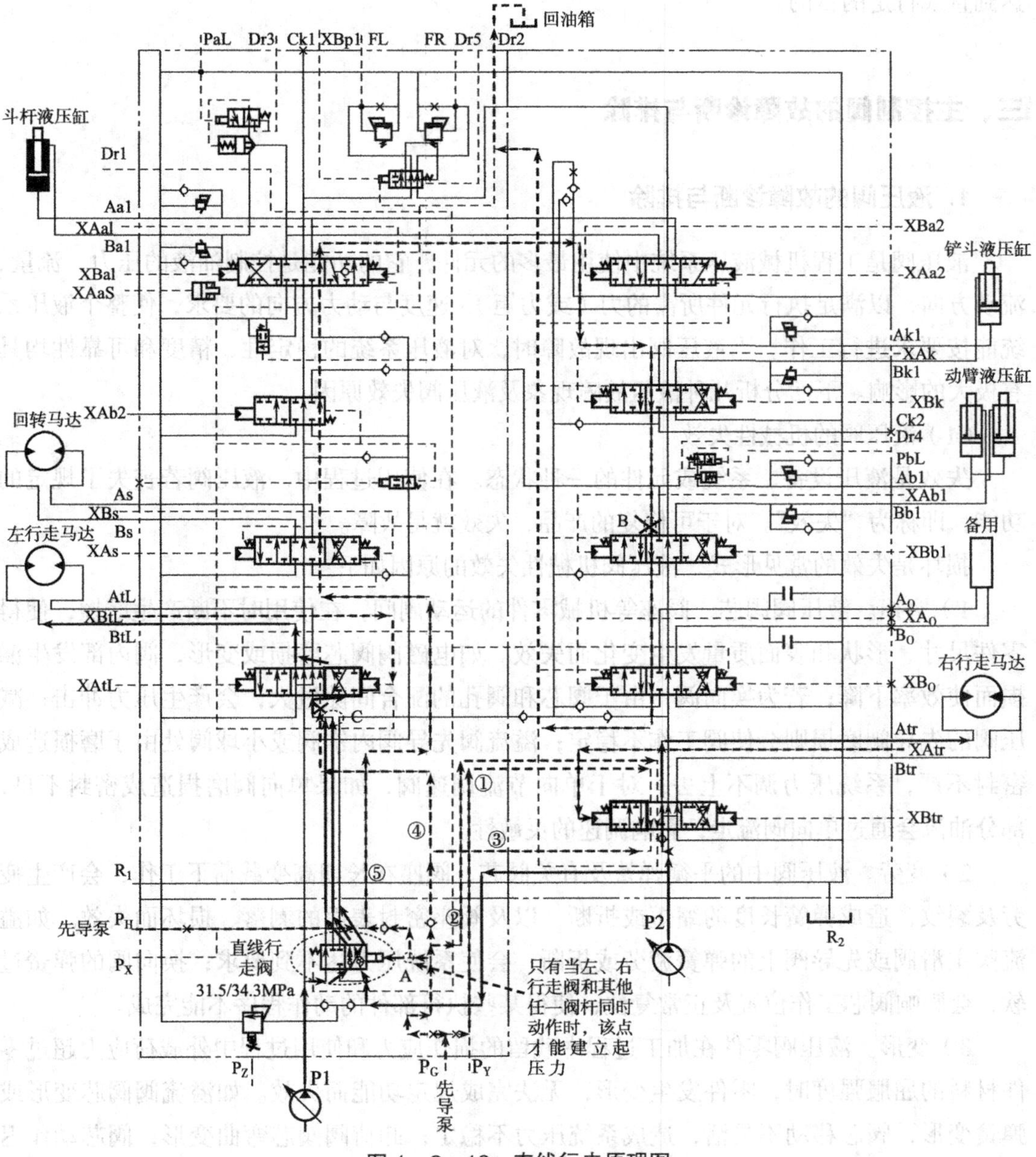

图 1—2—16　直线行走原理图

当挖掘机做直线行走时，做任何一个动作，如动臂上升，路线⑤就会被动臂 1 的阀芯在 B 点堵死不通，路线①～⑤全部处于不通状态。因此，先导泵的油只能从 A 点进入，推动直线行走阀阀芯，使直线行走阀右位接通。从图 1—2—16 所示的油路中可以看出，P1 泵的压力油供应上升动作的同时还有一部分供应左行走马达，在这种情况下左行走马达得到的油量不足，两边无法同步，但此时 P2 泵分出一条油路，经过直线行走阀的油路到达合流点 C 与 P1 泵合流，即 P1 泵少的油会由 P2 泵补上，以确保两边行走马达同步，达到直线行走的目的。

三、主控制阀的故障诊断与排除

1. 液压阀的故障诊断与排除

液压阀是工程机械液压系统中使用最多的元件，它的功能是控制油液的压力、流量、流动方向，以满足执行元件所需的力（或力矩）、速度与动力方向的要求，使整个液压系统能按要求进行工作。当液压阀出现故障时，对液压系统的稳定性、精度和可靠性均具有极大的影响。下面分析几种液压故障现象及液压阀失效原因。

（1）液压阀的机械性失效

失效是液压设备、系统或元件的一种状态。在使用过程中，液压阀若丧失了规定的功能，即称为“失效”。对于可修复的产品，失效就是故障。

损坏是失效的常见形式，液压阀机械性失效的原因如下：

1）磨损。液压阀阀芯、阀座等机械零件的运动副间，在使用时不断产生摩擦，使得零件尺寸、形状和表面质量发生变化而失效。如电磁阀阀芯磨损或变形，阀内部发生漏损而使效率下降；若为换向阀，由于阀芯和阀孔的配合间隙过大，会产生压力冲击；减压阀的先导阀磨损则会使阀工作不稳定；溢流阀先导阀内锥阀或小球阀处由于磨损造成密封不严，系统压力调不上去；对于单向节流调速阀，如果单向阀磨损造成密封不良，部分油流会通过单向阀流走，影响调速的灵敏性。

2）疲劳。液压阀中的平衡弹簧及有关阀芯、阀座在长期高变载荷下工作，会产生疲劳及裂纹，造成弹簧长度的缩短或折断，以及阀座密封表面的剥落、损坏而失效。如溢流阀主滑阀或先导阀上的弹簧疲劳或折断，会使系统压力达不到要求；换向阀的弹簧过软，会影响阀芯工作位置及正常复位，使得某些执行部件的动作程序不能完成。

3）变形。液压阀零件在加工过程中残留的损伤应力和使用过程中外载荷应力超过零件材料的屈服强度时，零件发生变形，无法完成规定功能而失效。如溢流阀阀芯变形或弹簧变形，阀芯移动不灵活，造成系统压力不稳定；卸荷阀阀芯弯曲变形，阀芯动作迟缓，使系统由卸荷到高压或高压到卸荷的转换过程缓慢；换向阀的阀芯弯曲变形，则会

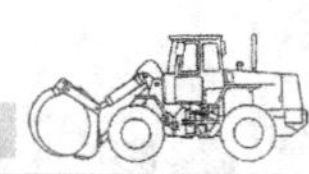

使换向动作难以正常进行。

4）腐蚀。液压油中混有水分或酸性物含量过高，使用较长时间后，会腐蚀液压阀中有关零件，使其丧失应有的精度而失效。如溢流阀阀芯或阀孔的精度不高，会造成系统压力不稳定。

此外，在液压阀制造或修理时，没有达到规定的技术要求，如尺寸精度、表面结构要求、热处理质量等，装配时没有保证所需的配合要求，零件保管不善，发生锈蚀或混入污物等，均是引起液压阀失效的重要原因。

从上述分析可见，液压阀的失效除制造因素外，主要与使用管理有关。液压阀作为液压系统中的组成元件，在执行控制任务时，其结构功能性零件全部被密封在壳体内，无法直接观察。往往是系统出现故障无法工作时才予以解决，这样难以保证系统的正常工作。作为技术人员，只有认真掌握阀件的失效原因，在分析及解决问题时才能有的放矢。

液压阀作为重要的液压元件，除上述机械性失效原因和现象外，还有不同于一般机械零件的属于液压个性的因素。

（2）液压卡紧

1）液压卡紧的原因。液压系统中的压力油流经普通液压阀圆柱形滑阀时，产生的径向不平衡力卡住阀芯，称为液压卡紧。液压系统中产生液压卡紧的缘由是滑阀运动副几何形状误差和同轴度变化使阀芯产生径向不平衡力。

2）液压卡紧的危害。轻微的液压卡紧使阀芯移动时摩擦阻力增大，严重的可导致所控制的系统元件动作滞后，破坏给定的自动循环，使液压设备发生故障。当液压卡紧阻力大于阀芯移动力时，阀芯便会被“卡死”，无法移动。在高压系统中，若减压阀和顺序阀处理不当，容易产生“卡死”现象。如果液压阀阀芯的移动是以电磁力驱动的，一旦阀芯“卡死”，电磁铁极易烧坏。液压卡紧会加速滑阀的磨损，缩短元件的使用寿命。

3）液压卡紧的消除方法。主要应提高液压油的清洁度，防止颗粒性污染物进入系统而使滑阀移动副产生卡紧或卡死；要保证阀芯和阀孔的配合精度及液压油使用过程中的合适温度，以免阀芯受热膨胀而卡死；对于表面开有均压槽的阀芯，则应注意均压槽的畅通。

（3）液压冲击

1）液压冲击的原因。液压系统由于迅速换向或关闭油道，使系统内流动的油液突然换向或停止流动，从而引起压力急剧上升，形成一个很大的压力峰值，即产生液压冲击。由此可见，产生液压冲击的主要原因是液压元件的突然启动或停止，突然变速或换向，引起液压系统中工作介质的流速和方向发生急剧的变化，从而使某个局部区域的压力猛然上升，形成液压冲击。

2）液压冲击的危害。液压系统中产生液压冲击时，油液的压力峰值高达正常压力的3~4倍，因此，系统中的控制阀等液压元件、计量仪表甚至管道都会遭受损坏，压力继电器、过电流继电器等也会发出非正常信号，致使系统无法正常工作。

液压冲击时还会引起强烈的振动和冲击噪声，并使油温快速上升，这些均会严重影响液压系统工作的稳定性和可靠性。

3）液压冲击的防止。在保证正常工作的前提下，尽量减慢换向速度。手动换向不宜操作过快、过猛，液动换向阀和电液动换向阀的主阀阀芯两端排油通道的节流螺钉一定要调节合适，以减慢换向阀移动速度，延长切换时间，从而避免产生液压冲击。

（4）气穴现象

在液压系统中，因液体流速变化引起压力下降而产生气泡的现象称为气穴。

1）气穴的产生原因。当液压系统某一局部的压力低于一定的压力值时，油液中溶解的空气就会大量析出，形成气泡。如果压力继续下降，低于液体的饱和蒸气压时，油液沸腾而迅速蒸发，成为大量的气泡，这些气泡混杂在工作油液中，使原来充满管道或元件中的液压油变得不连续，形成气穴。

2）气穴的危害。当气泡随着油液流入高压区后，突然收缩，有些在高压油流的冲击下迅速破裂，重新凝结为液体，使其原来占据的体积减小而形成真空，而周围的高压油液质点以极大的速度向真空中心冲来，因而引起局部的猛烈冲击；同时，质点的动能转换为压力能，压力和温度在此处急剧升高，产生剧烈振动，发出强烈的噪声。

在气泡凝结附近的元件表面，因在高温条件下反复受到液压冲击，加上从油液中分离出来的酸性气体具有一定的腐蚀作用，使其表面材料剥落，形成小麻点及蜂窝状，即产生了气蚀。

气穴和气蚀使液压系统工作性能恶化，可靠性降低。

3）气穴的防止措施。防止气穴和气蚀的主要措施是降低油液中空气的含量，注意系统中泵的轴封和管路接头处的密封情况、油液的高度、回油管的入口等，防止吸入空气；此外则要注意油温，防止油液气化；保持吸入管路的畅通，使系统油压高于油气分离的临界压力；防止液压油中混有易挥发的物质和水分，以免在低压区挥发出来形成气泡及变成水蒸气。

2. 单向阀的故障诊断与排除方法

（1）不起单向控制作用

1）单向阀密封不良：若钢球精度低，则调换钢球；若阀芯与阀孔接触不好，则需配研。

2）阀芯被卡住：若阀芯与阀孔配合间隙太小，则需通过配研将配合间隙控制在 0.008 ~ 0.015 mm 之间；若因阀芯锈蚀、拉毛或被污染物堵塞，则需拆卸后清洗，并用砂纸抛光阀芯外表面。

3）弹簧断裂：更换弹簧。

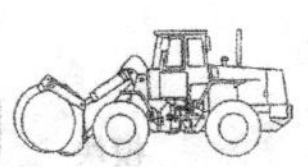

（2）液控单向阀不能互通

1）油压不足：适当提高油压。

2）弹簧太硬，阀芯打不开：更换弹簧。

3）液控口漏装 O 形密封圈或密封圈损坏，使液控油泄漏：补装或更换 O 形密封圈。

4）单向阀打不开，油液不逆流：控制压力过低，控制管道接头漏油严重，控制阀阀芯卡死，控制阀端盖处漏油，单向阀卡死等。对应的措施有提高控制压力，紧固接头，清洗或装配阀芯，紧固端盖，清洗阀芯或更换油液。

5）逆方向时单向阀不密封：单向阀在全开位置上卡死的原因可能是阀芯与阀孔配合过紧或弹簧太软，可修配阀芯或更换弹簧；单向阀锥面与阀座锥面接触不均匀的原因是阀芯锥面与阀座锥面同轴度精度低、阀芯外径与锥面不同轴等，可检修或更换有问题的部件；控制阀阀芯在顶出位置卡死，可修配或更换。

3. 换向阀的故障诊断与排除方法

（1）电气故障与排除方法

1）电气线路故障：若电气线路被拉断，电磁铁不能通电，无法控制信号，需更换电线，使电磁铁通电；若电极焊接不良，接头松脱，需重新焊接接头。

2）电磁线圈发热：若线圈绝缘不良，产生漏电现象，需更换线圈；若电磁铁铁芯不合格，需更换电磁铁铁芯；若电磁铁在高频下工作，铁芯干摩擦而引起发热膨胀，使铁芯卡死，应检修或更换铁芯。

（2）机械故障与排除方法

1）阀芯与阀体孔配合间隙太小，摩擦阻力太大，阀芯不能到位：检查配合间隙，当阀芯直径小于 20 mm 时，配合间隙为 0.008～0.015 mm；当阀芯直径大于 20 mm 时，配合间隙为 0.015～0.025 mm，配合间隙小于上述数值时，应配研阀孔与阀芯。

2）阀芯与阀孔几何精度较低，移动时有卡死现象：修复阀芯与阀孔的精度。

3）弹簧太硬或太软，太硬使阀芯行程不足，太软使阀芯不能复位：更换合适的弹簧。

4）连接螺钉紧固不良，使阀芯变形：重新紧固螺钉，使其受力均匀，同时检查精度是否良好，底垫厚度是否均匀。

5）油温太高，使零件变形而产生卡死现象：找出油温过高的原因，采取措施降低油温。

6）油液黏度太高，使阀芯运动不灵活：更换黏度合适的油液。

7）油液过脏，使阀芯被卡住：过滤或更换油液，清洗阀芯与阀体内孔。

（3）液压系统故障与排除方法

1）控制管路电磁阀不换向：检查电磁阀不换向的原因，针对原因进行检修。

2）控制管路被堵塞：检查及清洗，使控制管路畅通。

3）控制阀端盖处漏油：拧紧控制阀端盖螺钉。

4）滑阀回油腔一端节流阀调节过小或被卡死：清洗节流阀并调节合适。

4. 溢流阀的故障诊断与排除方法

液压系统的工作压力由溢流阀调定和控制，如果溢流阀出现故障，就会直接影响系统的正常工作，有时会造成设备及人员伤亡事故。因此，了解和掌握溢流阀出现的故障原因并及时采取有效措施，对防止工程机械损坏，避免人员伤亡是相当重要的。

溢流阀的基本故障现象与排除方法如下：

（1）系统压力的波动

调节压力的螺钉由于振动而使锁紧螺母松动，造成压力波动；液压油不清洁，有微小颗粒存在，使主阀阀芯滑动不灵活，因而产生不规则的压力变化，有时还会将阀卡住；主阀阀芯滑动不畅，造成阻尼孔时堵时通；主阀阀芯圆锥面与阀座的圆锥面接触不良；主阀阀芯的阻尼孔太大，没有起到阻尼作用；先导阀调整弹簧弯曲，造成阀芯与锥阀座接触不好，磨损不均匀。

排除方法：定时清理油箱、管路，对进入油箱、管路的液压油要过滤；如管路中已有过滤器，则应增加二次过滤元件，或更换过滤精度更高的滤芯，并对阀类元件拆卸后清洗，更换清洁的液压油；修配或更换不合格的零件；适当缩小阻尼孔孔径。

（2）系统无压力

1）主阀故障：主阀阀芯阻尼孔被堵死，如装配时主阀阀芯未清洗干净等；装配精度低，阀间隙调整不好，主阀阀芯在开启位置被卡住；主阀阀芯复位弹簧折断或变形，使主阀阀芯不能复位。

排除方法：拆开主阀，清洗阻尼孔并重新装配；过滤或更换油液；拧紧阀盖紧固螺钉；更换折断的弹簧。

2）先导阀故障：调整弹簧折断或未装入；锥阀或钢球未装；锥阀破裂。

排除方法：更换破损件或补装未装件，使先导阀恢复正常工作。

3）远控口电磁阀未通电（常开型）或滑阀卡死：检查电源线路，查看电源是否接通，检查滑阀是否卡死。

4）液压泵故障：液压泵连接键脱落或波动；滑动副间隙过大；叶片泵的叶片在转子槽内卡死；叶片和转子方向装反；叶片中的弹簧因受高频周期负载的作用而疲劳变形或折断。

排除方法：更换或重新调整连接键，并修配键槽；修配滑动表面间隙；拆卸并清洗叶片泵；纠正叶片安装方向；更换折断的弹簧。

5）进油口、出油口装反：将进油口和出油口调整过来。

（3）系统压力升不高

1）主阀阀芯锥面、阀座锥面磨损或不圆；锥面处有污物；锥面与阀座由于机械加工

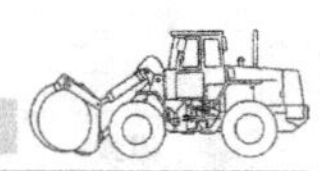

误差导致不同轴；主阀阀芯与阀座配合精度低，造成阀芯与阀座配合不严密；主阀压盖处出现泄漏，如密封垫损坏、装配不良、压盖螺钉松动等。

排除方法：更换或修配溢流阀阀体或主阀阀芯及阀座；清洗溢流阀，使其配合良好或更换不合格部件；拆卸主阀，调整阀芯，更换破损的密封垫，消除泄漏，使密封良好。

2）先导阀调整弹簧弯曲或太短、太软，致使锥阀与阀座结合处密封性差，如锥阀的阀座磨损、锥阀接触面不圆或太宽，容易进入污物或粘住。

排除方法：更换不合格部件或检修先导阀，使其达到使用要求。

3）远控口电磁阀在常闭位置时内漏严重；阀口处阀体与滑阀严重磨损；滑阀换向未到达正确位置，造成油封长度不够；远控口管路有泄漏。

排除方法：检修及更换失效件，使其达到要求；检查管路，消除泄漏。

（4）压力突然升高

由于主阀阀芯零件工作不灵敏，在关闭状态时突然被卡死；液压元件精度低，装配质量差，油液过脏等；先导阀阀芯与阀座结合面粘住脱不开，造成系统不能正常卸荷。

排除方法：清洗主阀体，修配及更换失效的零件。

（5）压力突然下降

主阀阀芯阻尼孔突然被堵；主阀盖处密封垫突然破损，主阀阀芯工作不灵敏，在开启状态突然卡死，如零件加工精度低、装配质量差、油液过脏等；先导阀阀芯、调整弹簧突然断裂；远控口电磁阀电磁铁突然断电，造成溢流阀卸荷；远控口管接头突然脱扣或管子突然破裂。

排除方法：清洗液压阀类元件，如果是阀类元件被堵，还应过滤油液；更换、检修破损失效零件；检查及消除电气故障。

5. 主溢流阀和二次溢流阀的故障诊断与排除方法（表 1—2—2）

表 1—2—2　　主溢流阀和二次溢流阀的故障诊断与排除方法

故障	原因	排除方法
所有功能无力	主溢流阀失灵，不能建立正常的工作压力	调节或更换
大臂、铲斗和右行走动力不足或小臂、旋转和右行走无力	P1 泵或 P2 泵一侧的主溢流阀失灵	分别测 P1 泵侧或 P2 泵侧的系统工作压力，调整或更换不能正常工作的溢流阀
大臂上升或下降、铲斗伸开或收回、小臂伸出或缩回中的一个动作无力	由对应的二次溢流阀失灵所致	调整、拆洗或更换
当操纵手柄处在中位时，小臂、大臂和铲斗向无负荷侧运动	二次溢流阀在低于规定的压力下打开，使二次溢流阀托不住液压缸负荷	测量二次溢流阀压力，进行必要的调整或更换

6. 减压阀的故障诊断与排除方法

（1）不起减压作用

1）直动式减压阀顶盖方向装错，使回油孔堵塞：重新装配顶盖，将顶盖上的回油孔与阀体上的回油孔对准。

2）滑阀与阀体孔的制造精度低，滑阀被卡住：研配滑阀与阀体孔，使其移动灵活，无阻滞。

3）滑阀上的阻尼孔被堵塞：清洗并疏通滑阀上的阻尼孔。

4）调节弹簧太硬或变形被卡住：更换软硬、长度合适的弹簧。

5）钢球或锥阀与阀座配合不良：更换钢球或修磨锥阀并研配阀座孔。

6）泄漏通道被堵塞，滑阀不能移动：清洗滑阀和阀体，使泄漏通道畅通。

（2）压力不稳定

1）滑阀与阀体配合间隙过小，滑阀移动不灵活：修磨滑阀并研磨滑阀孔，使配合间隙符合要求。

2）滑阀弹簧太软，产生变形或在阀芯中被卡住，使滑阀移动困难：更换软硬合适的弹簧。

3）滑阀阻尼孔时通时堵：更换液压油，清洗并疏通滑阀上的阻尼孔。

4）锥阀与锥阀座接触不良：修磨锥阀，研磨阀座孔，使其配合良好。

5）锥阀调压弹簧变形：更换调压弹簧。

6）液压系统内进入空气：排出液压系统内的空气。

（3）泄漏严重

1）滑阀磨损后与阀孔配合间隙过大：重新制作滑阀并与阀孔研磨，使其间隙达到规定值。

2）密封件老化或磨损：更换密封件。

3）锥阀与阀座孔接触不良或磨损严重：修磨锥阀，研磨阀孔，使其配合紧密。

4）各连接处螺栓松动或拧紧力不均匀：紧固各连接处螺栓。

7. 顺序阀的故障诊断与排除方法

（1）出油腔始终出油，不能关闭

1）由于制造精度低或配合间隙过小，使滑阀在打开位置上卡死：研磨滑阀与阀孔，使其配合间隙达到要求。

2）油液太脏，滑阀在打开位置卡死：检查油质，过滤或更换，清洗滑阀与阀体，使滑阀能灵活移动。

3）锥阀与阀座接触不良或磨损严重：修磨锥阀并研磨座孔，使其密封良好。

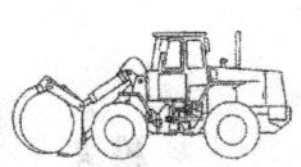

4）调压弹簧断裂：更换弹簧。

5）滑阀弹簧太软，造成滑阀不能复位：更换软硬合适的弹簧，使滑阀在弹簧力下能复位。

（2）出油腔不出油，始终关闭

1）滑阀与阀孔配合间隙太大，造成滑阀两端窜油，滑阀移动困难：重配滑阀，保证配合间隙在规定值以内。

2）滑阀与阀孔制造精度低或配合间隙过小，造成滑阀在关闭位置卡死：修磨滑阀并研磨阀孔，使其配合间隙符合要求。

3）油液太脏，阻尼孔被堵塞或滑阀在关闭位置卡住：检查油液质量，若不符合要求，过滤或更换油液；清洗滑阀与阀体，使阻尼孔畅通。

4）液控管路堵塞：更换或清洗液控管路。

5）液控油液压力不足或液控管路接头松动，造成液控油液泄漏：提高液压控制压力，拧紧液控管头螺母。

6）调节弹簧太硬或压力调得太高：更换软硬合适的弹簧，适当调整压力。

（3）调定压力不符合要求

1）滑阀拉毛或变形，造成滑阀移动不灵活：用专用砂纸抛光滑阀；若弯曲变形，则更换滑阀。

2）调压弹簧调整不当：重新调整所需压力。

3）调压弹簧变形，最高压力调不上去：更换调压弹簧。

（4）泄漏严重

1）滑阀磨损后与阀孔配合间隙过大：更换滑阀，并与阀孔配研，使其达到规定值。

2）锥阀与阀座接触不良：修磨锥阀，研磨座孔，使其配合良好。

3）密封件老化或损坏：更换密封件。

4）各连接螺栓松动或拧紧力不均匀：紧固各连接处螺栓。

四、先导阀的结构及工作原理

1. 手控先导阀的结构及工作原理

（1）结构

先导阀控制先导油压，先导油压控制控制阀阀柱。机器上装有两种型号的标准先导阀，都有四个油口。一种用于工作装置 / 回转功能控制；另一种用于行走功能控制。手控阀图形符号、实物图、油口图分别如图 1—2—17、图 1—2—18、图 1—2—19 所示，各油口对应动作见表 1—2—3。

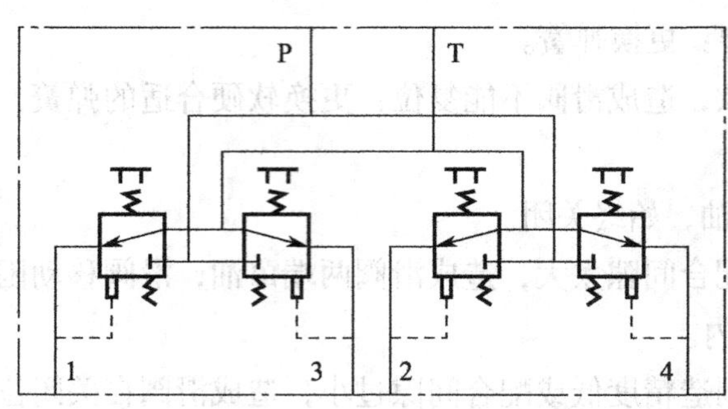

图 1—2—17　手控阀图形符号

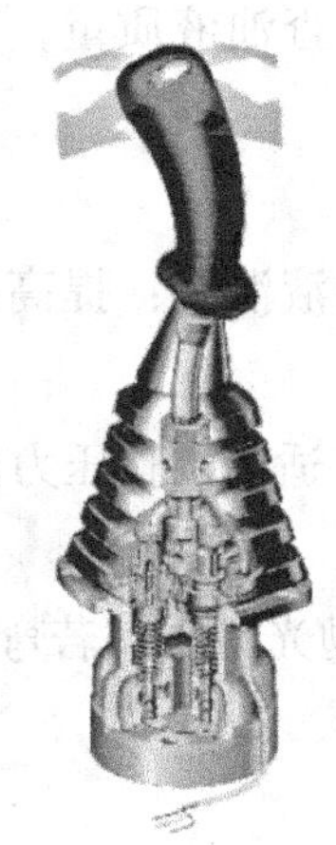

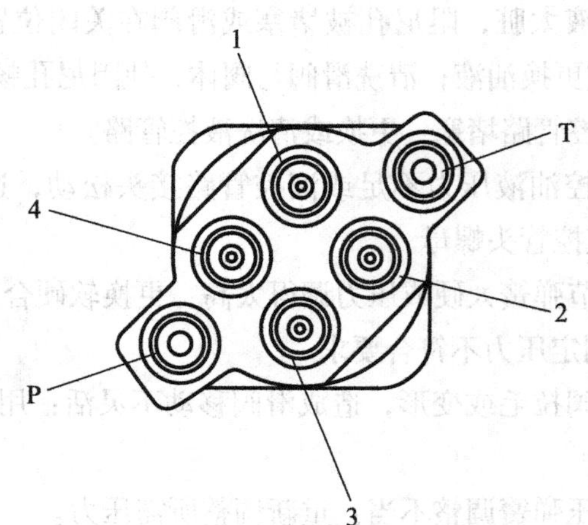

图 1—2—18　手控阀实物图　　图 1—2—19　手控阀油口图

工作装置 / 回转和行走先导阀内的减压阀结构相同，只是在推杆推动凸轮上有些不同。

表 1—2—3　各油口对应动作

	油口编号	ISO 控制模式
右	1	铲斗外翻
	2	动臂下降
	3	铲斗内收
	4	动臂提升
左	1	右回转
	2	斗杆伸出
	3	左回转
	4	斗杆收回

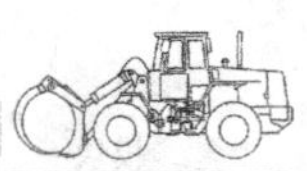

（2）工作过程

1）中间位置。当先导手柄处于中间位置时，P 口被阀柱堵死，油无法从 P 口流向出油口的任一油口，如图 1—2—20 所示。

2）工作位置。当先导手柄处于工作位置时，阀杆在推杆的推动下，使得阀杆直径小中空的部分与 P 口相连，此时 P 口与油口 1 相通，如图 1—2—21 所示。

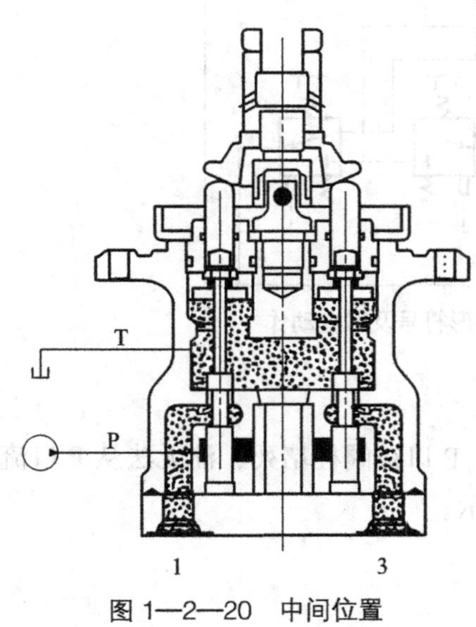

图 1—2—20　中间位置

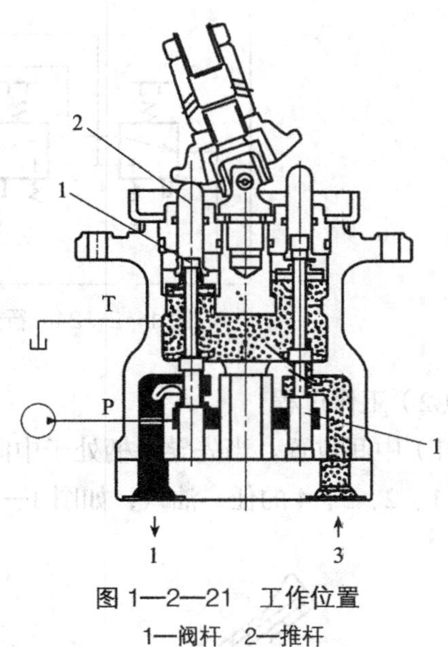

图 1—2—21　工作位置

1—阀杆　2—推杆

2. 行走先导阀的结构及工作原理

（1）结构

行走先导阀结构如图 1—2—22 所示，其油口结构如图 1—2—23 所示，图形符号及对应动作如图 1—2—24 所示。

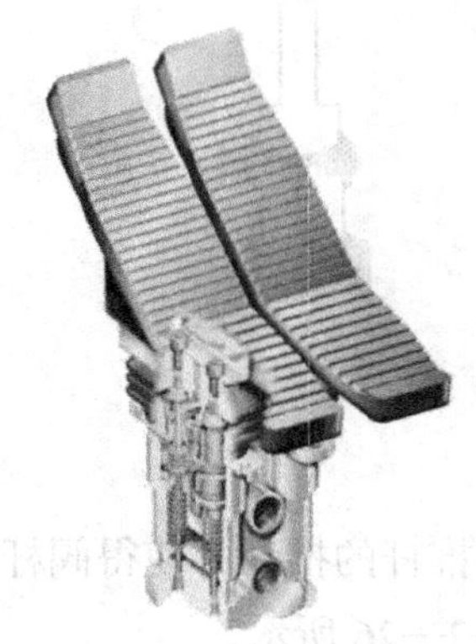

图 1—2—22　行走先导阀结构

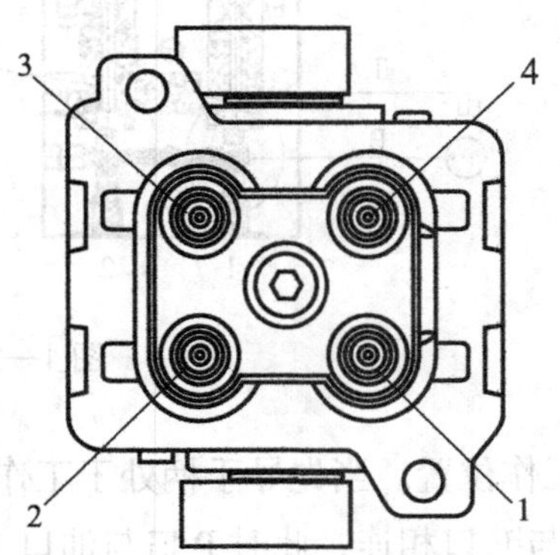

图 1—2—23　行走先导阀油口结构

1	右后退
2	右前进
3	左前进
4	左后退

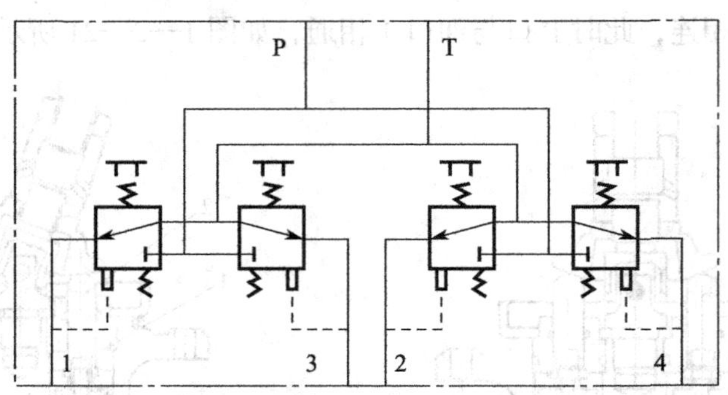

图 1—2—24　行走先导阀图形符号及对应动作

（2）工作过程

1）中间位置。当先导手柄处于中间位置时，P 口被阀柱堵死，油无法从 P 口流向出油口 1、2、3、4 的任一油口，如图 1—2—25 所示。

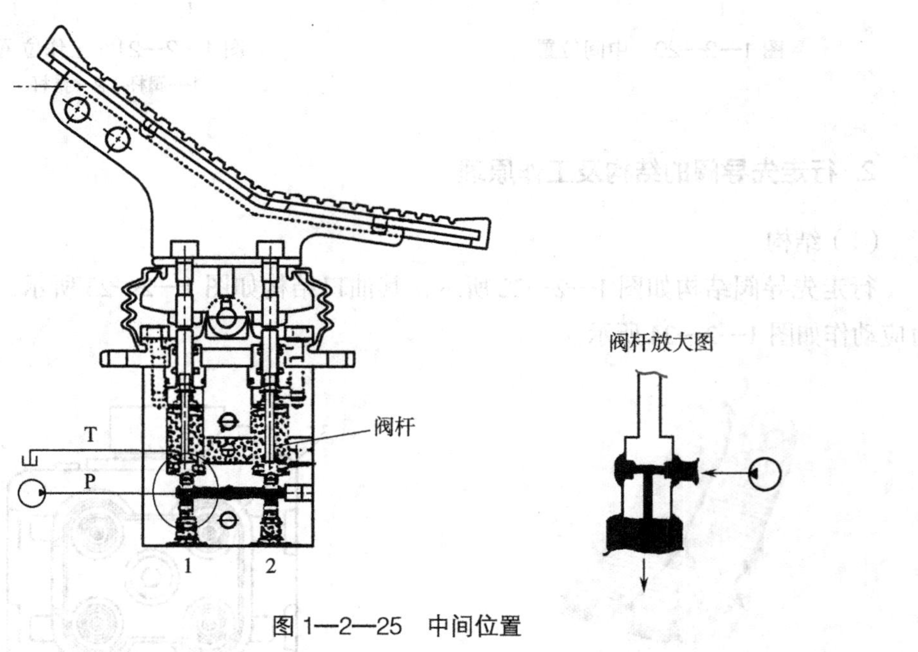

图 1—2—25　中间位置

2）工作位置。当先导手柄处于工作位置时，阀杆在推杆的推动下使得阀杆直径小中空的部分与 P 口相连，此时 P 口与油口 1 相通，如图 1—2—26 所示。

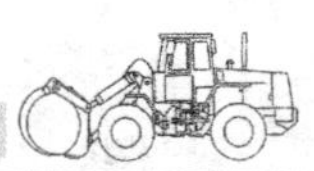

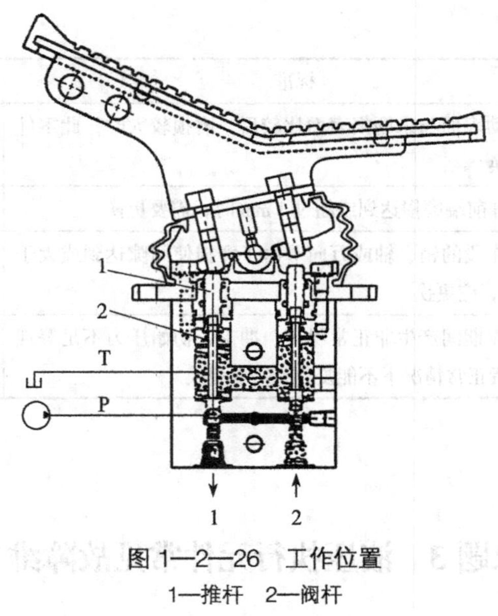

图 1—2—26　工作位置

1—推杆　2—阀杆

五、先导阀故障与排除方法

1. 先导阀故障

（1）调整弹簧折断或未装入。

（2）锥阀或钢球未装。

（3）锥阀碎裂。

排除方法：更换破损件或补装零件，使先导阀恢复正常工作。

2. 远控口电磁阀未通电（常开型）或滑阀卡死

排除方法：检查电源线路，查看电源是否接通。如正常，说明可能是滑阀卡死，应检修或更换失效零件。

先导阀的检查项目和维修标准见表 1—2—4。密封材料（如 O 形圈、密封垫圈等）在此次拆卸检查后都要更换。

表 1—2—4　　先导阀的检查项目和维修标准

序号	检查项目	标准	备注
1	泄漏量	当操纵杆在中位，泄漏量达到 1 000 mL/min 时，需要更换；当操纵杆在任何工作位置，泄漏量达到 2 000 mL/min 时，需要更换	条件：先导压力为 3 MPa 油液黏度：$2.3 \times 10^{-5} m^2/s$

续表

序号	检查项目	标准	备注
2	阀芯	当滑动表面与未磨损表面比较后，磨损较大时，此零件需要更换	—
3	推杆	当推杆前端磨损达到或超过 1 mm 时，需要更换	—
4	操作段间隙	当操作段的销、轴或万向节由于磨损使间隙达到或大于 2 mm 时，应更换	如果是由于紧固件松动造成的间隙，应予以调整
5	操作稳定性	在操作期间产生非正常噪声、冲击、初始压力不足等现象，或者正常情况下不能复位，需要更换	—

课题 3　液压执行元件常见故障维修

学习目标

1. 了解挖掘机液压缸、回转马达、行走马达的结构与原理。
2. 熟悉挖掘机液压缸、回转马达、行走马达的故障诊断与排除方法。

一、挖掘机液压缸的故障诊断与排除方法

1. 液压缸的结构与原理

液压缸的类型是多种多样的，分类方法也各不相同，按照运动方式不同可分为推力液压缸和摆动液压缸两大类。在生产中特别是在工程机械方面应用最广泛的是推力液压缸，按照其动作原理和结构特点，分为柱塞式和活塞式。液压挖掘机上常用的是活塞式液压缸，活塞式液压缸又分为双作用单活塞杆液压缸、双作用双活塞杆液压缸、双作用伸缩式活塞液压缸、组合式液压缸。

因挖掘机液压缸用的都是双作用单活塞杆液压缸，因此本课题重点讲解双作用单活塞杆液压缸，如图 1—3—1 所示。

图 1—3—2 所示为工程机械通用的一种双作用单活塞杆液压缸，它由缸底 2、缸筒 11、缸盖 15、活塞 8、活塞杆 12 等零件组成。缸筒一端与缸底焊接，另一端则与缸盖用螺纹连接，以便拆装及检修。利用卡键 5、卡键帽 4 和挡圈 3 使活塞与活塞杆构成卡键连接，使结构紧凑，便于装卸。

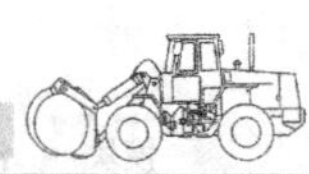

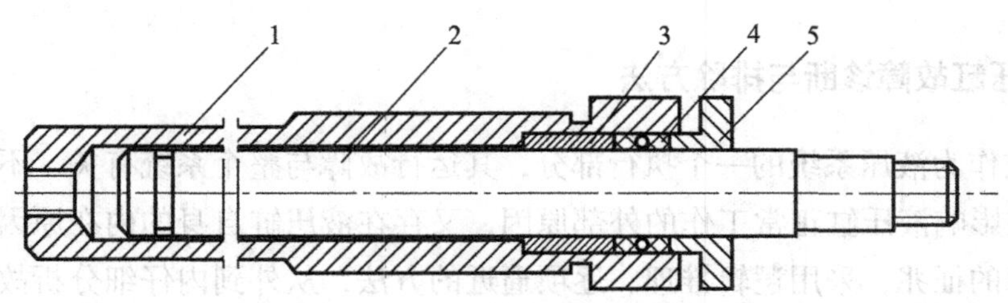

图 1—3—1　柱塞式液压缸的结构

1—缸筒　2—柱塞　3—套筒　4—密封圈　5—缸盖

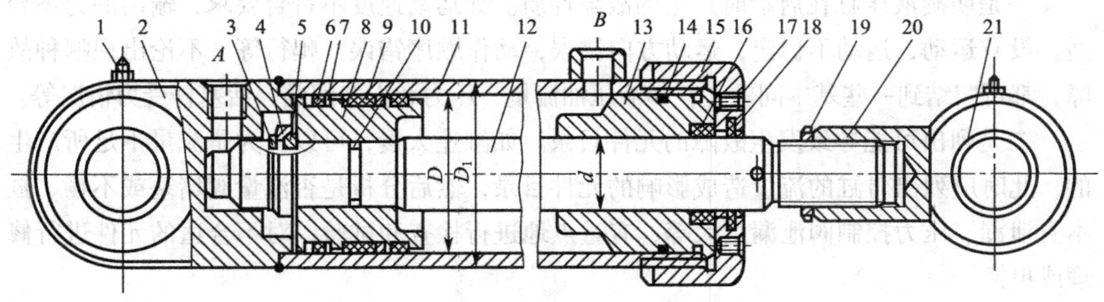

图 1—3—2　双作用单活塞杆液压缸的结构

1—油嘴　2—缸底　3、7—挡圈　4—卡键帽　5—卡键　6—Yx 形密封圈　8—活塞
9—导向（支承）环　10、14—O 形圈　11—缸筒　12—活塞杆　13—导向套　15—缸盖
16—Y 形密封圈　17—螺塞　18—防尘圈　19—锁紧螺母　20—耳环　21—耳环轴套

缸筒内壁表面结构要求较高，为了避免与活塞直接发生摩擦而造成拉缸事故，活塞上套有导向（支承）环 9，它通常由聚四氟乙烯或尼龙等耐磨材料制成，但不起密封作用。缸内两腔之间的密封靠活塞内孔的 O 形圈 10 以及外缘两个背靠背安置的 Yx 形密封圈 6 和挡圈 7 来保证，当工作腔油压升高时，Yx 形密封圈的唇边就会张开，贴紧活塞和缸臂表面，压力越高贴得越紧，从而防止内漏。

活塞杆表面同样具有较高的表面结构要求，为了确保活塞杆的移动不偏离中轴线，避免损伤缸壁和密封件，并改善活塞杆与缸盖孔的摩擦，特在缸盖一端设置导向套 13，它用青铜或铸铁等耐磨材料制成。导向套外缘有 O 形圈 14，内孔则有防止油液外漏的 Y 形密封圈 16 和挡圈 17。考虑到活塞杆外露部分会黏附尘土，故缸盖孔口处设有防尘圈 19。在缸底和活塞杆顶端的耳环 21 上，有供安装用或与工作机械连接的销轴孔，销轴必须保证以液压缸中心轴线为受力点，销轴孔由油嘴 1 供给润滑油。螺塞 18 为拆卸导向套 13 而设置，工作时处于封堵状态。

此外，为了减轻活塞在行程末端对缸底或缸盖的撞击，两端设有缝隙节流缓冲装置，当活塞快速运动接近缸底时（图 1—3—2 所示位置），活塞杆端部的缓冲柱塞将回油口堵住，迫使油液只能从缓冲柱塞周围的缝隙挤出，于是运动速度迅速减慢，实现缓冲，回程以同样的原理获得缓冲。

2. 液压缸故障诊断与排除方法

液压缸作为液压系统的一个执行部分，其运行故障与整个系统有关，不能孤立地看待，既存在影响液压缸正常工作的外部原因，又存在液压缸自身的内在原因，所以需认真观察故障的征兆，采用逻辑推理、逐项逼近的方法，从外到内仔细分析故障原因，提出适当的解决办法。

排除液压缸故障的顺序如下：

一是明确液压缸在启动时产生的故障性质。如运动速度不符合要求，输出的力不合适，没有运动，运动不稳定，运动方向错误，动作顺序错误，爬行等。不论出现哪种故障，都可归结到一些基本问题上，如液压油流量、压力和方向问题，活塞杆受力情况等。

二是列出可能导致发生故障的元件目录。如缸速太慢，可以认为是流量不足所产生的，此时应列出对缸的流量造成影响的元件目录，然后分析是否流量阀堵塞或不畅、缸本身泄漏、压力控制阀泄漏过大等，有重点地进行检查和试验，对不合适的元件进行修理或更换。

三是如有关元件均无问题，各油路段的液压参数也基本正常，则进一步检查液压缸自身的因素。

下面就一些常见的典型故障进行讨论分析。

（1）液压缸不能动作

液压缸不能动作往往发生在刚安装的液压缸上。首先检查液压缸外部原因，排除了外部因素后，再进一步检查液压缸内在的原因，采取相应的排除方法。

1）执行运动部件阻力太大。排除方法如下：

①检查和排除运动机构的卡死、楔紧等情况。

②检查并改善运动部件导轨的接触与润滑情况。

2）进油口油液压力太低，达不到要求的规定值。排除方法如下：

①检查有关油路系统各处泄漏情况并排除泄漏。

②若液压缸内泄漏过多，检查活塞与活塞杆处密封圈有无损坏、老化、松脱等。

③检查液压泵、压力阀是否有故障，致使压力无法提高。

3）油液未进入液压缸。排除方法如下：

①检查油管、油路，特别是软管接头是否被堵塞。依次检查从缸到泵的有关油路并排除堵塞现象。

②检查溢流阀的阀座是否有污物，若有，则排除。检查锥阀与阀座密封情况，若密封不好，应调整。

③电磁阀弹簧损坏，电磁铁线圈烧坏，油路切换不灵。

4）液压缸本身滑动部位配合过紧，密封摩擦力过大。排除方法如下：

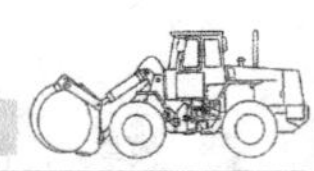

①活塞杆与导向套的配合间隙要适当。

②密封圈槽的深度与宽度要符合尺寸公差要求。

③如用 V 形密封圈，调整密封摩擦力到适中程度。

5）横向载荷过大，受力别劲或拉缸咬死。排除方法如下：

①安装液压缸时，使缸的轴线位置与运动方向一致。

②使液压缸所承受的负载尽量通过缸的轴线，不产生偏心现象。

（2）动作不灵敏，有阻滞现象

这种现象不同于液压缸的爬行现象，信号发出后液压缸不立即动作，有短时间停顿后再动作，或时动时停，很不规则。

1）液压缸中空气过多。排除方法：通过排气阀排气，检查空气是否由活塞杆往复运动部位的密封圈处吸入，若是，则更换密封圈。

2）活塞有时停止或出现逆退现象。有缓冲装置的液压缸反向启动时，单向阀孔口太小，使进入缓冲油腔的油量太少，甚至出现真空，因此，在缓冲柱塞离开端盖的瞬间，会导致活塞有时停止或出现逆退现象。

排除方法：加大单向阀孔口。

3）液压缸动作不规则。橡胶软管内层剥离，使油路时通时闭，造成液压缸动作不规则。

排除方法：更换橡胶软管。

（3）运动有爬行现象

爬行现象即液压缸运动时出现跳跃式时停时走的运动状态，这种现象在低速运动时容易发生，是液压缸最主要的故障之一。

1）液压缸内有残留空气，工作介质形成弹性体。排除方法：

①充分排除空气。

②检查液压泵吸油管是否太细，吸油管接头密封要好，防止泵吸入空气。

2）密封摩擦力过大。排除方法：

①活塞杆与导向套的配合间隙要适当。

②密封圈槽的深度与宽度要符合尺寸公差要求。

③如用 V 形密封圈，调整密封摩擦力到适中程度。

3）液压缸滑动部位有严重磨损、拉伤和咬死现象

①负载和液压缸定心不良。排除方法：重新装配后找正。

②支架安装及调整不良。排除方法：重新装配后仔细找正，支架安装后刚度要高。

③横向载荷较大。排除方法：设法减小载荷，或提高液压缸承受横向载荷的能力。

④缸筒或活塞杆组件膨胀、受力、变形。排除方法：修整变形部位，变形严重时需更换有关部件。

⑤缸筒、活塞之间产生电化学反应。排除方法：更换电化学反应小的材料或更换部件。

⑥材质不良，易磨损、拉伤、咬死。排除方法：更换材料，进行恰当的热处理或表面处理。

⑦油液中杂质多。排除方法：进行清洗后更换液压油及滤油器。

4）活塞杆弯曲。排除方法：校正活塞杆；卧式安装的液压缸活塞杆伸出长度过长时应加支承。

5）缸筒内孔与导向套的同轴度精度低而引起憋劲现象，产生爬行。排除方法：保证两者同轴度。

6）缸筒孔径直线度精度低。排除方法：镗磨修复，然后根据镗磨后缸筒的孔径配活塞或增装O形圈。

7）活塞杆两端螺母拧得太紧，使其同轴度精度低。排除方法：活塞杆两端螺母不宜拧得太紧。

（4）运动速度达不到预定值

1）液压缸进油油路泄漏。排除方法：排除管路泄漏；检查溢流阀锥阀与阀座密封情况，如果密封不好，则应调整。

2）液压缸的内外泄漏严重。排除方法：检查及更换活塞或缸盖的密封圈。

3）运动速度随行程的位置不同而有所下降。这是缸内憋劲使运动阻力增大所致。

排除方法：提高零件加工精度（主要是缸筒内孔的圆度和圆柱度）及装配质量。

4）液压回油管路阻力及背压力太大，压力油从溢流阀返回油箱的溢流量增加。排除方法：

①回油管路不可太细，粗细要适中。

②减少管路弯曲。

③背压力不可太大。

5）液压缸内部管路堵塞或阻尼大。排除方法：拆卸后清洗。

（5）液压缸的泄漏

液压缸的泄漏包括外泄漏和内泄漏两种情况。外泄漏是指液压缸缸筒与缸盖、缸底、油口、缓冲调节阀、缸盖与活塞杆处等外部的泄漏，可直接观察到。内泄漏是指液压缸内部高压腔的压力油向低压腔渗漏，它发生在活塞与缸内壁、活塞内孔与活塞杆连接处，内泄漏不能直接观察到，需要测试。不论是外泄漏还是内泄漏，其泄漏原因主要是密封、连接不良。

1）安装后密封件发生破损。排除方法：

①正确设计及制造密封槽底径、宽度和密封件压缩量。

②密封槽不可有毛刺、飞边，应适当倒角，防止刮坏密封圈。

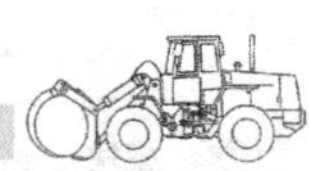

③装配时注意勿使锐利工具压伤密封件，更不能使密封件唇边损伤。

2）密封件因被挤出而损坏。排除方法：

①密封槽宽度不可过宽，槽底不能太粗糙，防止密封件前后移动，加剧磨损。

②密封件材质要好，截面直径不可超差。

③不可用存放时间过长而发生老化、龟裂的密封件。

④活塞杆处密封件的磨损通常由导向套滑动磨损后的微粒所引起，因此要注意导向套材料的选用。

⑤装配时必须保证工作台的导轨和液压缸缸筒中心线在全行程范围内达到同轴要求后再进行紧固。

⑥密封件上特别是唇边处不可混入极小的杂质颗粒，以免加剧密封件磨损。

3）密封圈方向装反。排除方法：密封圈唇边面向压力油一方。

4）缸筒与缸盖用螺栓连接时出现泄漏

①原因

a. 结合部分的毛刺或装配毛边引起初始泄漏。

b. 端面 O 形圈有配合间隙。

c. 螺栓连接不良。

②排除方法

a. 去除毛刺和毛边。

b. 调整 O 形圈，消除配合间隙。

c. 螺栓拧紧过程中按照对称、逐次拧紧的方法分 2 ~ 3 次拧紧。

5）缸筒与缸盖用螺纹连接时出现泄漏

①原因

a. 紧固端盖时未达到额定力矩。

b. 密封圈密封性能不好。

②排除方法

a. 用力矩扳手拧紧端盖达到额定力矩。

b. 更换性能较好的密封圈。

（6）液压缸缓冲效果不佳

液压缸缓冲效果不佳常表现为缓冲作用过度、缓冲作用失效和缓冲过程中产生爬行等情况。

缓冲作用过度是指活塞进入缓冲行程到活塞停止运动的时间间隔太短及进入缓冲行程的瞬间活塞受到很大的冲击力两种情况。缓冲作用失效是指在接近行程终点时没有缓冲效果，活塞不减速，给缸底很大的冲击力。缓冲过程中的爬行是指活塞进入缓冲行程后产生跳跃式的、时停时走的运动状态。

1）缓冲作用过度

①原因。缓冲调节阀节流过量，缓冲柱塞在缓冲孔内偏斜、拉伤或有咬死现象，或配合间隙间有杂物。

②排除方法

a. 调大节流口。

b. 提高缓冲柱塞和缓冲孔的制造精度。

c. 提高活塞与缸盖的安装精度。

d. 缓冲柱塞与缓冲孔配合间隙要适当。

2）缓冲作用失效

①原因。缓冲调节阀调整失灵；缓冲腔容积过小，引起缓冲腔压力过大；缓冲装置的单向阀在回油时堵不住。

②排除方法

a. 调节锥阀与阀座配合情况，重新研磨阀座。

b. 加工节流孔时要保证垂直度和同轴度。

c. 加大缓冲腔直径。

二、挖掘机回转马达故障诊断与排除

1. 回转马达的结构

（1）回转系统

回转系统示意图如图 1—3—3 所示。

（2）回转装置

本书以川崎 M5X130 型回转装置为例进行分析。回转装置主要由阀单元、回转马达、回转减速装置组成，如图 1—3—4 所示。

1）回转减速装置。回转减速装置是两级减速行星轮式，齿圈在壳体内表面形成，所以是一个整体。因壳体被螺栓固定在上部回转平台，所以齿圈不能转动。回转马达轴带动一级太阳齿轮转动，然后转矩通过一级行星齿轮和行星架传给二级太阳齿轮，二级太阳齿轮通过二级行星齿轮和行星架使轴转动。图 1—3—5 所示为回转减速装置的结构。轴与固定在下部行走体回转轴承内的齿轮啮合，使上部回转平台转动。

2）回转马达。如图 1—3—6 所示，回转马达包括斜盘、转子、柱塞、配流盘、壳体和回转停放制动器（由弹簧、制动活塞、钢片、摩擦片和回转停放制动开关组成）。插入柱塞的转子与轴的花键配合。

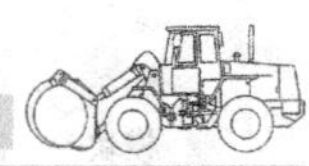

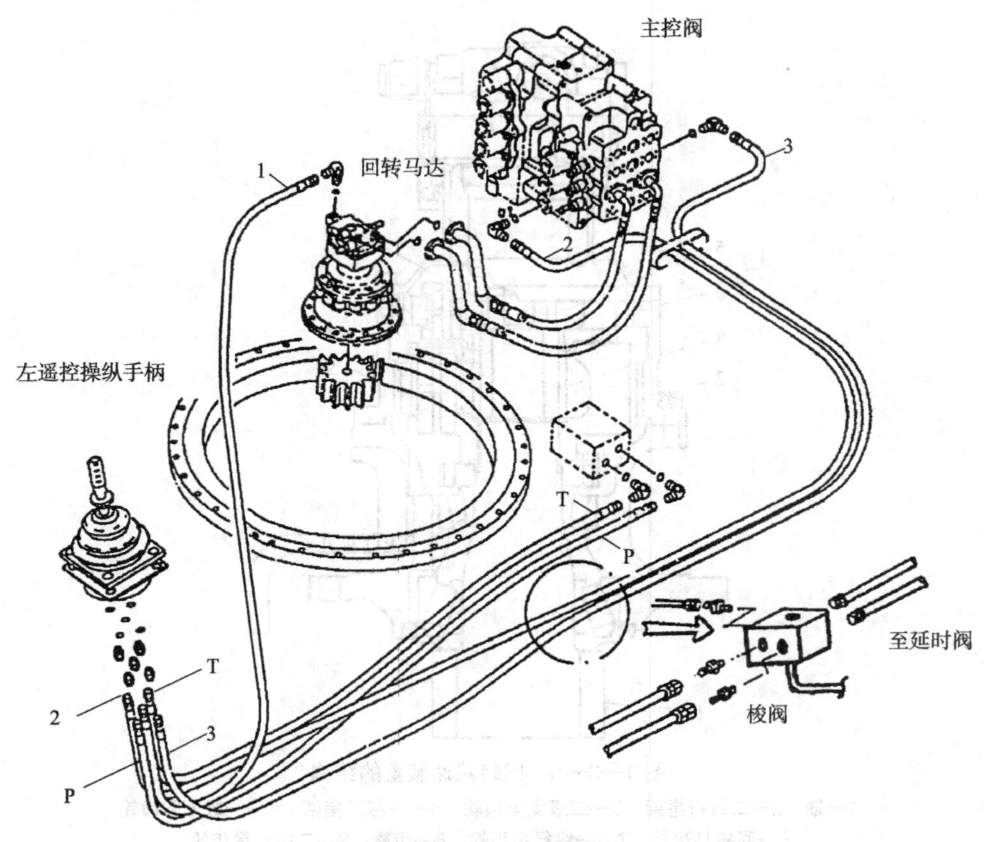

图 1—3—3　回转系统示意图

P—先导供油路　T—先导回油路　1—解除制动油路　2—左回转先导油路　3—右回转先导油路

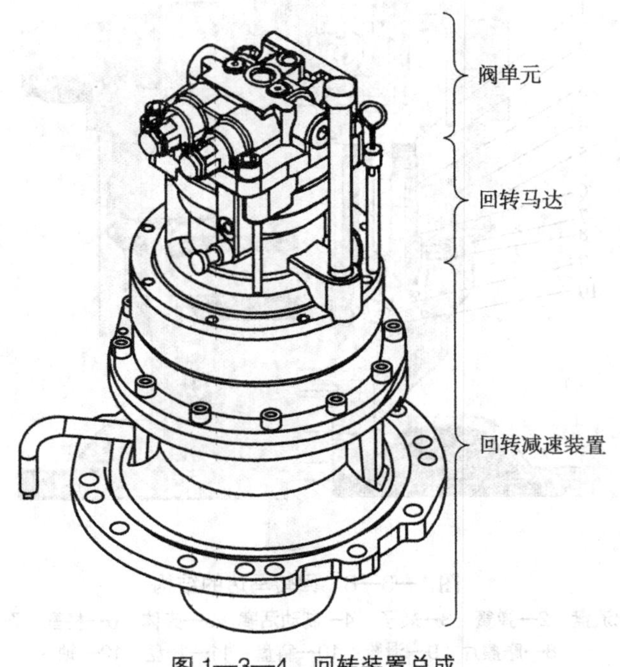

图 1—3—4　回转装置总成

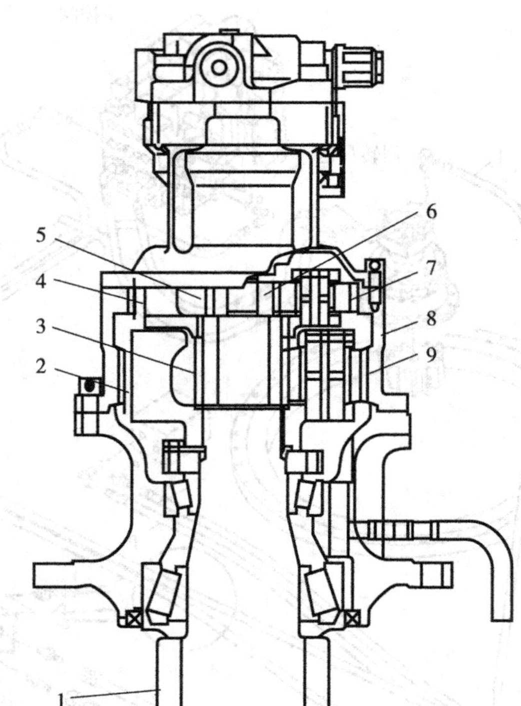

图 1—3—5　回转减速装置的结构

1—轴　2—二级行星架　3—二级太阳齿轮　4——级行星架　5——级太阳齿轮
6—回转马达轴　7——级行星齿轮　8—齿圈　9—二级行星齿轮

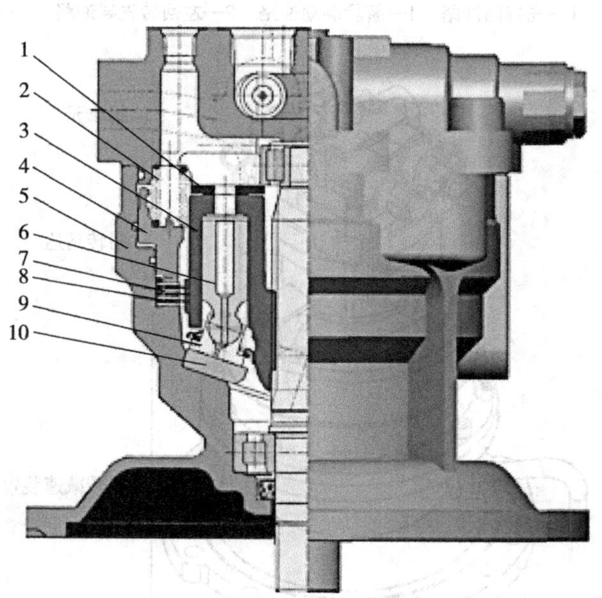

图 1—3—6　回转马达的结构

1—配流盘　2—弹簧　3—转子　4—制动活塞　5—壳体　6—柱塞　7—钢片
8—摩擦片　9—滑靴　10—斜盘　11—托盘　12—轴

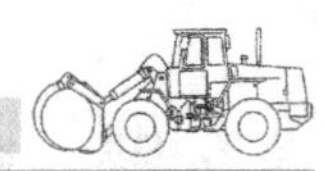

当压力油由泵供给时，压力油推动柱塞。由于斜盘倾斜，柱塞顶上的滑靴沿着斜盘滑动，使转子和轴转动。轴的顶端与回转减速装置内的一级太阳齿轮通过花键连接，使轴的转动传给回转减速装置。

3）马达控制阀单元。马达控制阀单元由补偿阀和溢流阀组成。补偿阀防止油路内形成空穴，溢流阀防止油路内出现冲击压力和过载，控制阀油路连接如图 1—3—7 所示。

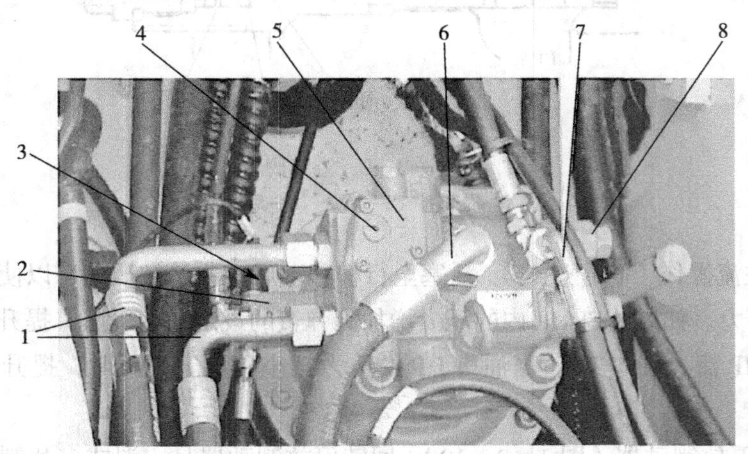

图 1—3—7　挖掘机上阀单元油路连接

1—工作油管　2—延时阀　3—压力开关　4—测压口　5—防反转阀　6—补油管　7—泄油管　8—溢流阀

①补偿阀。在回转停止期间，回转马达被上部回转平台的惯性力推动。马达的转动由惯性力推动时比由泵输出的压力油推动时快，所以在油路内产生空穴。为了防止形成空穴，当回转油路内的压力比回油路（油口 C）内的压力小得多时，提升阀打开，液压油从液压油箱排入油路，以消除油路内的缺油状态，如图 1—3—8 所示。

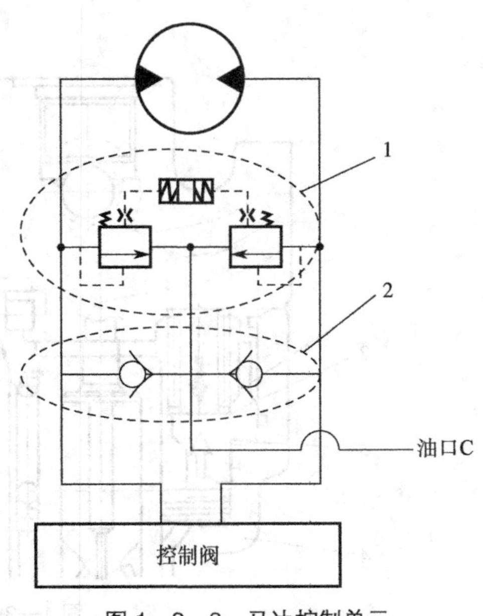

图 1—3—8　马达控制单元

1—溢流阀　2—补偿阀

②溢流阀（图 1—3—9）。回转作业开始或停止时，回转油路里的油压升高。溢流阀可以防止油路压力升高到设定压力以上。

a. 低压溢流操作（减振功能）。油口 HP（回转油路）的压力通过提升阀的节流孔进入油腔 C。油腔 C 的压力油进而经油道 A 和 B 分别进入油腔 A 和 B。油腔 B 的受压面积大于油腔 A，所以活塞向左移动。只要活塞持续移动，提升阀的前后就会出现压力差。压力差超过弹簧力时，提升阀离位，使压力油流入油口 LP。当活塞全行程移动时，提升阀前后压力差消失，使提升阀回位。

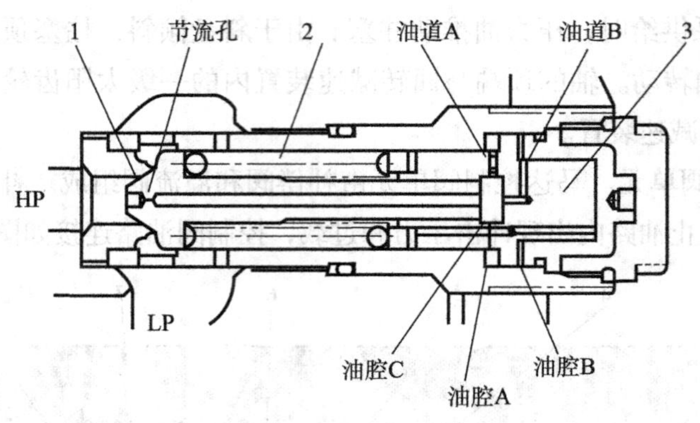

图 1—3—9 溢流阀

1—提升阀 2—弹簧 3—活塞

b. 高压溢流操作（防止过载）。活塞全行程移动后，弹簧被压缩，以使油路内的压力增加到设定压力。如果油口 HP 内的压力增加到弹簧的设定压力以上，提升阀离位，使压力油从油口 HP 流入油口 LP。当油口 HP 的压力减小到设定压力时，提升阀因弹簧的弹力回位。

4）回转停放制动器（图 1—3—10）。回转停放制动器是一湿式多片制动器。该制动器的解除依靠制动解除压力进入制动活塞室（负压制动型）而生效。制动解除压力只有在工作装置或回转作业进行时由先导泵输入。除工作装置或回转作业以外的其他作业时，或在发动机未工作期间，制动解除压力回到液压油箱，所以制动器由弹簧自动施闸。

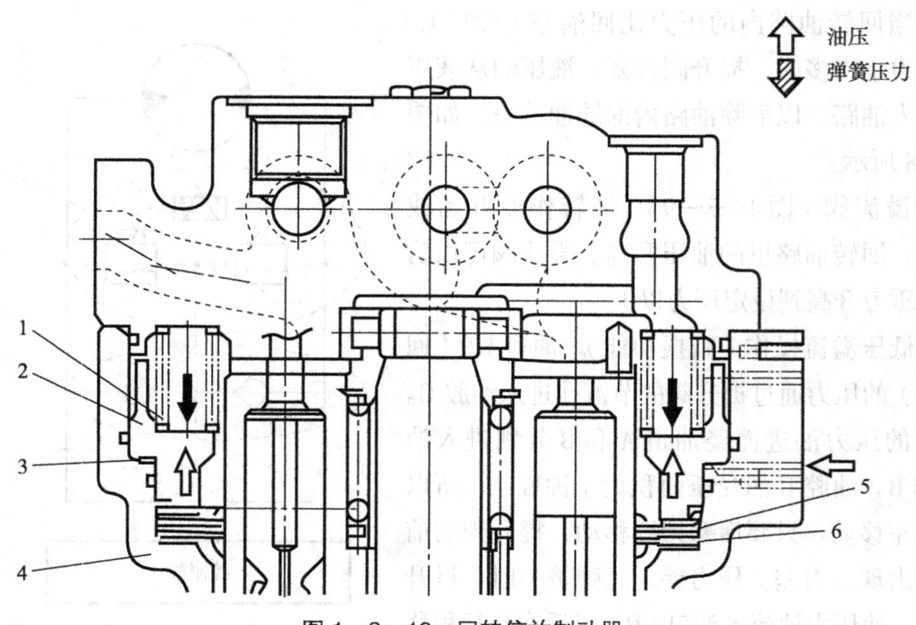

图 1—3—10 回转停放制动器

1—制动弹簧 2—制动活塞 3—油室 4—回转马达壳体 5—钢盘 6—制动盘

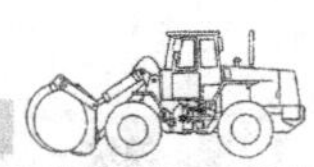

2. 回转马达的功能及工作原理

（1）回转油路

回转油路如图 1—3—11 所示。

（2）液压控制原理

回转马达具有正转、反转、回转停车制动、防反转、补油、延时等功能。

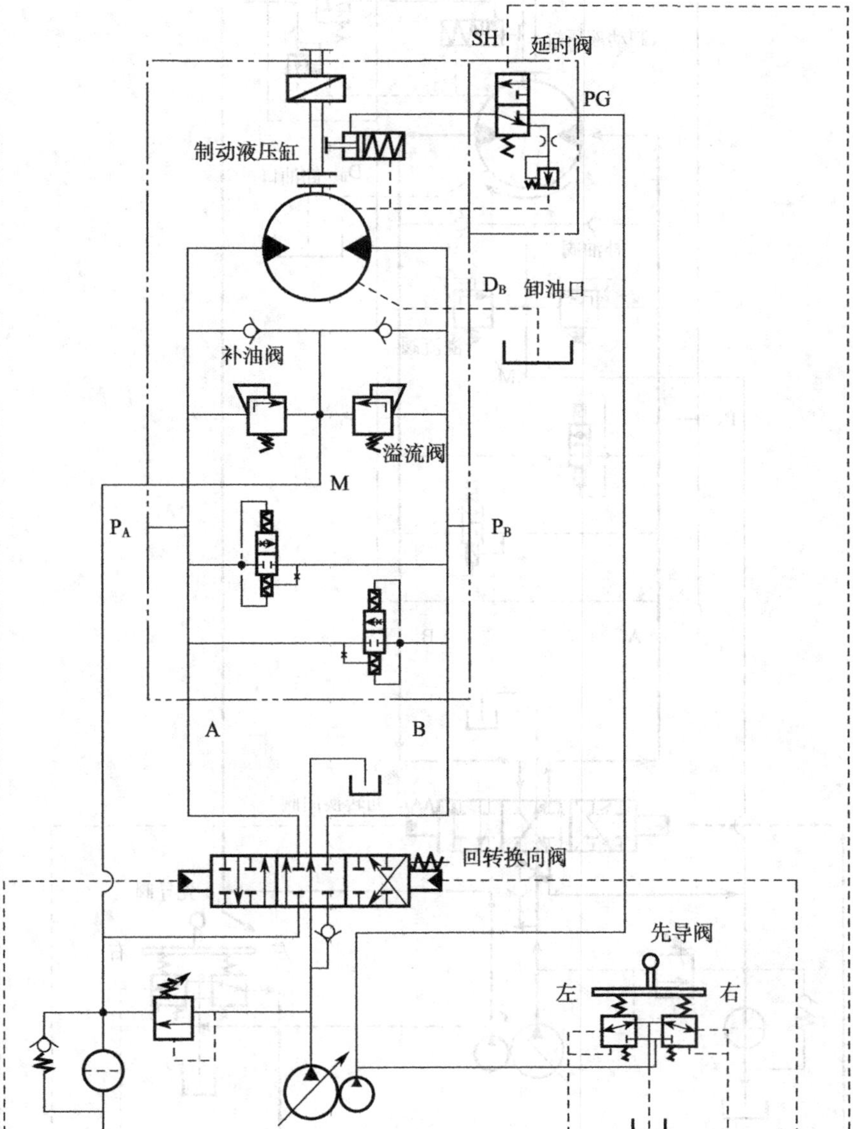

图 1—3—11　回转油路图

1）空动作。当先导手柄不做任何动作时，回转换向阀处于中位，主泵泵出的油通过回转换向阀直接回油箱，如图 1—3—11 所示。

2）左回转（图 1—3—12）

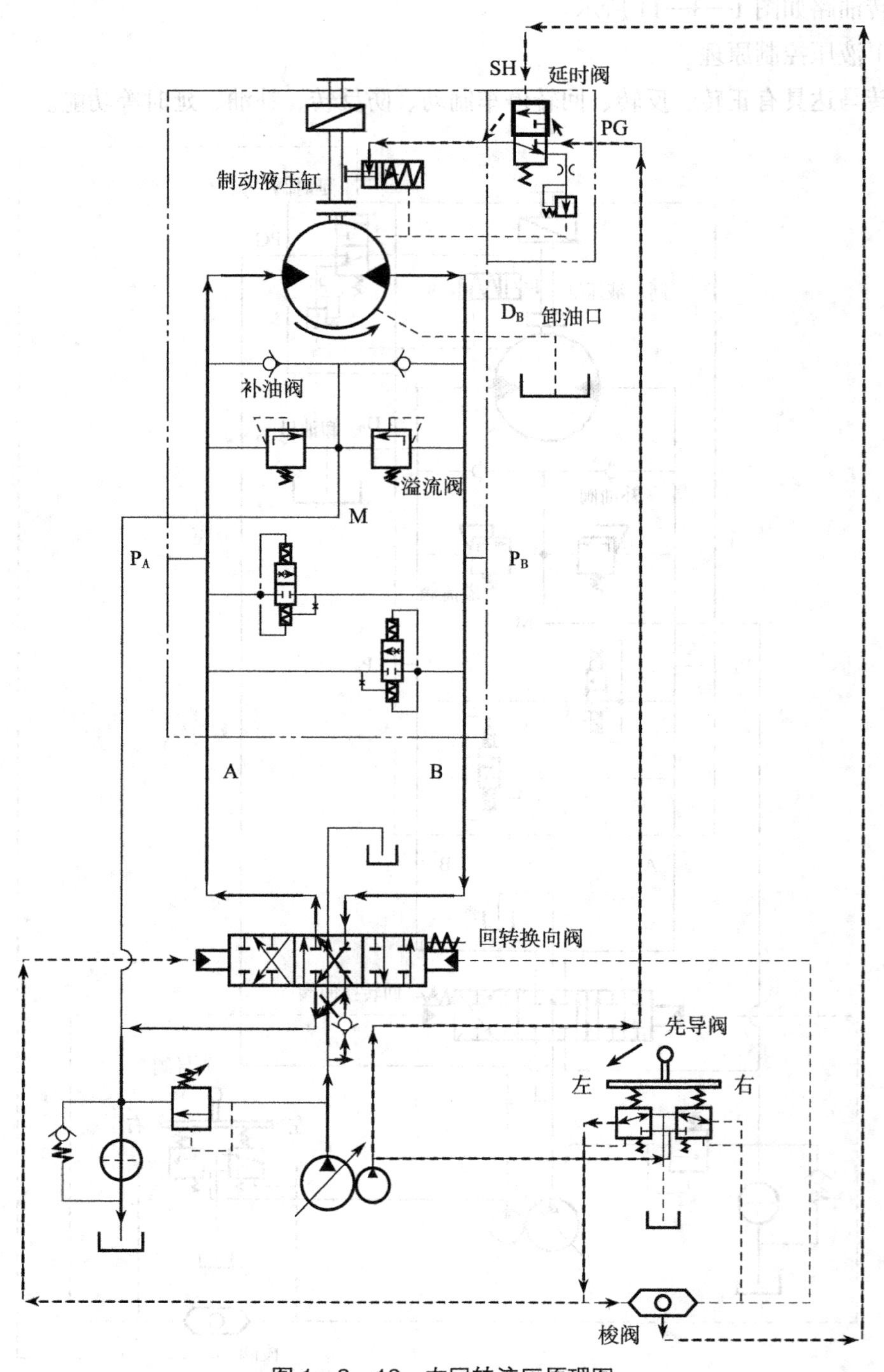

图 1—3—12 左回转液压原理图

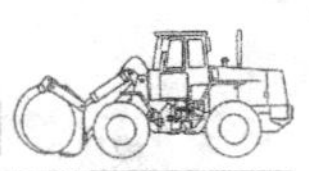

①当先导手柄向左拨动时，先导泵的先导油通过先导阀到达回转换向阀的左端，控制回转换向阀左位接通。

②此时主泵的压力油从左位下面的第四个油口流入，从上面第二个油口流出，从回转 A 口进入马达的左进油口，此时马达被制动液压缸制动，不能转动。

③先导泵出来的油还会到达延时阀的 PG 口，此时，由于二位三通换向阀处于下位接通，因而 PG 口的液压油在等待进入制动液压缸来解除制动。

④先导泵出来的油还会通过梭阀来到延时阀的 SH 口，使得二位三通换向阀上位接通。此时处在 PG 口的油会立即进入制动液压缸来解除制动。

⑤马达解除制动后，从 A 口进入并等待在马达进油口的油立刻进入马达，带动马达产生左回转。

3）右回转。原理与左回转相同，可参照左回转自行分析。

4）防反转功能。没有安装防反转阀时，负载力矩大于制动力矩，只能靠两个过载溢流阀反复溢流。安装防反转阀（图 1—3—13）后，利用该阀内部的小孔节流作用，使阀内封闭马达工作口的两根阀杆产生速度差，从而导通马达的两个工作口，将处于高压端工作口的油卸到低压端，因此回转反转（来回摇晃）只有一次。

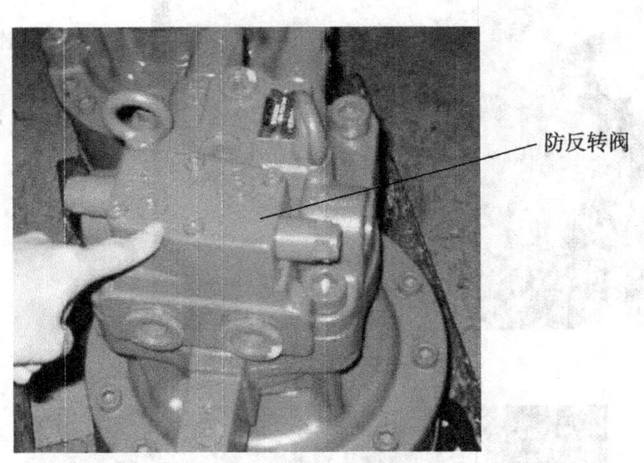

图 1—3—13　防反转阀在回转马达上的位置

5）延时功能。回转制动与操纵杆联动，全部工作装置的操纵杆处于中立位置时，先导油会断开，二位三通换向阀下位接通。制动液压缸中的弹簧会推动活塞移动，制动液压缸有杆腔中的油会流回油箱，由于节流阀的存在，这个动作需要一定时间，一般设定延迟 5 ~ 9 s 自动起动回转制动，如图 1—3—14 所示。

6）单向阀补油功能。两个安全溢流阀（图 1—3—15）安装在回转马达顶部，把回转回路的压力限制在设定的安全压力范围内，减缓了回转马达起动或停止时的冲击。在停止回转操作时，主泵已停止给回转马达供油，但回转马达在惯性的作用下继续转动，部分从主控制阀返回的油液通过单向阀（图 1—3—16）补充到马达回油口，消除真空和气穴现象。

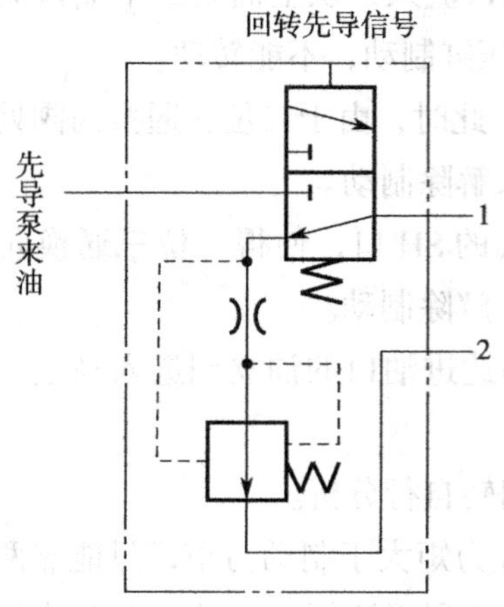

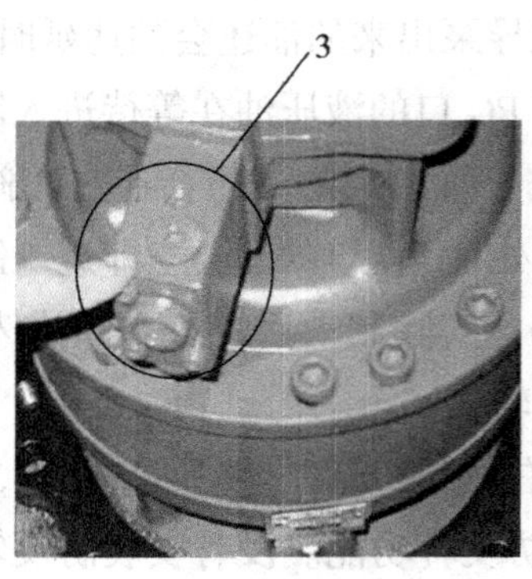

图 1—3—14　停车制动延时阀

1—制动液压缸　2—油箱　3—延时阀

图 1—3—15　安全溢流阀

图 1—3—16　单向阀

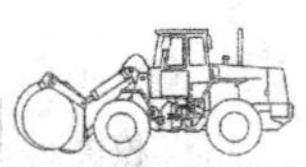

3. 液压马达故障诊断与排除方法

工程机械的液压马达由于工作环境恶劣，负载大，经一段时间使用后易发生各种故障。这些故障的表现形式也多种多样，其中，低速稳定性劣化（磨损）是工程机械液压马达最常见的故障，其产生的原因大多是液压油污染。液压油污染对整个液压系统都是一个极大的危害，液压油的防污染与清洁处理是液压系统需特别重视的一项工作。

此外，液压马达使用一段时间后，原来调定的压力变小，也可能改变马达的低速稳定性。此时，可通过调整回油背压力使其合理。

工程机械的液压马达使用一段时间后，噪声明显增大，这主要是由于马达长期处于高负载工况下运转，润滑条件又没有得到保证，导致机械相对运动部分的一些元件，如轴承、联轴器及其他运动部件磨损，部件配合出现误差。此外，系统的液压冲击与液压气蚀现象也是造成液压马达噪声增大的重要因素。

下面分析工程机械液压马达常见故障与排除方法。

（1）转速下降或输出转矩变小

1）马达内部柱塞与缸体的配合不良或配流装置间隙不当：修理或更换马达，并严格清洗液压油。

2）主轴、轴承等零件损坏：更换零件。

3）液压泵故障：维修液压泵。

4）液压辅件故障或失调：维修或调整液压辅件。

（2）低速稳定性下降

1）因液压油污染而使马达内零部件磨损：修理或更换马达，严格清洗液压系统和液压油箱，更换液压油。

2）液压泵等供油不正常，出现异常：检查有关元件，恢复正常供油条件。

3）液压系统混入空气，压力出现波动，或液压系统出现空穴、气蚀现象：排除系统的气体和产生空穴、气蚀的原因。

（3）噪声增大

1）系统压力、流量超过额定值：查找压力、流量波动的原因并排除故障。

2）马达内部零件（如轴承、定子、主轴等）损坏：修理或更换马达。

3）因液压油污染而使运动件摩擦力增大：清洗液压系统，过滤或更换液压油。

4）运动部件出现松动、偏心：校准配合件或更换运动部件。

5）系统的液压冲击或气蚀：排出系统内的气体。

（4）泄漏增加

1）机械振动引起紧固螺钉松动：拧紧螺钉。

2）密封件损坏：更换密封件。

3）液压油污染，零件磨损：修理或更换相应部件，过滤或更换液压油。

4. 回转故障案例

（1）回转速度慢

1）现象。工作时平台转动速度低于 6 r/min。

2）原因分析。液压马达与轴向柱塞泵的结构和工作原理基本相同。轴向柱塞泵通过吸油和压油产生动力，即把机械能转换为液体压力能，而液压马达进入的是高压力油，排出去的是低压力油，即将液体压力能转换为机械能。由此看来，液压马达实质上相当于多个单缸柱塞液压缸的组合，即把多个单向液压缸沿周向均布，柱塞的外端顶在斜盘上。当液压泵向液压缸提供压力油时，柱塞在压力油的作用下伸出，并在斜盘上下滑，产生转矩，液压泵连续不断地向液压马达提供压力油，液压马达就连续不断地转动，并通过齿轮传动箱最终驱动齿轮与车架固定的内齿圈啮合而带动平台旋转。

由上可知，液压马达的构造和工作原理与前述液压缸的工作原理基本相同，如果液压马达出现转动速度缓慢的故障时，其分析、诊断与排除的方法同工作装置的液压缸和轴向柱塞泵相似，故在此不再赘述。

（2）液压马达“爬行”

1）现象。平台转动时出现忽停忽动（即转动不连续）、速度缓慢、力量不足等现象。

2）原因分析。液压马达是一个能量转换装置，即输入液体压力能转换成机械能输出，若不考虑马达本身的效率时，输入能量等于输出能量。因此，液压马达转动无力必然是输入液压马达的能量减少，当能量难以克服平台转动阻力时，出现停转现象。

根据液压传动原理可知，液压马达是靠液体压力进行转动的。液压马达在操纵阀接通压力油路的情况下停转，是因输入的油液工作压力不足以克服平台运转的阻力。待积蓄的能量足够克服阻力时马达冲跳转动，系统内的油液压力又陡降，马达又停顿，反复下去导致平台“爬行”，或者是阻止液压马达转动的阻力过大导致“爬行”。至于引起输入油液的流量减少和工作压力减小的原因，参看大臂液压缸举升缓慢的原因分析与诊断。

总之，液压马达“爬行”使系统内油液压力不稳定，这种情况多数是因系统内有空气所致。

液压马达转动阻力过大能够导致马达本身的机械效率降低。主要的原因有柱塞与配合摩擦副阻力过大、斜盘与柱塞摩擦阻力过大、轴承变形引起摩擦阻力过大、传动箱机械传动效率低、平台的转盘机械摩擦阻力过大。

3）诊断与排除。如果液压工作装置的液压缸也有“爬行”的现象，其故障在液压系统的总油路部分，应按第一部分大臂液压缸举升缓慢所述的诊断方法进行诊断，重点检查气穴，查明原因后对症排除。

如果大臂液压缸工作正常，“爬行”的故障应在液压马达和传动部分的末端，即机械传动箱和平台转盘部分。

①对液压马达安全阀的检查。试调液压马达操纵阀下部的安全阀。将安全阀螺母拧下，用内六角扳手调整螺塞，每转动一圈改变压力 2.345 MPa，即压力表测试应为 9.8 MPa。若低于 9.8 MPa，说明“爬行”故障多是由液压马达的设定压力过低所致。

②检查液压马达和机械传动部分。如果测试液压马达安全阀调定压力为 9.8 MPa，说明“爬行”是液压马达至回转平台部分机械摩擦阻力过大所致。

用手摸液压马达外壳，若有烫手感觉，说明液压马达摩擦力过大，是引起“爬行”的原因，应予以排除。

如果液压马达温度正常，可再用手摸传动箱和转盘等处温度状况，或者观察润滑情况。如果手感温度较高，且润滑也差，可能是引起“爬行”的原因，即摩擦阻力过大，应予以排除。

三、挖掘机行走马达故障诊断与排除方法

1. 行走马达的结构

（1）行走系统的组成及连接示意图如图 1—3—17 所示。

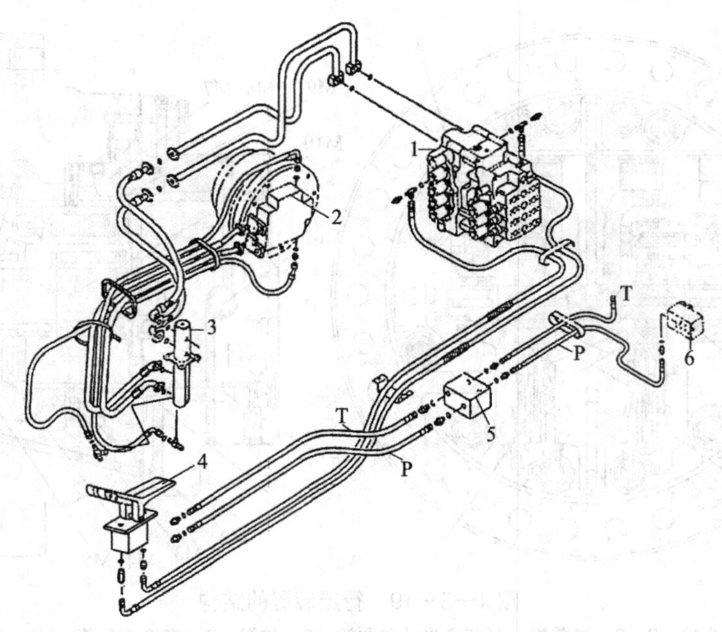

图 1—3—17　行走系统的组成及连接示意图

1—主控阀　2—右行走马达　3—回转接头　4—行走踏板　5—油道块　6—供油电磁阀阀体

（2）行走装置

行走装置由行走马达、行走减速装置和行走制动阀组成，如图 1—3—18 所示。行走马达是斜盘变量轴向柱塞式马达，装有停放制动器（湿式负压多盘制动器）。行走马达被泵的压力油驱动，把旋转动力传给行走减速装置。

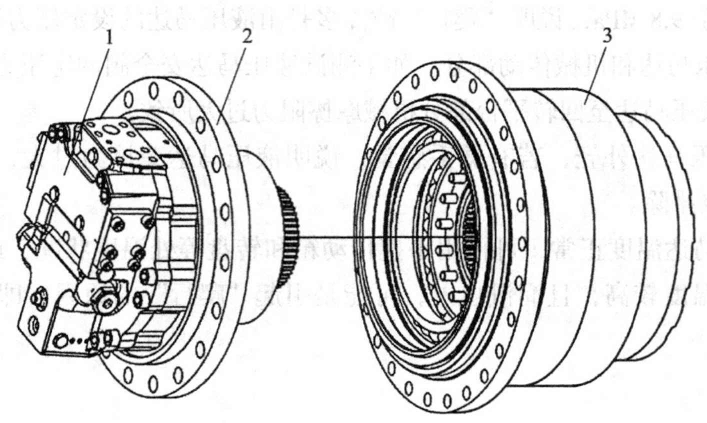

图 1—3—18 行走装置的组成

1—行走制动阀 2—行走马达 3—行走减速装置

行走减速装置是三级减速行星齿轮式，它把从行走马达传来的旋转动力转换成低速大转矩动力，以使驱动轮和履带转动。行走制动阀保护行走电路不过载并防止出现空穴，如图 1—3—19 所示。

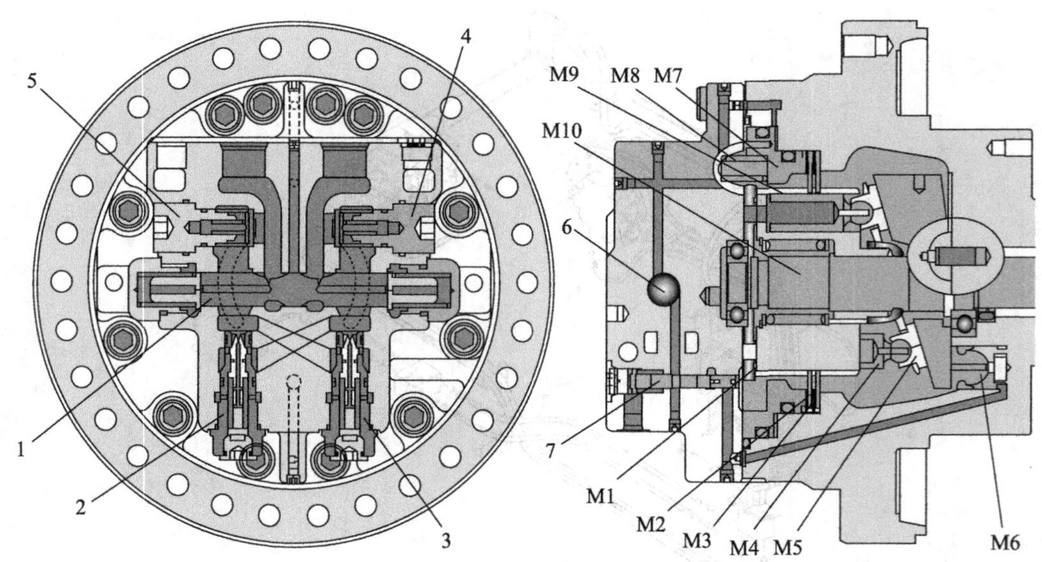

图 1—3—19 行走装置的结构

1—平衡阀 2、3—过载阀 4、5—进油单向阀 6—梭阀 7—高低速阀芯 M1—配流盘 M2—摩擦片 M3—分离片 M4—柱塞 M5—滑靴 M6—高低速控制活塞 M7—制动活塞 M8—制动弹簧 M9—缸体 M10—主轴

2. 行走马达的功能及液压控制原理

左、右行走油路是相同的，在分析原理时只选择一边进行分析，行走马达原理图及对应实物图如图 1—3—20 所示。

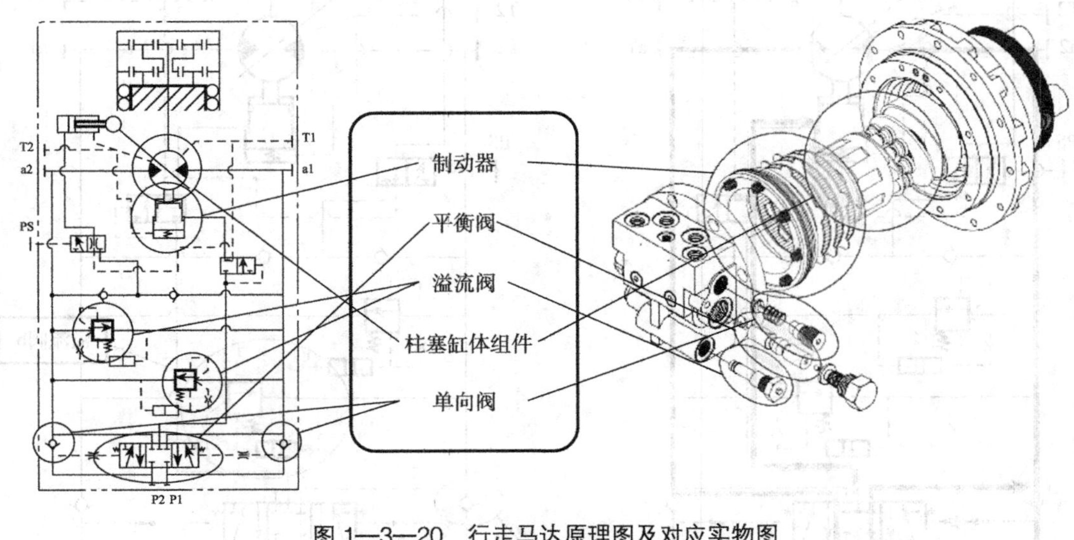

图 1—3—20　行走马达原理图及对应实物图

回转马达有行走停车制动、安全溢流、补油、高低速切换等功能。

（1）行走马达工作与双重制动原理

当行走马达开始运行时，进口高压油在平衡阀左侧形成压力，推动平衡阀，高压油通过平衡阀进入制动活塞，解除制动的同时推动马达柱塞缸体，使马达运转。由于结构对称，马达反转的机理也相同。

当切断主阀高压油路时，制动活塞无压力，被制动弹簧压下，从而使马达制动。同时，平衡阀两侧不再有高压油，被弹簧推至中位，锁住出口处的油，从而使马达制动。行走马达的制动机理与回转马达类似，都是双重制动，其原理图如图 1—3—21 所示。

（2）溢流与补油

同回转马达的溢流阀与补油阀功能类似，都起到防止高压和吸空现象发生的作用，但是机理有所差别。

如图 1—3—22 所示，假设 A 口进高压油，B 口出油。当停止行走时，主阀高压油路被切断，但由于惯性马达会继续运转。此时，出口 B 的压力会急剧升高，溢流阀 b 打开，高压油流入 A 口，使马达稳定。同时，在溢流阀 b 尚未开启的一瞬间，A 口的压力会迅速下降，欲出现吸空现象。此时补油阀 CA 打开，从回油路补充油到 A 口，防止出现吸空现象，以免马达受损。

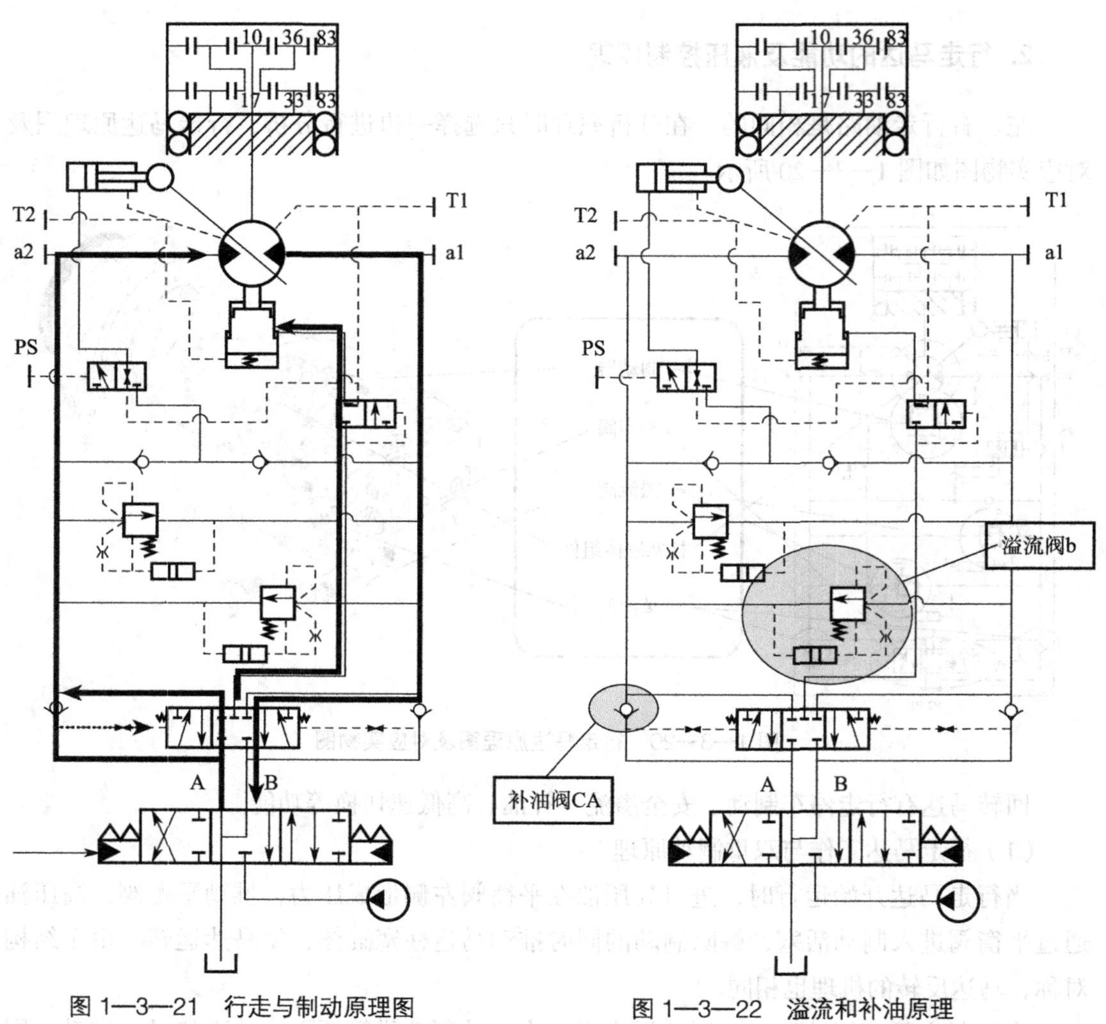

图 1—3—21 行走与制动原理图　　图 1—3—22 溢流和补油原理

（3）高低速切换功能

当 PS 口有先导油供应时，双速切换阀开启，高压油进入斜盘柱塞，斜盘倾角变小，马达排量变小，转矩变小，转速加快，如图 1—3—23 所示。

3. 行走马达故障诊断与排除

液压挖掘机行走液压系统常见的故障包括两边履带都不能行走、跑偏、行走慢、无力等。

（1）不能行走的检查与排除

1）检查其他执行机构运动是否正常。若只有行走机构不能正常工作，可直接进行 2）项的检查；若发动机正常，而其他执行机构不能正常工作，可先用手触摸泵出油口的两根高压油管。

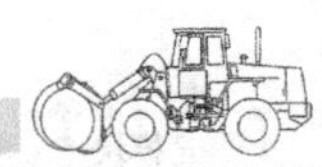

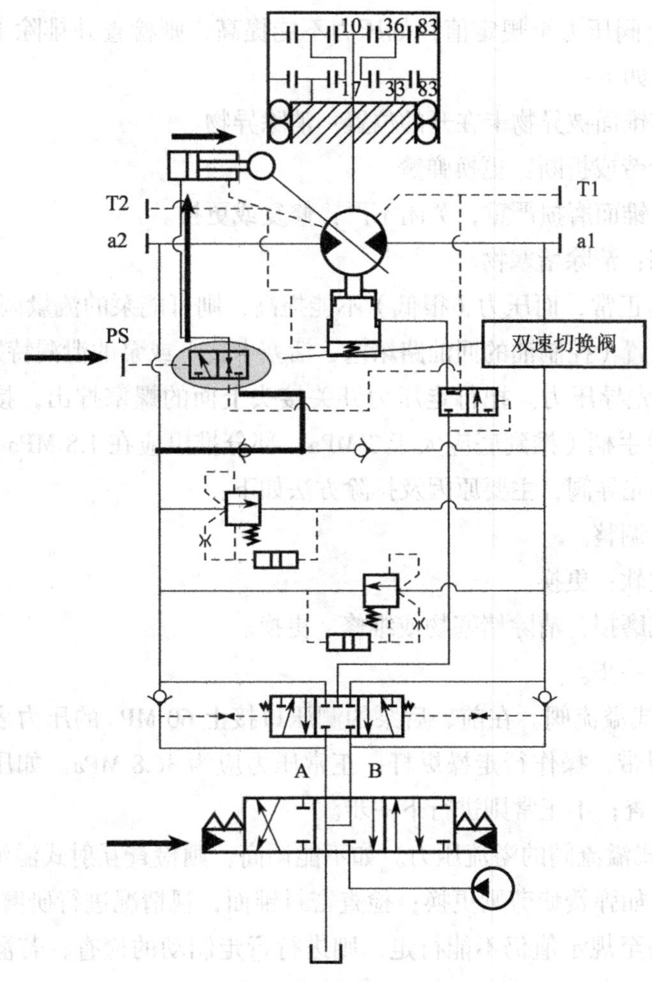

图 1—3—23　高低速切换

①如果感觉没有排油，则应检查油箱是否有油及进油口是否堵塞。若正常，则可能是联轴器（或轴）折断或泵的故障（缸体被卡住或斜盘卡在不泵油的位置或泄漏特别严重）。

②如果感觉有排油，则应检查主安全阀的溢流压力。在两个泵的测压口接上两个 60 MPa 的压力表，先导压力测压口接上 6 MPa 的压力表，然后卡住履带，操作行走先导手柄。如泵的压力不正常，则直接进行 4）项的检查；如泵的压力正常，先导压力不正常，则可试调先导压力；如调不了，可检查先导进油管及滤清器是否堵塞，若堵塞则清除或更换滤清器。

③检查先导溢流阀的阀芯是否磨损，若磨损则更换或维修。检查调节弹簧（标准长度为 53.8 mm）是否疲劳或折断，若是则更换弹簧。如正常，则为先导齿轮泵故障，应修复或更换齿轮泵。

④调整主安全阀压力至规定值，如压力不能提高，则检查并排除主安全阀故障，主要原因及排除方法如下：

a. 安全阀阀芯锥面被异物卡在开的位置：消除异物。

b. 调节弹簧疲劳或折断：更换弹簧。

c. 安全阀密封锥面磨损严重，关闭不严：修复或更换。

d. 阻尼孔堵塞：清除堵塞物。

⑤如主安全阀正常，而压力（很低）不能提高，则可能泵的流量调节机构出现故障，停在最小流量的位置（控制油的回油路堵塞，活塞卡住）或泵的泄漏特别严重。

2）检查行走先导压力。把行走压力开关接头上面的螺塞拧出，接上 6 MPa 的压力表，操作行走先导手柄（推到底应大于 3 MPa，部分推出应在 1.8 MPa 左右）。不正常则检查、维修或更换先导阀，主要原因及排除方法如下：

①行程不够：调整。

②调压弹簧太软：更换。

③阀杆卡住或磨损：清除堵塞物或维修、更换。

正常则进行下一步。

3）检查互射式溢流阀。在前、后泵的测压口接上 60 MPa 的压力表，先把主安全阀压力调大并卡住履带，操作行走操纵杆，正常压力应为 36.8 MPa。如压力正常，则进行马达泄漏情况的检查；不正常则进行下一步。

4）试调互射式溢流阀的溢流压力。如不能调高，则检查互射式溢流阀，主要检查调压弹簧是否疲劳，如弹簧疲劳则更换；检查密封锥面，视情况进行研磨；如被异物卡住，则清除异物；如调至规定值仍不能行走，则进行行走制动的检查；若溢流阀正常而压力调不高，则进行下一步。

5）检查多路换向阀的行走操纵阀。主要检查阀芯是否卡住，如卡住则清除异物；磨损、泄漏是否严重，如是则维修或更换多路阀。

6）检查中央回转接头的泄漏情况。把左（右）边的两个高压管接头拆开并用堵头堵住，操纵行走操纵杆，如有大量的油流出，说明泄漏严重，需维修、更换密封件（或回转接头），如正常则进行下一步。

7）检查马达的泄漏情况。拆开马达的两个高压油管接头，用堵头堵住。如压力较低，则为马达泄漏严重，应维修或更换；如压力较高，则进行下一步。

8）检查行走制动是否解除。不能解除的原因及排除方法如下：

①平衡阀被异物卡住，应清除异物。

②制动先导阀被异物卡住，应清除异物。

③制动缸油封损坏，应更换密封件。

④平衡阀至制动先导阀油道堵塞，应清除。

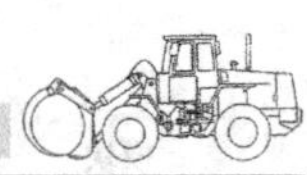

如都正常，可能马达或减速机构卡死，应检查并清除异物。

（2）跑偏的检查与排除

若工作中出现跑偏，应先检查履带的张紧度。若张紧度正常，则检查是否前进、后退都出现跑偏。

1）前进、后退都跑偏

①如跑偏方向相同，则可进行第②项检查。如跑偏方向相反，则可先检查互射式溢流阀，如正常，再检查中央回转接头（回转密封件部分损坏，如第一与第五或第三道损坏会出现此情况）的泄漏情况，如有泄漏则维修或更换密封件。

②检查两个泵的流量是否一致。对调两个泵的高压油管，如跑偏方向相反，则为泵的流量不同，可再对调逆向流量控制油管，可能为逆向流量控制通道堵塞（如节流孔堵塞）；如跑偏方向相同，则调节泵的流量调整机构（加减垫片或拧动调整螺钉），调整时如没有流量计，可利用工作机构把一边履带顶起，测出转动两圈的时间以 18 ~ 19 s 为准，且加减垫片与调整螺钉要结合进行。

③检查先导阀控制压力。拆开上行走控制阀上的两个先导控制油管接头，接上两个二通接头、两个 6 MPa 压力表并接回油管，操纵行走先导阀。如压力不一致，则检查、维修或更换先导阀（包刮控制油管）；如压力一致，则进行下一步。

④检查互射式溢流阀。对调互射式溢流阀，如跑偏方向相反，则维修或更换。主要检查调压弹簧是否疲劳，如弹簧疲劳则更换；检查密封锥面，视情况进行研磨。如跑偏方向一样，则进行下一步。

⑤检查多路换向阀（或直行走控制阀）。主要现象有阀杆黏结卡死，应研磨阀杆、阀孔，清除异物；弹簧疲劳折断，应更换弹簧；阀杆、阀孔配合间隙太大，应维修或更换多路换向阀。如多路换向阀正常，则进行下一步。

⑥检查单边马达泄漏情况。拆开马达泄油管，从泄油口接一根油管到一个容器中，操纵行走操纵杆，如泄漏严重，则维修或更换马达。

⑦检查制动情况。如单边不能解除制动或解除不彻底将造成跑偏，可参照上述方法进行检查。

⑧检查系统压力。如压力较高，则可能由于马达或减速器等受卡所造成，检查并排除机械故障。

2）只有一个方向跑偏

①对应先导阀性能不良，可参照上述方法检查。

②对应的互射式溢流阀性能不良，可对调使用，若跑偏方向相反，则为互射式溢流阀故障，否则就不是。

③中央回转接头故障。若回转接头第一或第五道密封件损坏（如因砂孔所致或磨损），则应更换回转接头密封件或回转接头。

四、挖掘机液压系统故障诊断程序

1. 回转系统

（1）操作杆不能进行左（右）回转的故障诊断流程（图 1—3—24）

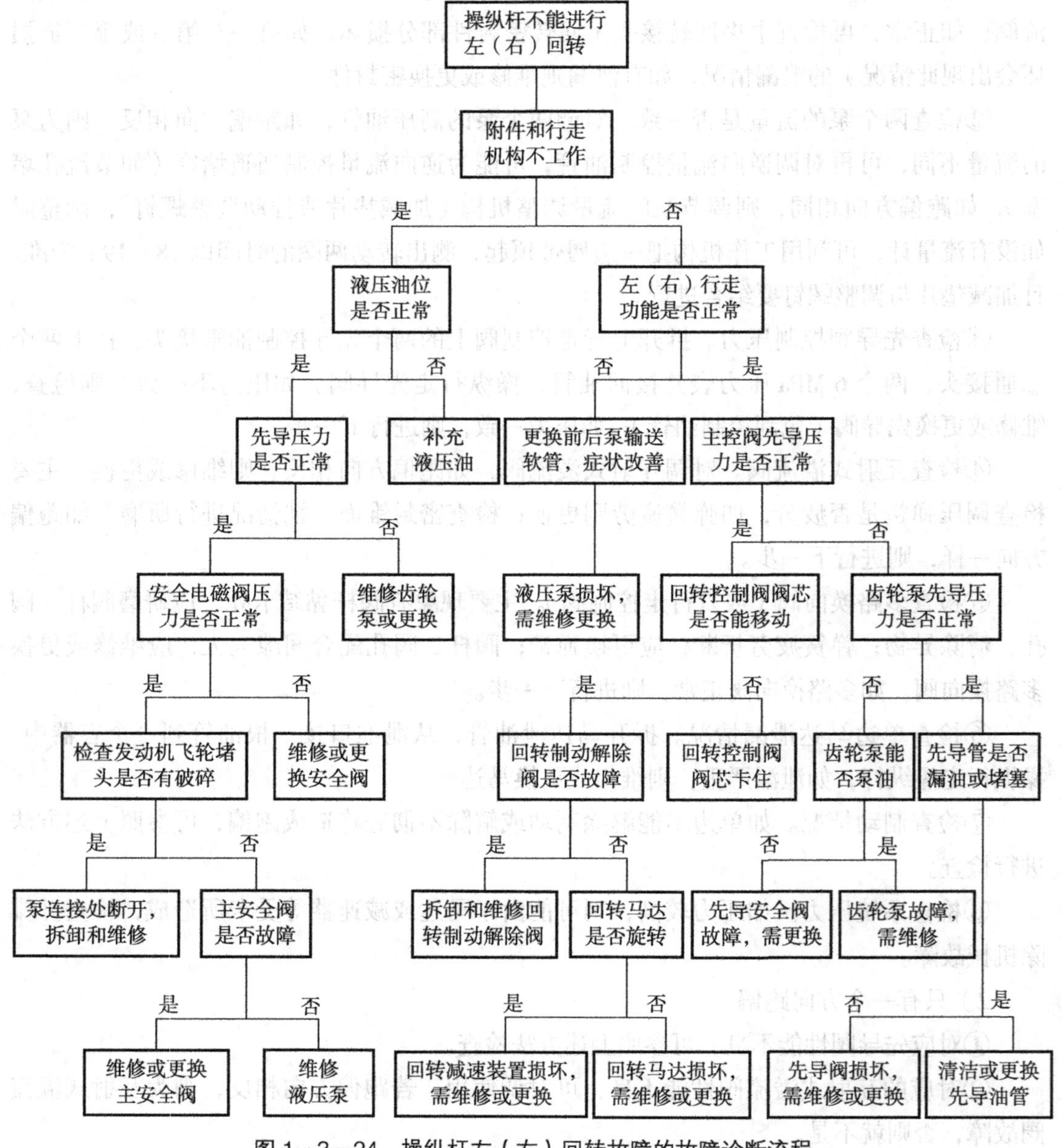

图 1—3—24 操纵杆左（右）回转故障的故障诊断流程

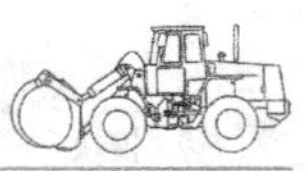

（2）回转速度过低的故障诊断流程（图 1—3—25）

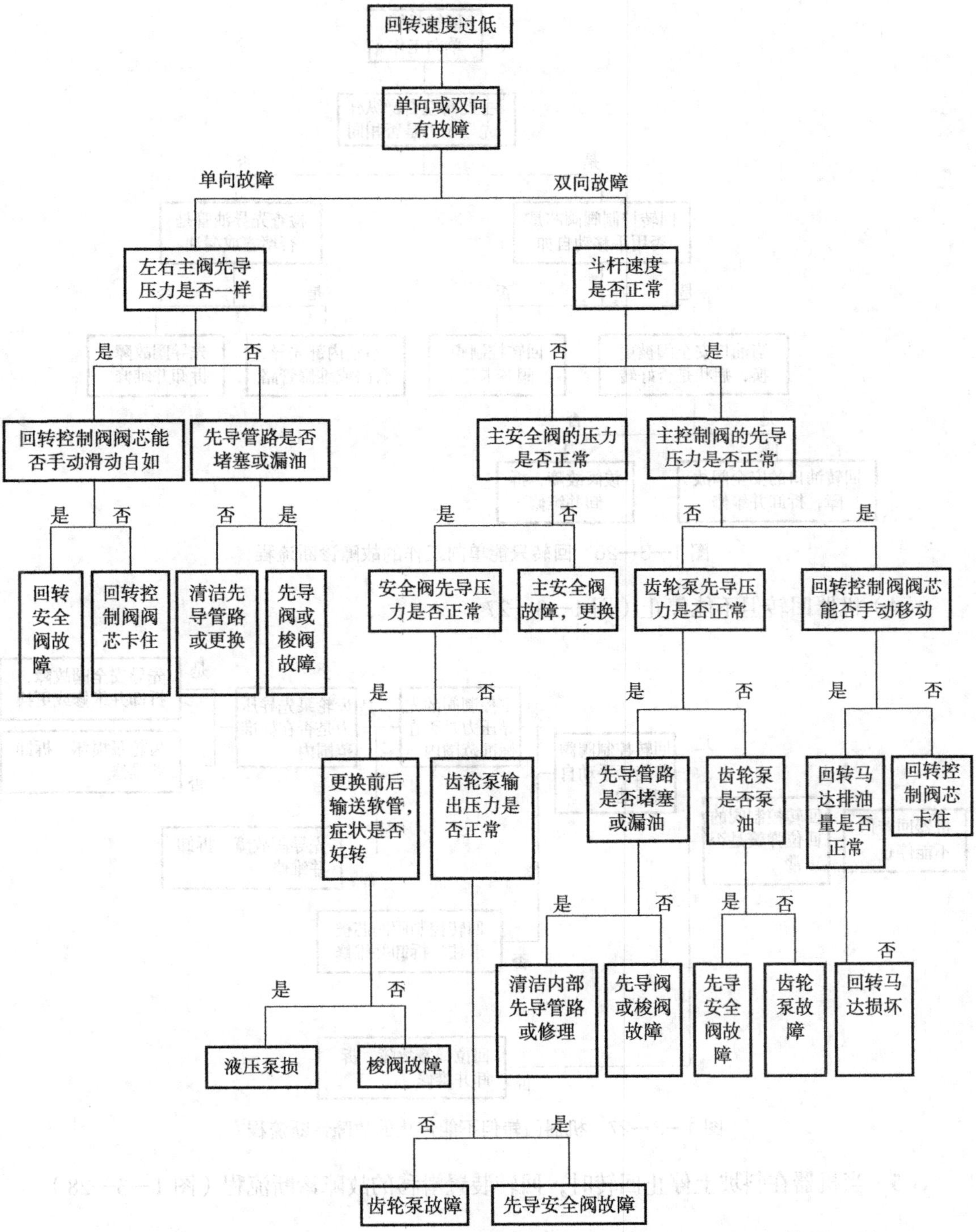

- 回转速度过低
  - 单向或双向有故障
    - 单向故障 → 左右主阀先导压力是否一样
      - 是 → 回转控制阀阀芯能否手动滑动自如
        - 是 → 回转安全阀故障
        - 否 → 回转控制阀阀芯卡住
      - 否 → 先导管路是否堵塞或漏油
        - 否 → 清洁先导管路或更换
        - 是 → 先导阀或梭阀故障
    - 双向故障 → 斗杆速度是否正常
      - 否 → 主安全阀的压力是否正常
        - 是 → 安全阀先导压力是否正常
          - 是 → 更换前后输送软管，症状是否好转
            - 是 → 液压泵损
            - 否 → 梭阀故障
          - 否 → 齿轮泵输出压力是否正常
            - 否 → 齿轮泵故障
            - 是 → 先导安全阀故障
        - 否 → 主安全阀故障，更换
      - 是 → 主控制阀的先导压力是否正常
        - 否 → 齿轮泵先导压力是否正常
          - 是 → 先导管路是否堵塞或漏油
            - 是 → 清洁内部先导管路或修理
            - 否 → 先导阀或梭阀故障
          - 否 → 齿轮泵是否泵油
            - 是 → 先导安全阀故障
            - 否 → 齿轮泵故障
        - 是 → 回转控制阀阀芯能否手动移动
          - 是 → 回转马达排油量是否正常
            - 否 → 回转马达损坏
          - 否 → 回转控制阀芯卡住

图 1—3—25　回转速度过低的故障诊断流程

（3）回转只能单向工作的故障诊断流程（图 1—3—26）

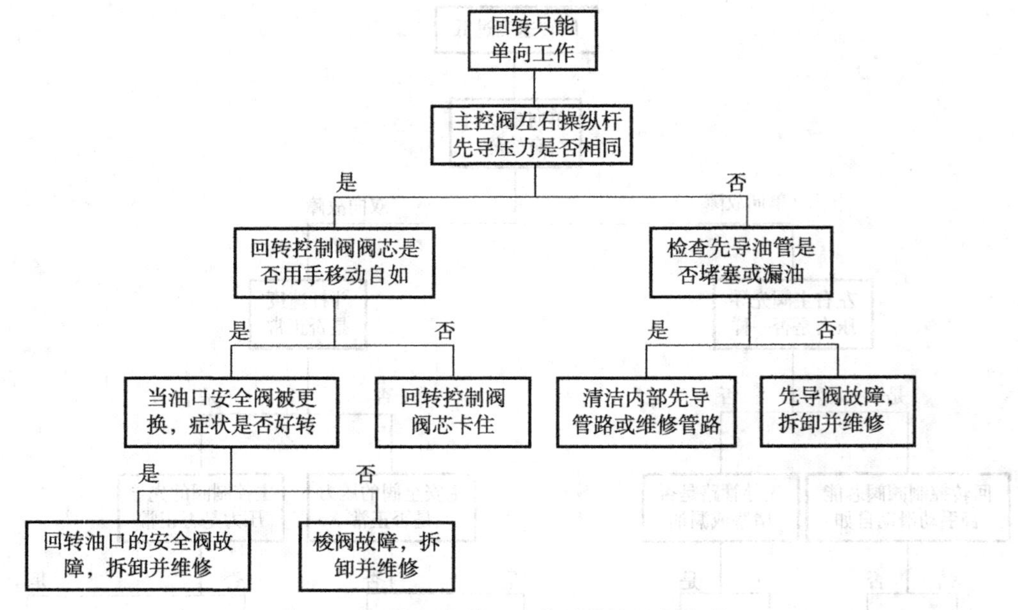

图 1—3—26　回转只能单向工作的故障诊断流程

（4）机器回转但不能停止（图 1—3—27）

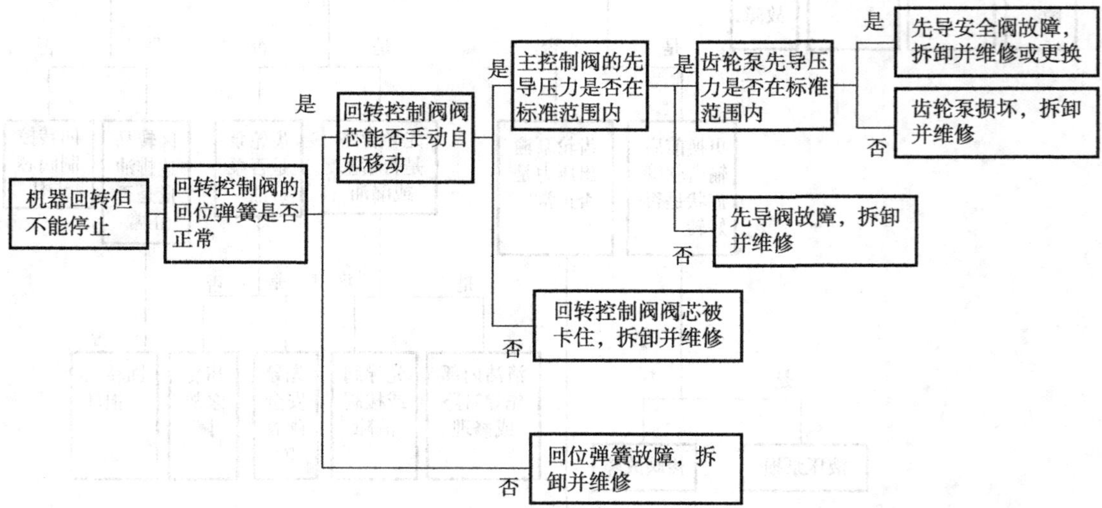

图 1—3—27　机器回转但不能停止的故障诊断流程

（5）当机器在斜坡上停止回转时，回转装置滑移的故障诊断流程（图 1—3—28）

2. 行走系统

（1）机器只能单侧行走的故障诊断流程（图 1—3—29）

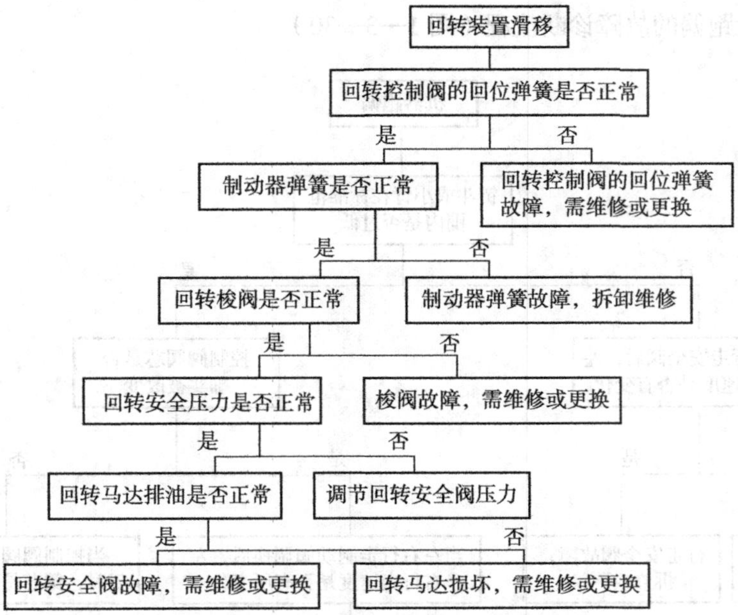

- 回转装置滑移
  - 回转控制阀的回位弹簧是否正常
    - 是：制动器弹簧是否正常
      - 是：回转梭阀是否正常
        - 是：回转安全压力是否正常
          - 是：回转马达排油是否正常
            - 是：回转安全阀故障，需维修或更换
            - 否：回转马达损坏，需维修或更换
          - 否：调节回转安全阀压力
        - 否：梭阀故障，需维修或更换
      - 否：制动器弹簧故障，拆卸维修
    - 否：回转控制阀的回位弹簧故障，需维修或更换

图1—3—28　回转装置滑移的故障诊断流程

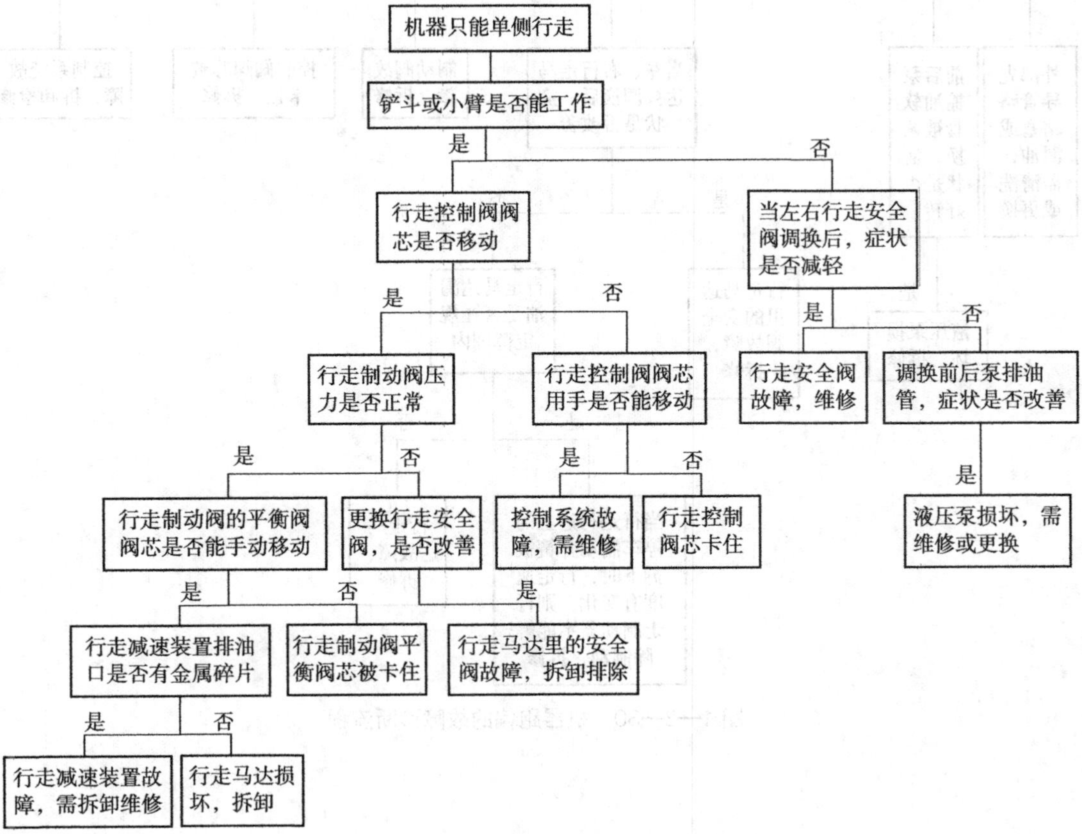

- 机器只能单侧行走
  - 铲斗或小臂是否能工作
    - 是：行走控制阀阀芯是否移动
      - 是：行走制动阀压力是否正常
        - 是：行走制动阀的平衡阀阀芯是否能手动移动
          - 是：行走减速装置排油口是否有金属碎片
            - 是：行走减速装置故障，需拆卸维修
            - 否：行走马达损坏，拆卸
          - 否：行走制动阀平衡阀芯被卡住
        - 否：更换行走安全阀，是否改善
          - 是：行走马达里的安全阀故障，拆卸排除
      - 否：行走控制阀阀芯用手是否能移动
        - 是：控制系统故障，需维修
        - 否：行走控制阀芯卡住
    - 否：当左右行走安全阀调换后，症状是否减轻
      - 是：行走安全阀故障，维修
      - 否：调换前后泵排油管，症状是否改善
        - 是：液压泵损坏，需维修或更换

图1—3—29　机器只能单侧行走的故障诊断流程

（2）机器跑偏的故障诊断流程（图 1—3—30）

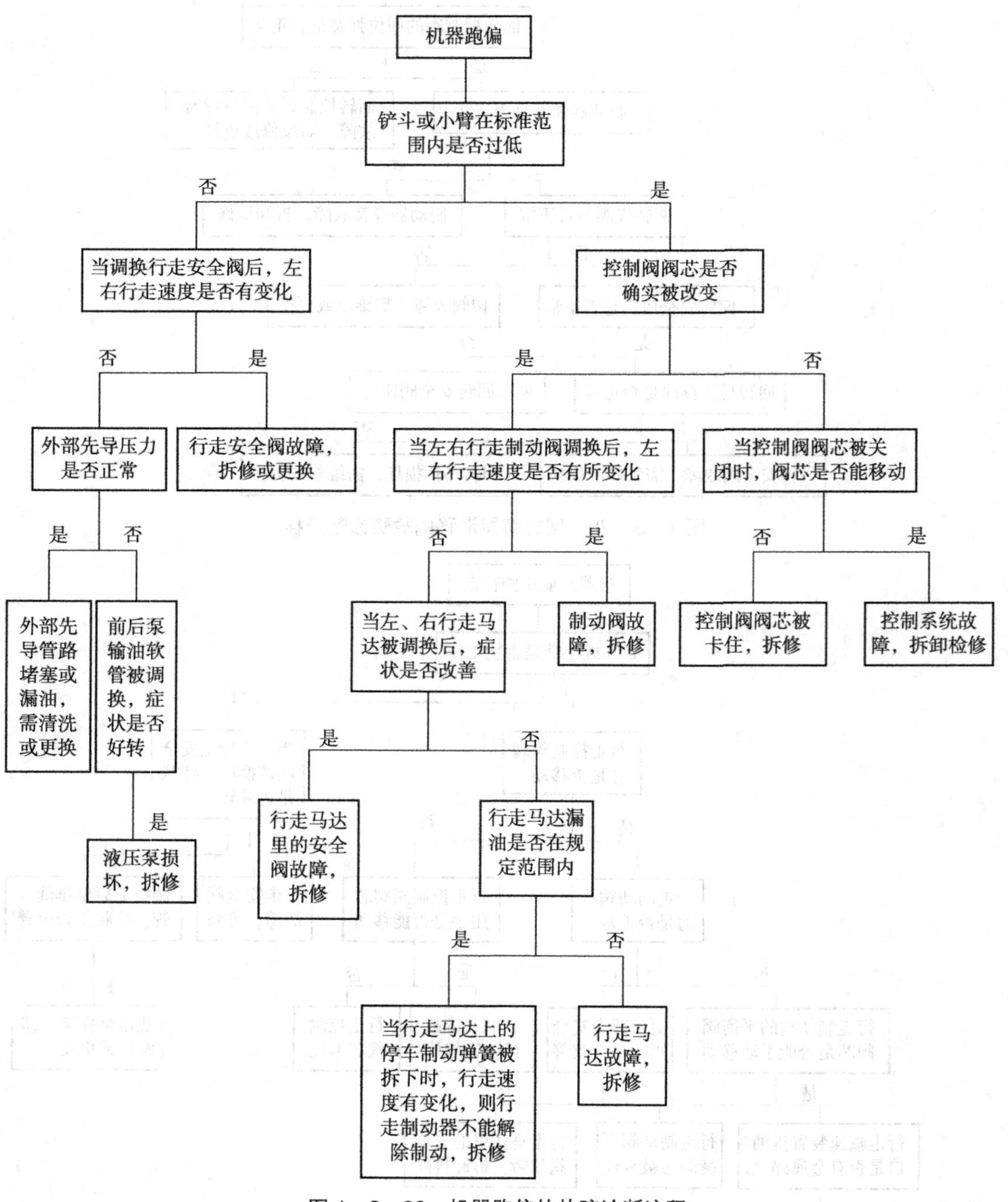

图 1—3—30 机器跑偏的故障诊断流程

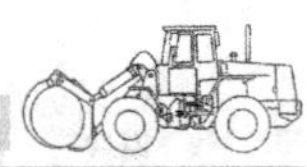

（3）机器无法在斜坡上驻车的故障诊断流程（图 1—3—31）

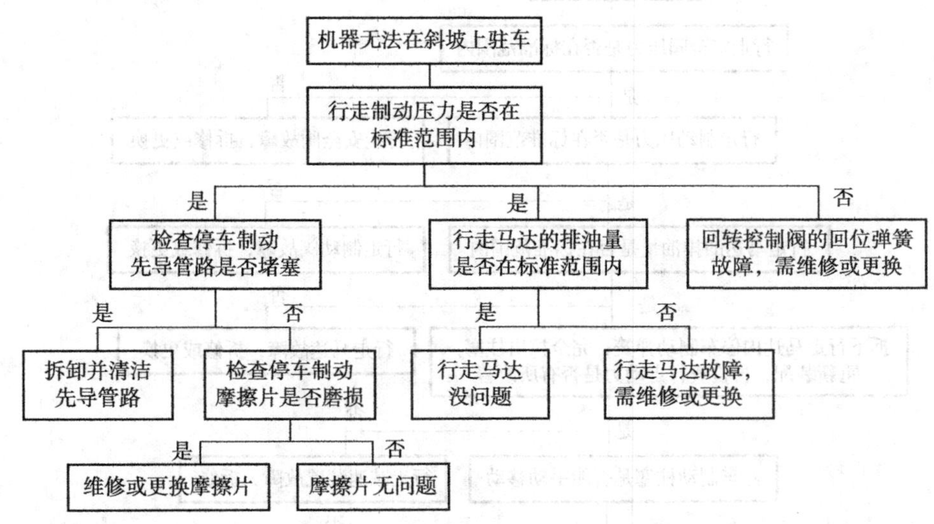

图 1—3—31　机器无法在斜坡上驻车的故障诊断流程

（4）左右行走机构不能工作的故障诊断流程（图 1—3—32）

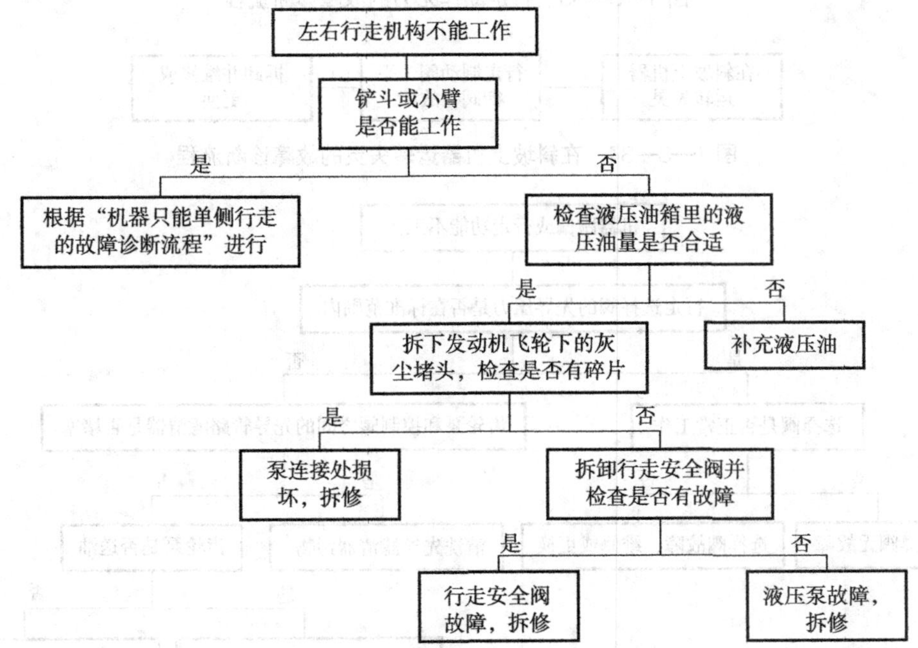

图 1—3—32　左右行走机构不能工作的故障诊断流程

（5）行走动作无力的故障诊断流程（图 1—3—33）

（6）在斜坡上机器运转失灵的故障诊断流程（图 1—3—34）

（7）机器跑偏或行走功能不工作的故障诊断流程（图 1—3—35）

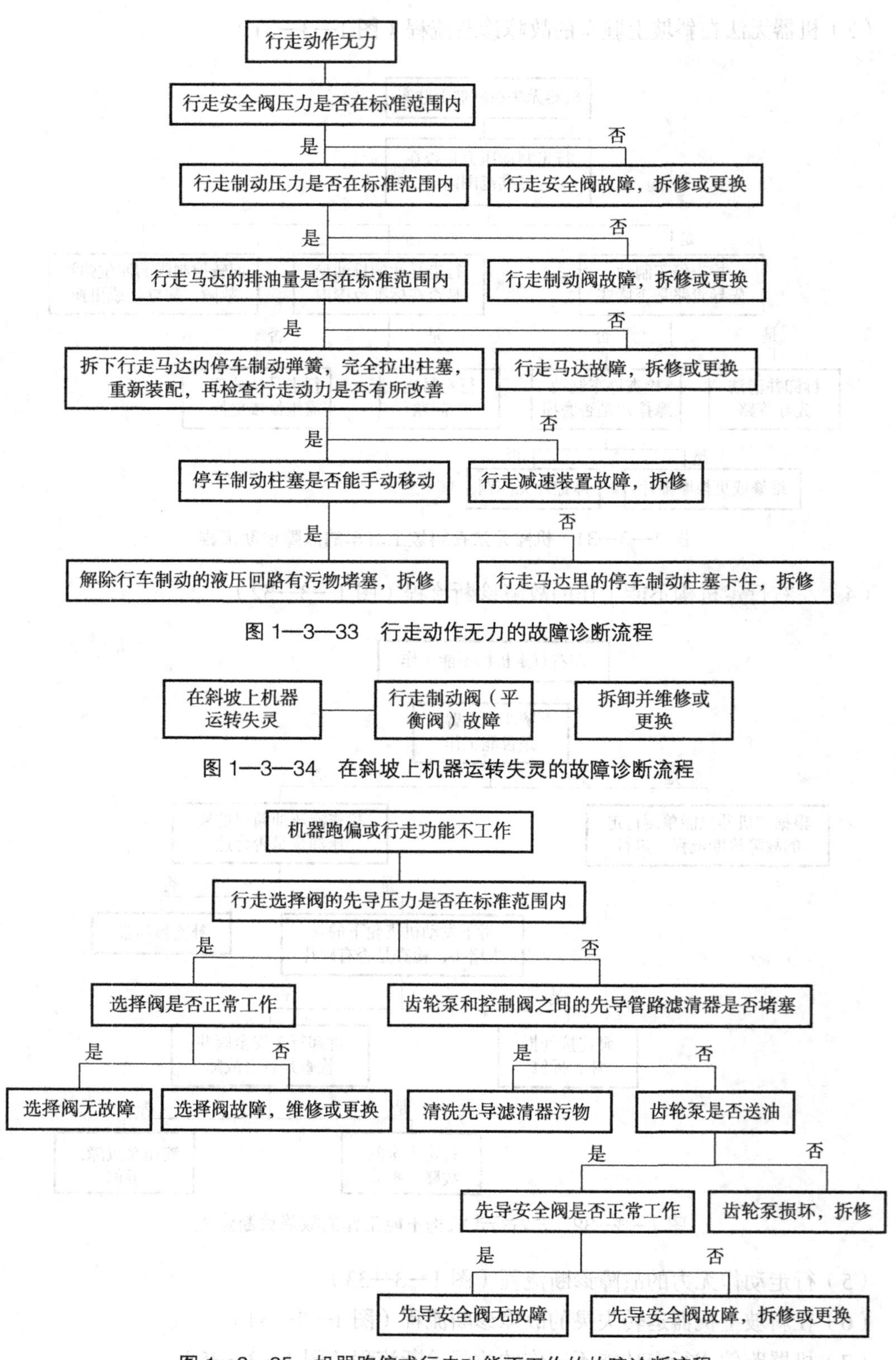

图 1—3—33　行走动作无力的故障诊断流程

图 1—3—34　在斜坡上机器运转失灵的故障诊断流程

图 1—3—35　机器跑偏或行走功能不工作的故障诊断流程

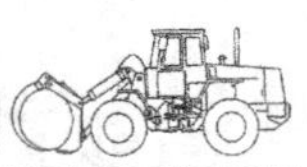

3. 附件系统

（1）大臂或小臂不能工作的故障诊断流程（图 1—3—36）

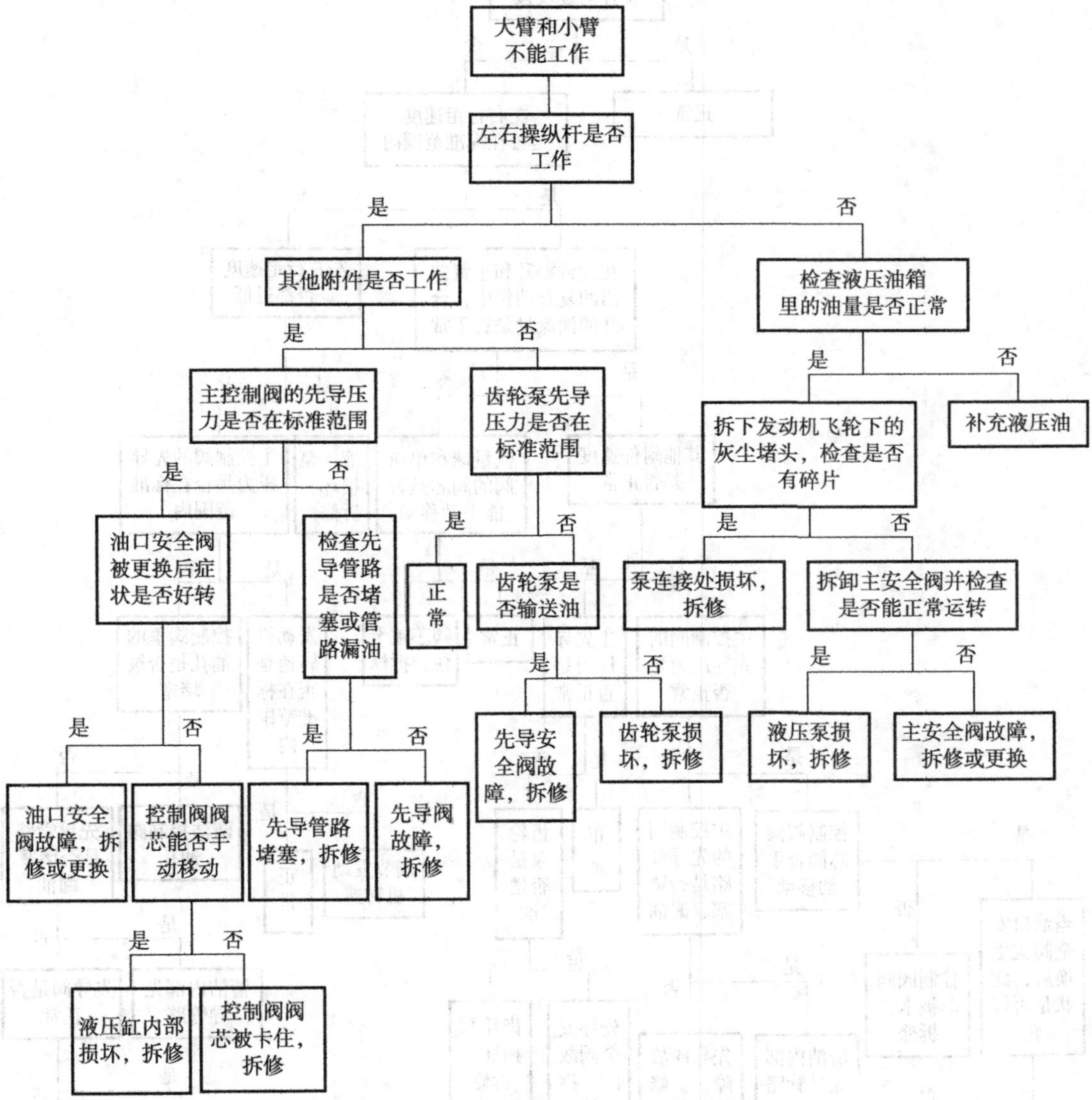

- 大臂和小臂不能工作
  - 左右操纵杆是否工作
    - 是：其他附件是否工作
      - 是：主控制阀的先导压力是否在标准范围
        - 是：油口安全阀被更换后症状是否好转
          - 是：油口安全阀故障，拆修或更换
          - 否：控制阀阀芯能否手动移动
            - 是：液压缸内部损坏，拆修
            - 否：控制阀阀芯被卡住，拆修
        - 否：检查先导管路是否堵塞或管路漏油
          - 是：先导管路堵塞，拆修
          - 否：先导阀故障，拆修
      - 否：齿轮泵先导压力是否在标准范围
        - 是：正常
        - 否：齿轮泵是否输送油
          - 是：先导安全阀故障，拆修
          - 否：齿轮泵损坏，拆修
    - 否：检查液压油箱里的油量是否正常
      - 是：拆下发动机飞轮下的灰尘堵头，检查是否有碎片
        - 是：泵连接处损坏，拆修
        - 否：拆卸主安全阀并检查是否能正常运转
          - 是：液压泵损坏，拆修
          - 否：主安全阀故障，拆修或更换
      - 否：补充液压油

图 1—3—36　大臂或小臂不能工作的故障诊断流程

（2）大臂、小臂或铲斗速度过慢的故障诊断流程（图 1—3—37）

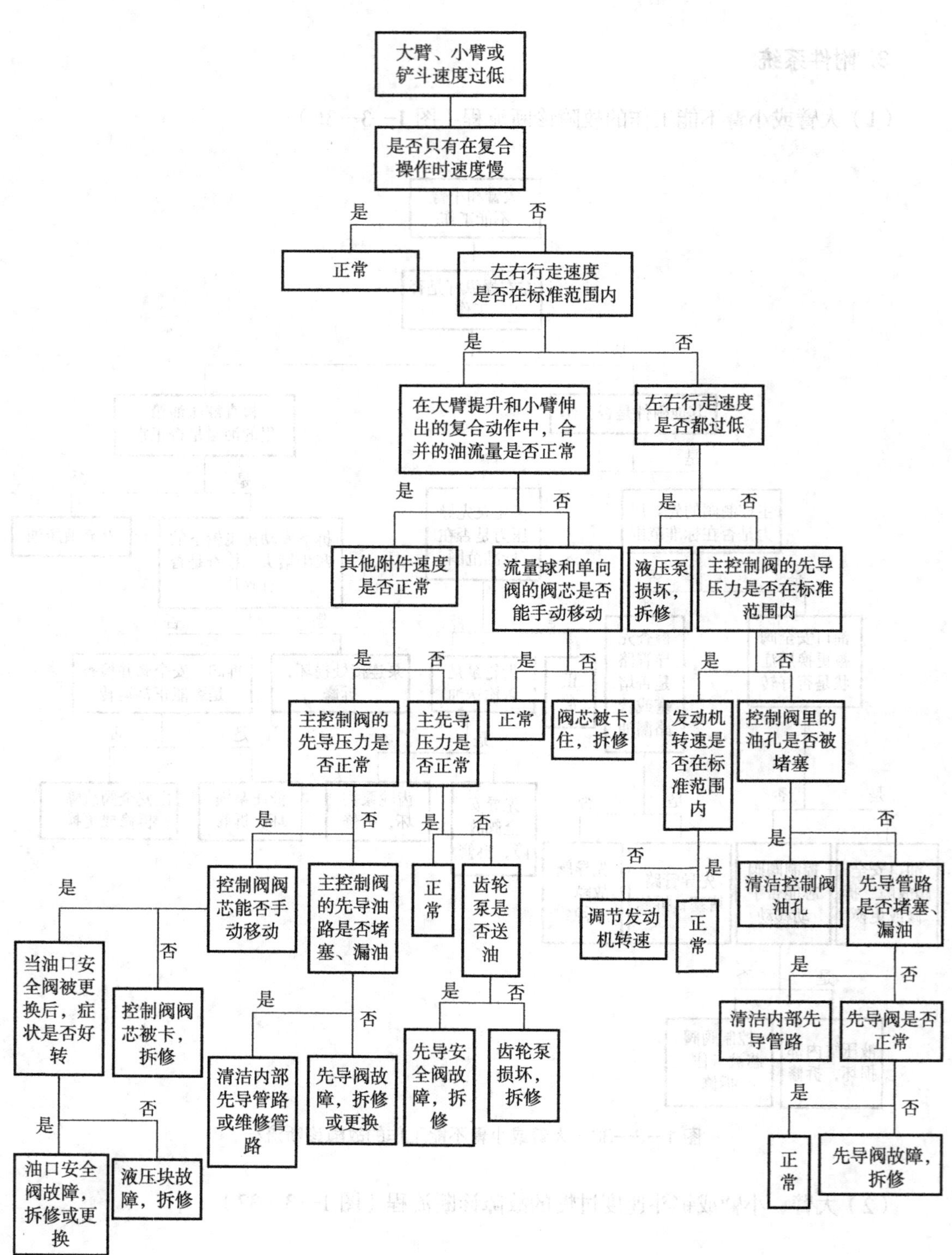

图 1—3—37 大臂、小臂或铲斗速度过低的故障诊断流程

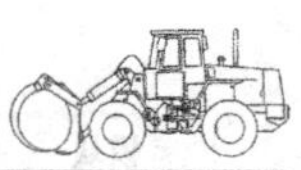

（3）大臂、小臂或铲斗液压缸工作失灵并且液压缸下沉的故障诊断流程（图 1—3—38）

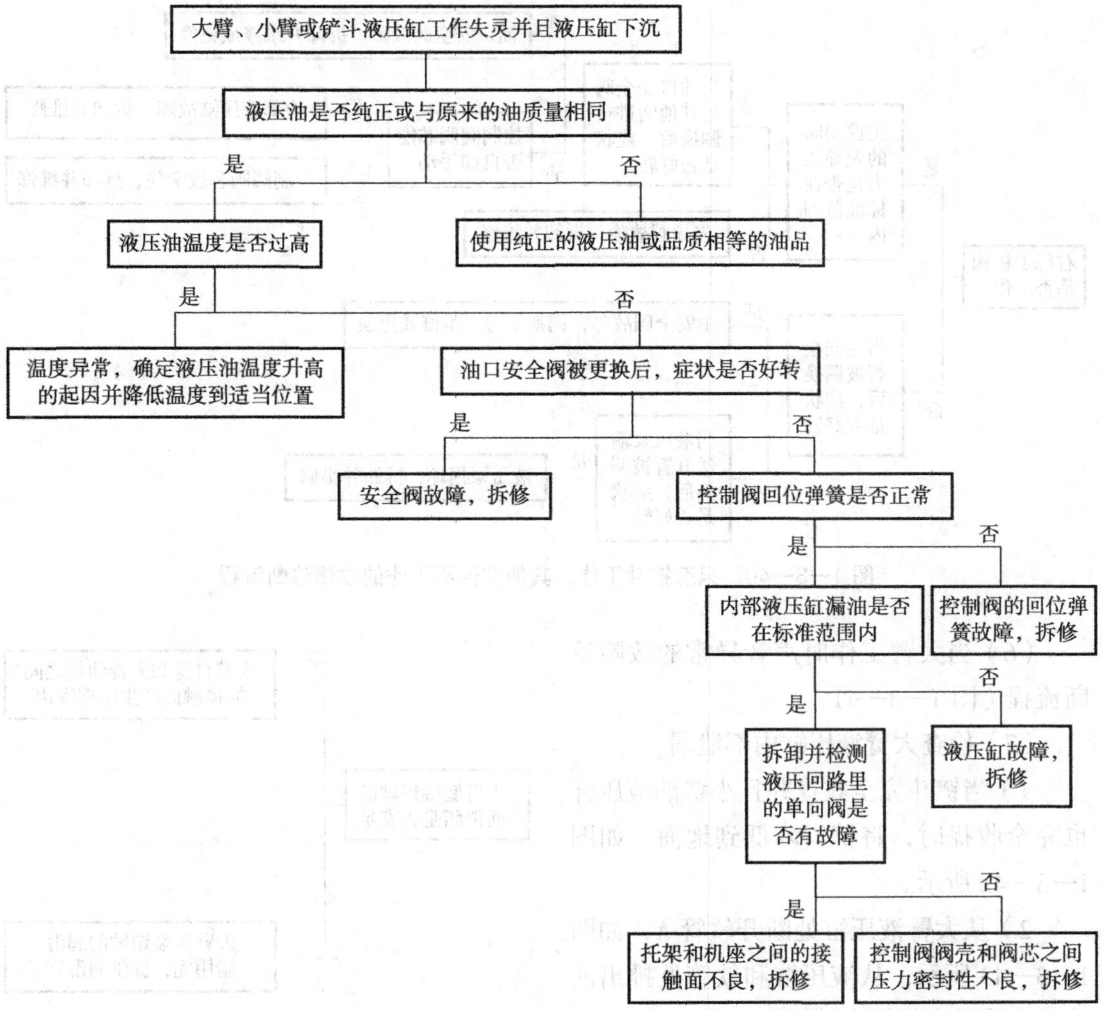

大臂、小臂或铲斗液压缸工作失灵并且液压缸下沉
液压油是否纯正或与原来的油质量相同
是
否
液压油温度是否过高
使用纯正的液压油或品质相等的油品
是
否
温度异常，确定液压油温度升高的起因并降低温度到适当位置
油口安全阀被更换后，症状是否好转
是
否
安全阀故障，拆修
控制阀回位弹簧是否正常
是
否
内部液压缸漏油是否在标准范围内
控制阀的回位弹簧故障，拆修
是
否
拆卸并检测液压回路里的单向阀是否有故障
液压缸故障，拆修
是
否
托架和机座之间的接触面不良，拆修
控制阀阀壳和阀芯之间压力密封性不良，拆修
图 1—3—38　大臂、小臂或铲斗液压缸工作失灵并且液压缸下沉的故障诊断流程

（4）大臂、小臂或铲斗动力无力的故障诊断流程（图 1—3—39）

主安全阀的释放压力是否在标准范围内
是
油口安全阀的释放压力是否在标准范围内
是
内部液压缸漏油是否在标准范围内
是
根据“速度过低”的诊断程序进行检查
否
液压缸故障
拆卸并维修
否
油口安全阀故障
调整压力，维修或更换
否
主安全阀故障
调整压力，维修或更换
图 1—3—39　大臂、小臂或铲斗动力无力的故障诊断流程

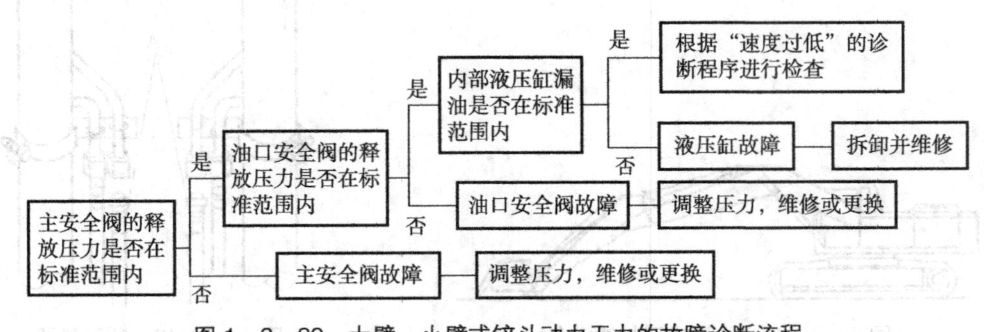

（5）只有铲斗工作，其他部件不工作的故障诊断流程（图 1—3—40）

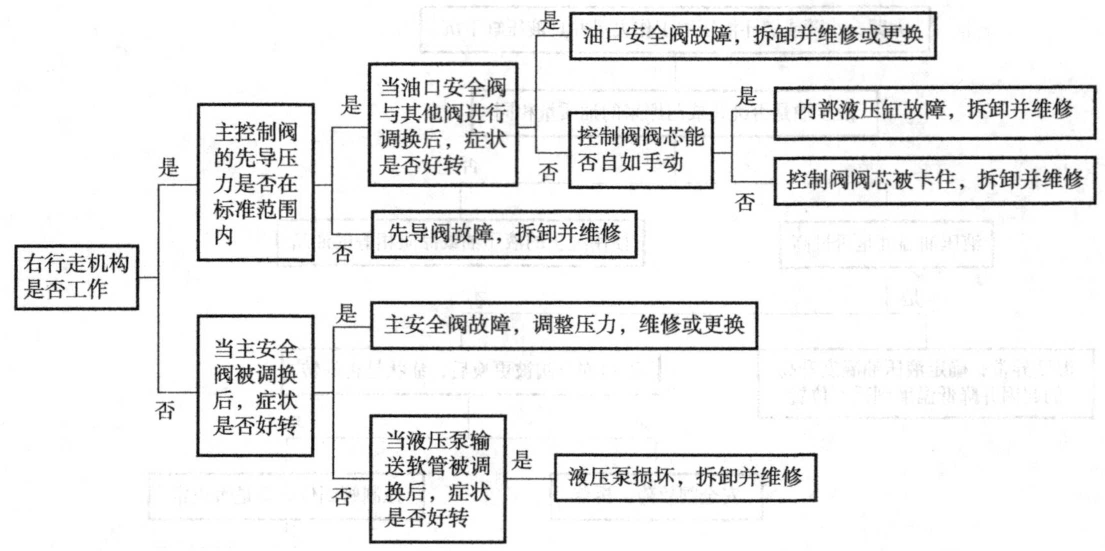

图 1—3—40　只有铲斗工作，其他部件不工作的故障诊断流程

（6）当大臂工作时声音异常的故障诊断流程（图 1—3—41）

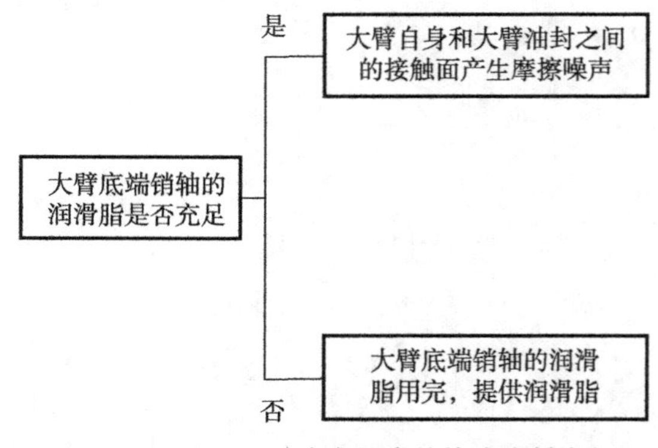

图 1—3—41　大臂声音异常的故障诊断流程

（7）检查大臂液压缸内部泄漏

1）当铲斗完全收拢并且小臂油液压杆也完全收拢时，将铲齿降低到地面，如图 1—3—42 所示。

2）从大臂液压缸处断开软管 A，如图 1—3—43 所示，从液压缸和软管处排出油液（在管道和软管末端放杯子）。

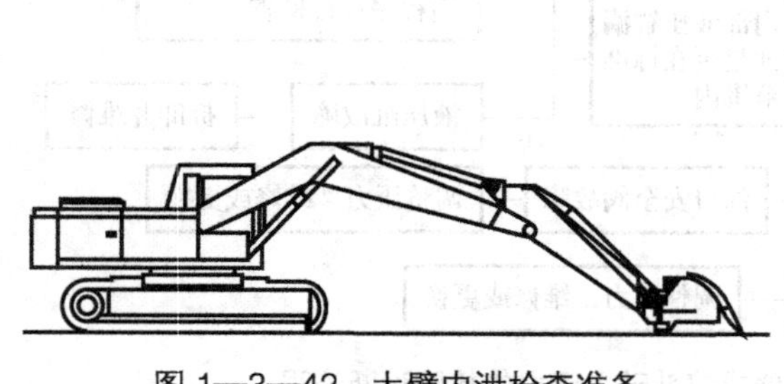

图 1—3—42　大臂内泄检查准备

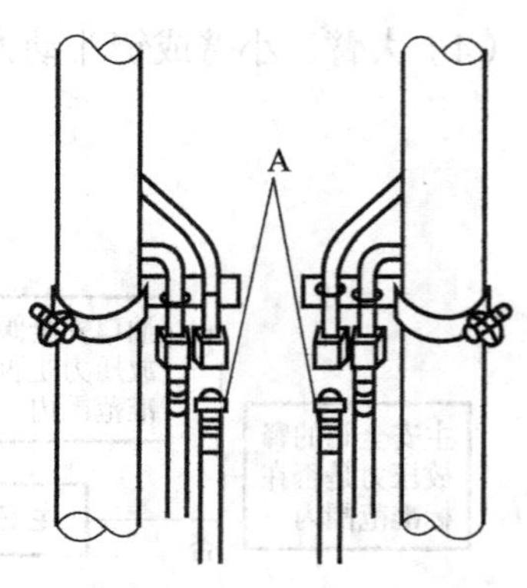

图 1—3—43　断开管路

3）通过收拢小臂液压缸杆，提升铲斗，使其离开地面，如图 1—3—44 所示。

如果油从管路边侧泄漏并且大臂液压缸收拢，则液压缸内部出现漏油现象。如果没有油从管路边侧泄漏并且大臂液压缸收拢，则控制阀内部出现漏油现象。

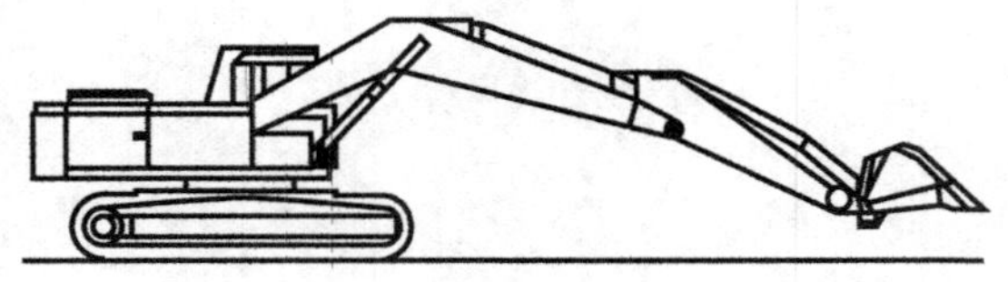

图 1—3—44　提升铲斗

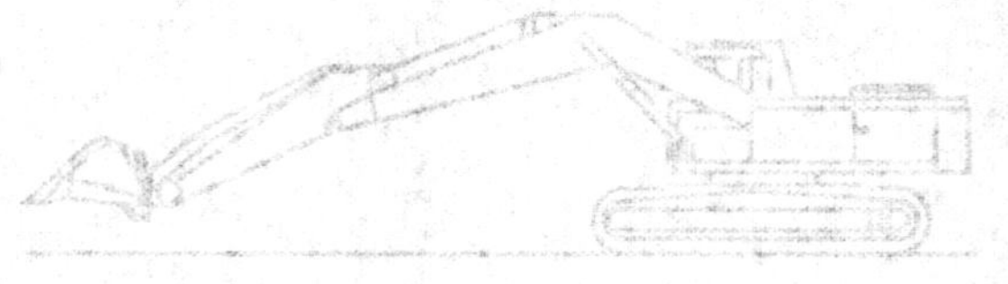

电气系统常见故障维修

电气系统故障是最常见的挖掘机故障之一。本模块主要介绍挖掘机电气系统工作原理和电气原理图的读图方法，常见的故障维修涉及挖掘机电源、起动系统、控制电路、照明与信号、辅助电气装置等。通过学习，应熟悉并掌握电气系统常见故障诊断和排除方法。

课题 1 电气原理图分析

学习目标

1. 了解挖掘机电气系统的组成。
2. 掌握挖掘机电气原理图分析方法。
3. 掌握挖掘机各工作回路的工作原理。

一、电气系统的功用及组成

如图 2—1—1 所示，电气系统的主要功能是起动柴油机以及完成照明功能、检测功能、控制功能、保护功能及其他辅助功能等。

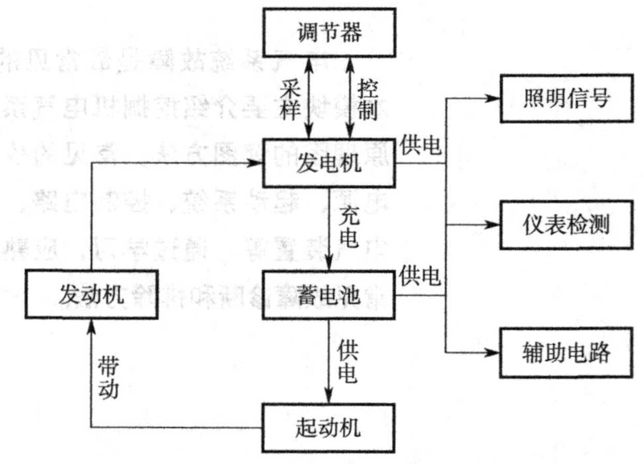

图 2—1—1 挖掘机电气系统的组成

电气系统主要包括蓄电池、起动机、发电机、调节器等，主要由五个组成部分，即电源起动部分、照明信号部分、仪表检测部分、电子监控部分和辅助部分。

二、挖掘机电气系统工作原理

本书主要通过徐工 XE 系列挖掘机电气系统来介绍电气系统功能及工作原理。

1. 挖掘机电气原理图概述

挖掘机电气原理图是利用各种符号和线条构成的图形，它清楚地表示了电路中各组

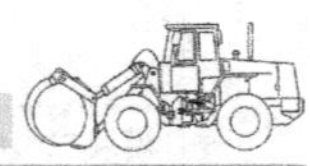

成元件，如电源、熔断器、继电器、开关、继电器盒、连接器、电线、搭铁等。

挖掘机电气原理图是维修挖掘机电气设备的重要辅助工具，随着现代工程机械工业的不断发展，有关电子电器的内容越来越多，电路越来越复杂，对于维修人员，须通过仔细阅读电路图，并根据其相应的功能才能对故障进行分析、查找与判断。

（1）整车电路的组成

整车电路即电气设备的电路按照它们各自的工作性能及内在联系，用导线连接起来构成的一个整体，主要由以下几部分组成：

1）电源电路。电源电路由蓄电池、发电机、电压调节器及工作情况显示装置等组成，其主要任务是对整车所有用电设备供电并维持供电电压稳定。

2）起动电路。起动电路由起动机、起动继电器、起动开关及起动保护装置等组成，其主要任务是使发动机由静止状态转变为自行运转状态。

3）空调控制电路。空调控制电路由空调压缩机电磁离合器、空调控制器、控制开关及风机控制电路等组成，其主要任务是根据环境温度和空气质量控制及调节车内的温度和空气质量，以满足乘员舒适度的要求。

4）仪表电路。仪表电路由监控器、传感器、控制器等组成，其主要任务是控制监控器显示信息参数及报警。

5）照明与信号电路。照明与信号电路由臂灯、前照灯、室内灯、扶手箱面板上翘板开关带有的内置灯、电子监控器带有的内置灯、空调及收音机等面板的内置灯等及其控制继电器和开关组成，其主要任务是控制各种照明灯的启闭及各种信号的输出。

6）辅助电器电路。辅助电器电路由各种辅助电器及其控制继电器和开关等组成，其主要任务是根据需要控制工作时机和工作过程。

7）电子控制系统电路。电子控制系统电路由电子控制器（ECU）根据车辆上所装用的电控系统内容采用相应的控制方式完成控制功能。

（2）挖掘机电气原理图识读方法

1）图注。图注说明了该挖掘机所有电气设备的名称及其数码代号，通过图注可以初步了解该挖掘机电气设备的组成，然后通过原理图标注的数码代号，进一步找出相应电气设备之间的连接、控制关系。

2）电气图形符号。挖掘机电路图是利用电气图形符号来表示其构成和工作原理的，因此必须牢记电气图形符号的含义，才能看懂电路原理图。

3）电路标记符号。为了便于绘制及识读挖掘机电气原理图，部分电气装置或其接线柱等上面都赋予不同的项目代号。

①徐工 XE 系列挖掘机项目代号识读：

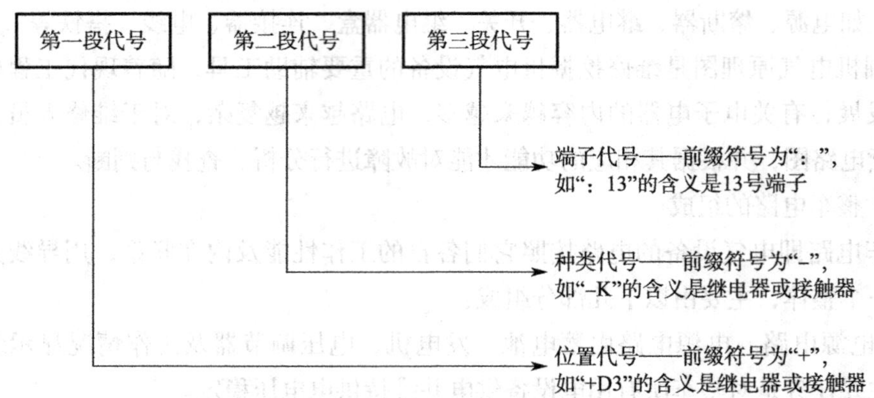

②项目种类的字母代号及位置代码见表 2—1—1。

表 2—1—1 项目代号含义

项目代号	字母代号	位置代码	举例
种类代号	A	组件、部件	分立元件放大器、部件
	F	保护器件	熔断器、过电压放电器件、避雷器
	G	发电机、电源	旋转发电机、旋转变频机、蓄电池
	H	信号器件	光指示器、声指示器
	K	继电器、接触器	
	M	电动机	
	S	控制电路的开关、选择器	控制开关、按钮、限制开关、选择开关、选择器
	X	端子、插头、插座	插头和插座、端子板、连接片
	R	电阻性传感器	
	Y	电器操作的机械装置	制动器、离合器、气阀
位置代号	P	驾驶室	
	D	转台	
	A	工作装置	

整车电气元件布置图如图 2—1—2 所示。

4）回路原则。任何一个完整的电路都由电源、熔断器、开关、控制装置和用电设备等组成。电流流向必须从电源正极出发，经过熔断器、开关、控制装置、导线等到达用电设备，再经过导线（或搭铁）回到电源负极，才能构成回路。因此，读电路图时有以下三种思路：

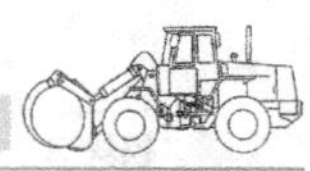

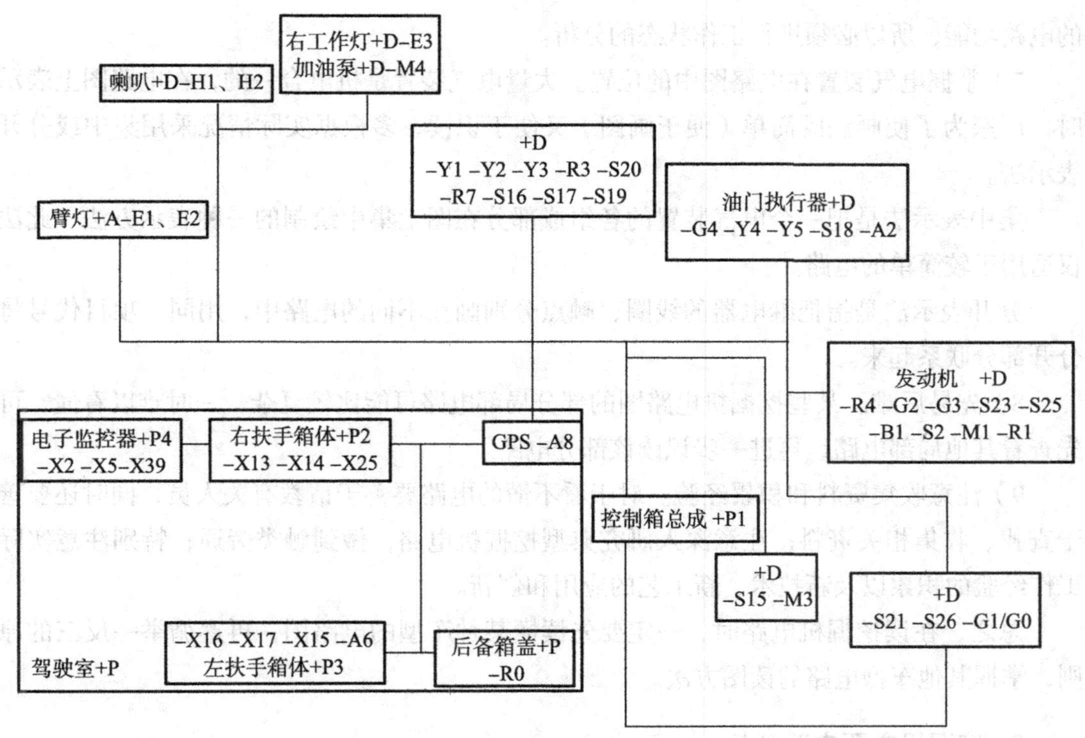

图 2—1—2　电气元件布置图

思路一：沿着电路电流的流向，由电源正极开始，经过用电设备、开关、控制装置等回到电源负极。

思路二：逆着电路电流的方向，由电源负极（搭铁）开始，经过用电设备、开关、控制装置等回到电源正极。

思路三：从用电设备开始，依次查找其控制开关、连线、控制单元，到达电源正极和搭铁（或电源负极）。

实际应用时，可视具体电路选择不同的思路，但必须注意一点：随着电子控制技术在挖掘机上的广泛应用，某些电气设备同时具有主回路和控制回路，读图时要兼顾两个回路。

5）浏览全图，分割各单元系统。要读懂挖掘机电路图，首先必须掌握组成电路的各电气元件的基本功能和电气特性。在大概掌握全图基本原理的基础上，再将单个单元系统电路分割开，有助于掌握每一部分的主要功能及特性。

6）全面分析开关、继电器的初始状态和工作状态。在电路图中，各种开关、继电器都是按初始状态画出的，即按钮未按下、开关未接通、继电器线圈未通电这种状态称为原始状态。在识图时，不能完全按原始状态分析，否则很难理解电路的工作原理，因为大多数用电设备都是通过开关、按钮、继电器触点的变化而改变回路的，进而实现不同的电路功能，所以必须进行工作状态的分析。

7）掌握电气装置在电路图中的位置。大量电气装置是机电合一的，在电路图上表示时，厂家为了使画法既简单（便于画图）又便于识读，多根据实际情况采用集中或分开表示法。

集中表示法是把一个电气装置的各组成部分在图上集中绘制的一种表示方法，此法仅适用于较简单的电路。

分开表示法是指把继电器的线圈、触点分别画在不同的电路中，用同一项目代号将分开部分联系起来。

8）先易后难。某些挖掘机电路图的部分局部电路可能比较复杂，一时难以看懂，可先查看其他局部电路，再进一步识读该部分电路。

9）注意收集资料和积累经验。对于看不懂的电路要善于请教有关人员，同时还要善于查找、收集相关资料；注意深入研究典型挖掘机电路，做到触类旁通；特别注意实际工作经验的积累以及新技术、新工艺的应用和创新。

总之，在读挖掘机电路时，一定要先读懂某种车型的电路图，再遵循举一反三的原则，掌握其他车型电路的读图方法。

2. 挖掘机主要电路分析

（1）电源电路

电源电路包括蓄电池、发电机、电源总开关、熔断器等，为整车电气设备提供电能，如图 2—1—3 所示。

发动机起动时，由蓄电池向起动机和起动系统供电。当发动机运行后，由发电机发出的直流电供用电系统使用，同时给蓄电池充电。蓄电池能吸收电路中出现的过电压，因此禁止断开蓄电池使用挖掘机。

1）发电机。挖掘机一般采用硅整流交流发电机，利用二极管的单向导电性，接成三相桥式整流电路，将交流电变成直流电后输出，如图 2—1—4 所示。

①交流发电机的特性。决定交流发电机运行的物理量有四个，即端电压 U、励磁电流 IL、输出电流 I、转速 n。这些物理量之间的关系叫作交流发电机的运行特性，简称发电机特性。

a. 输出特性。所谓输出特性，是指交流发电机在端电压 U 保持不变时（12 V 系统发电机的电压为 14 V；24 V 系统发电机的电压为 28 V），输出电流 I 随转速 n 的变化关系，如图 2—1—5 所示。图中 n_1 为空载转速，n_2 为满载转速。

当交流发电机转速很低时（$n<n_1$），因端电压低于额定电压值，因此不能向外发电。当转速达到 n_1 时，电压达到额定值；当转速高于 n_1 时，交流发电机才有能力保持在额定电压下向外供电。n_1 可作为选择交流发电机传动比的依据。

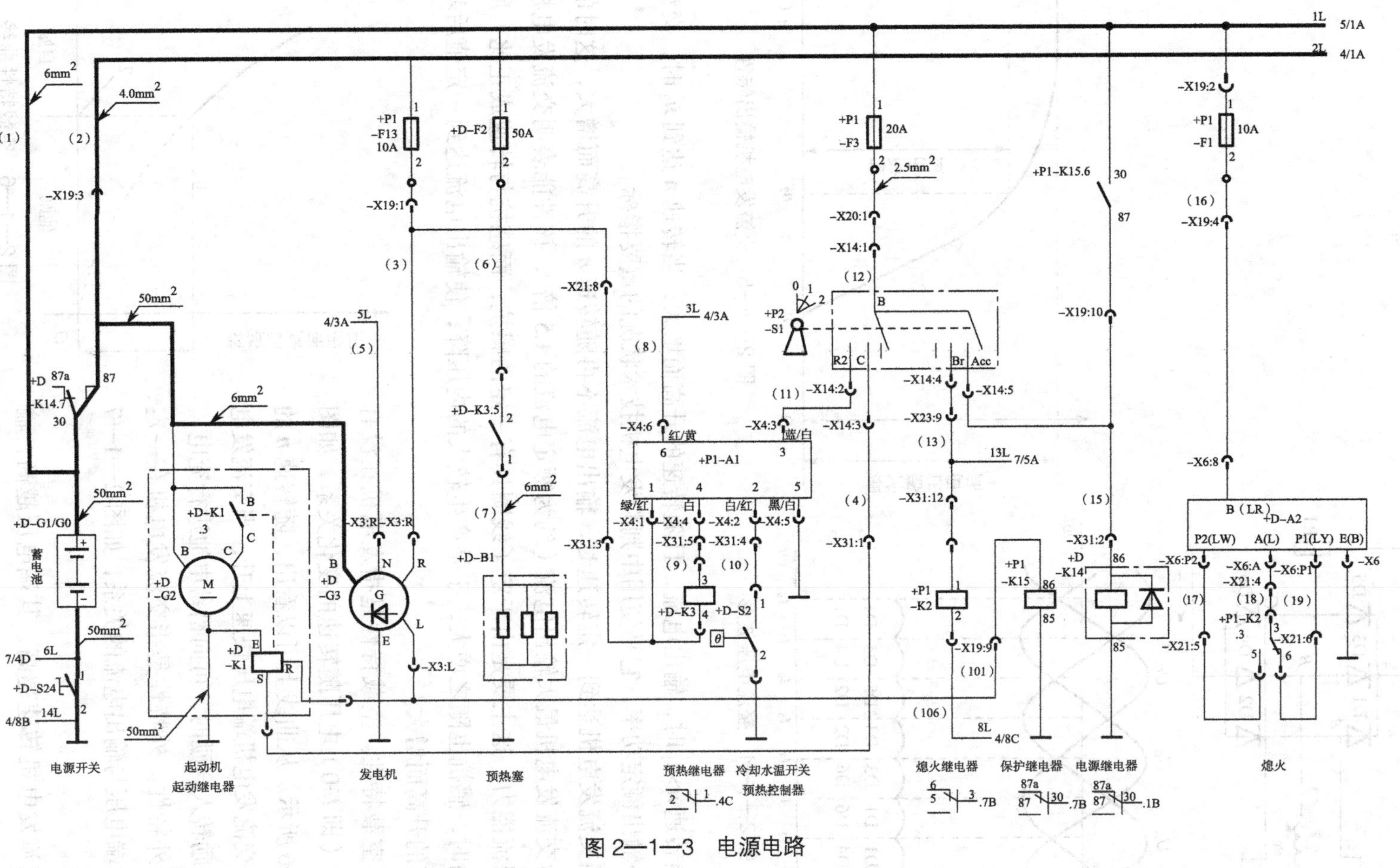

图2—1—3 电源电路

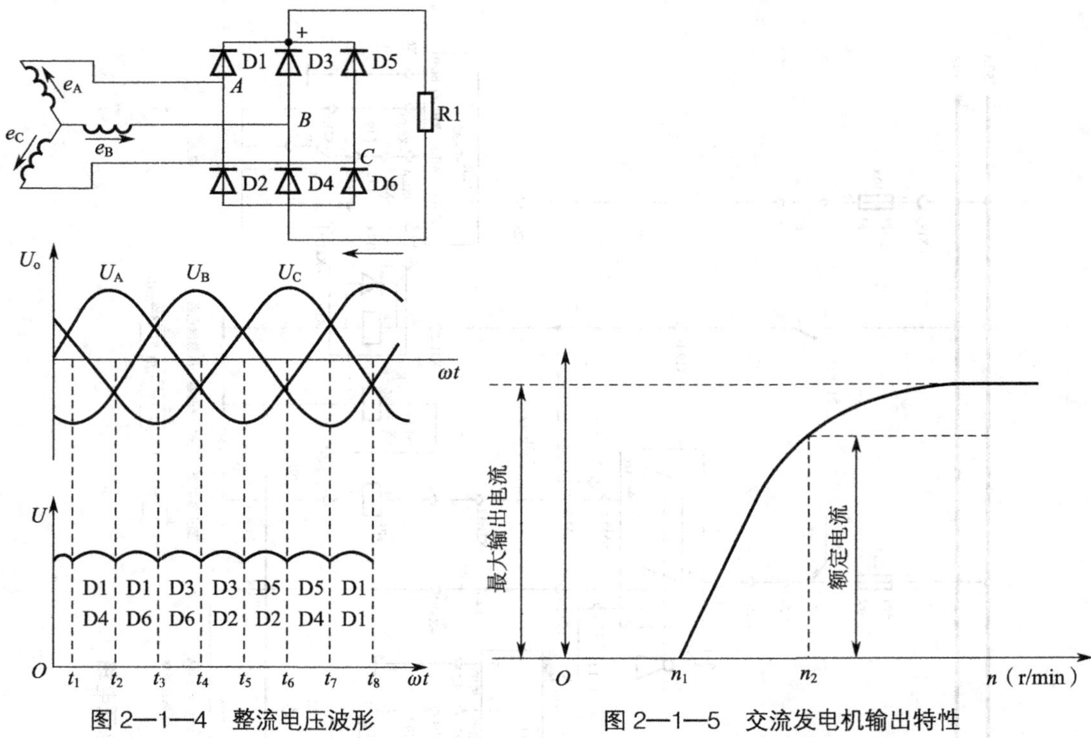

图 2—1—4　整流电压波形　　　图 2—1—5　交流发电机输出特性

当转速 $n>n_1$ 时，输出电流，且随转速的升高而增大；当转速 n 达到 n_2 时，交流发电机对外输出额定功率，它是使用中判断发电机技术状况的重要指标。

当交流发电机达到一定转速时，输出电流不再随转速 n 的升高而增大，这时的电流值称为交流发电机最大输出电流（约为额定电流的 1.5 倍），该性能表明交流发电机具有自动限流能力。这主要是由于定子线圈具有一定的感抗，而感抗与转速成正比，所以转速升高时，感抗也随之增大，于是产生较大的内压降，使输出电流达到一定值后基本不随转速的升高而增大。

b. 空载特性。空载特性是指发电机在没有负载时（即 I=0）电压随转速的变化关系，如图 2—1—6 所示。从曲线上可以看出，随转速 n 的升高，交流发电机端电压快速上升，当交流发电机由他励转入自励时，可向铅蓄电池进行充电。

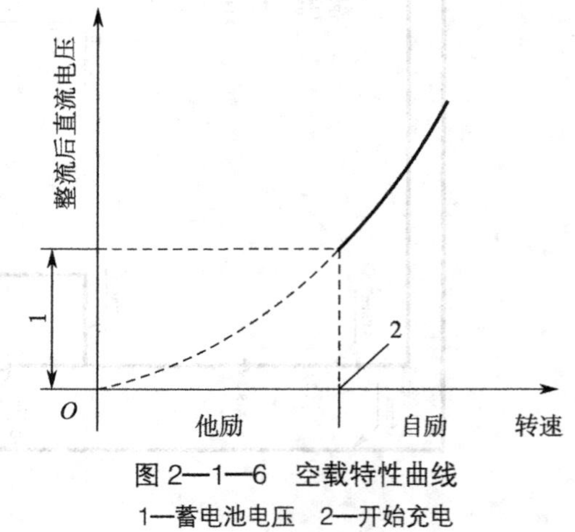

图 2—1—6　空载特性曲线
1—蓄电池电压　2—开始充电

c. 外特性。外特性是指交流发电机在一定转速时端电压与输出电流的关系，如图 2—1—7 所示。

交流发电机转速越高，其端电压越高，输出电流也越大。当转速一定时，交流发电机输

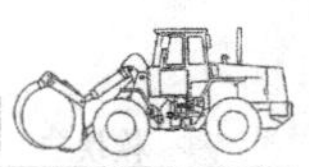

出电流增大，端电压减小。当输出电流一定时，其电压和电流将同时减小。因此，交流发电机的端电压是随负载大小的变化而变化的。

因此，用于工程机械的交流发电机需安装电压调节器来保持电压恒定，如果发电机在高速运转时突然失去负载，电压会突然升高，将引发发电机及调节器等电子元件被击穿的危险。因此，必须保证发电机与蓄电池连接可靠。

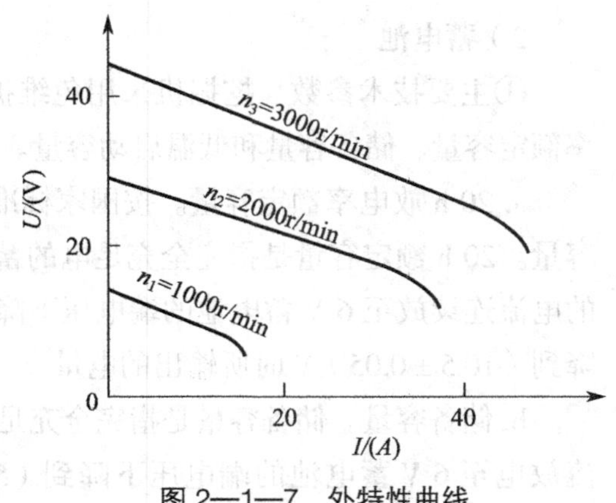

图 2—1—7　外特性曲线

②硅整流交流发电机工作原理。硅整流交流发电机内置电子电压调节器。电子电压调节器利用三极管的开关特性，根据发电机输出电压的高低，控制三极管导通与截止来调节发电机的励磁电流，以保证发电机输出电压稳定在一定范围内，如图 2—1—8 所示。

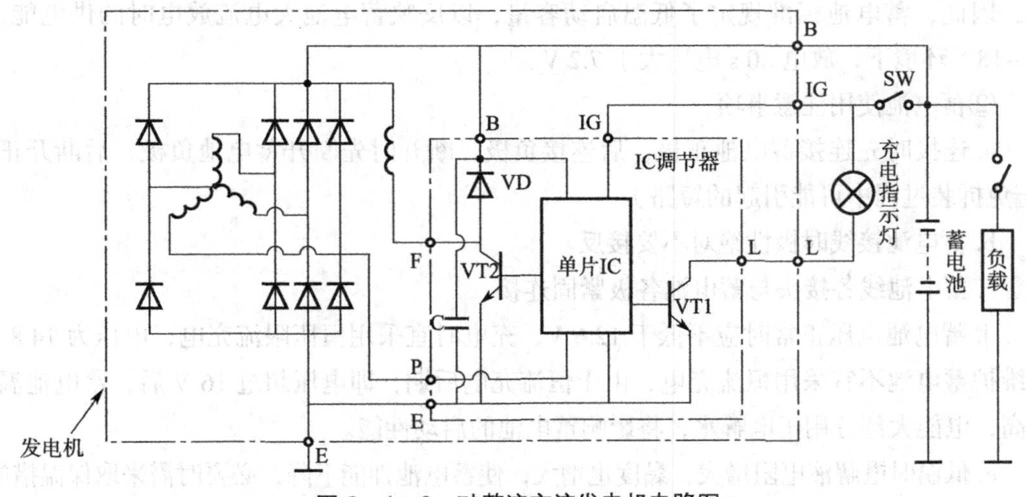

图 2—1—8　硅整流交流发电机电路图

③发电机使用注意事项

a. 发电机的搭铁极性必须与蓄电池的搭铁极性相同。

b. 发动机熄火后，应将钥匙开关和电源总开关断开；否则，蓄电池的电流将长时间流经发电机磁场绕组和电子调节器，使蓄电池长期放电。

c. 严禁用兆欧表检查交流发电机绝缘性能，除非将其中的硅二极管拆除，否则会因过高的电压使二极管击穿损坏。

d. L 端口不能接入负载，否则会损坏发电机。

e. 正确安装，传动带要松紧合适，紧固牢靠，接线无误。

f. 交流发电机与蓄电池之间的导线连接要可靠，发电机工作时若突然断开，将会产生过电压而损坏二极管。

2）蓄电池

①主要技术参数。挖掘机采用免维护启动用铅酸蓄电池，主要技术参数：20 h 放电率额定容量、储备容量和低温启动容量。

a. 20 h 放电率额定容量。按国家标准以 20 h 放电率的容量作为启动型蓄电池的额定容量。20 h 额定容量是指完全充足电的蓄电池，当电解液温度为 27℃时，以 20 h 放电率的电流连续放至 6 V 蓄电池的端电压下降到（5.25 ± 0.02）V，或 12 V 蓄电池的端电压下降到（10.5 ± 0.05）V 时所输出的电量。

b. 储备容量。储备容量是指完全充足电的蓄电池在电解液温度为 27℃时，以 25 A 电流放电至 6 V 蓄电池的端电压下降到（5.25 ± 0.02）V，或 12 V 蓄电池的端电压下降到（10.5 ± 0.05）V 时放电所持续的时间，表明当机械充电系统失效时，蓄电池仍能提供电量的时间。

c. 低温启动容量。启动型蓄电池主要用途是在发动机起动时向起动机提供强大的电流，因此，蓄电池标准规定了低温启动容量，以反映蓄电池大电流放电时的供电能力。在 −18℃环境下，放电 30 s 电压大于 7.2 V。

②蓄电池使用注意事项

a. 连接时先连接蓄电池正极，后连接负极。断开时先断开蓄电池负极，后断开正极（避免拆装过程中可能引起的短路）。

b. 蓄电池接线时极性绝对不要接反。

c. 蓄电池线各接头与蓄电池各极紧固连接。

d. 蓄电池电压正常时应不低于 12.6 V，充电时宜采用恒压限流充电，电压为 14.8 V。免维护蓄电池不宜采用恒流充电，由于恒流充电后期，即电压超过 16 V 后，蓄电池温度升高，电能大部分用于电解水，将影响蓄电池的启动性能。

e. 低温时电解液电阻增大，黏度也增大，使蓄电池性能下降，必要时需采取保温措施。

（2）起动电路

挖掘机起动时由蓄电池提供电能，通过钥匙开关可使发动机起动，钥匙开关功能图如图 2—1—9 所示，挖掘机起动电路原理图如图 2—1—10 所示。

挡位 \ 接线柱	B	Acc	Br	C	R1	R2
Ⅲ（预热）	o	o			o	
0（关）	o					
Ⅰ（开）	o	o	o			
Ⅱ（预热起动）	o	o	o	o		o

图 2—1—9 钥匙开关功能图

1）工作原理

①当起动开关置于 ON 位置时，端子 B、Acc、Br 导通，其中一路 Acc 使得 A 处电源继电器 K14 的电磁线圈得电，则 B 处的 K14 触点闭合，此时电源给起动机 B 端子供电，现在要想使挖掘机起动，只需让 K1 继电器的触点闭合即可，如图 2—1—10 所示。

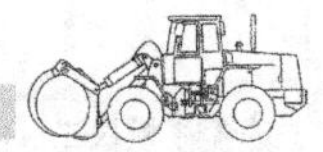

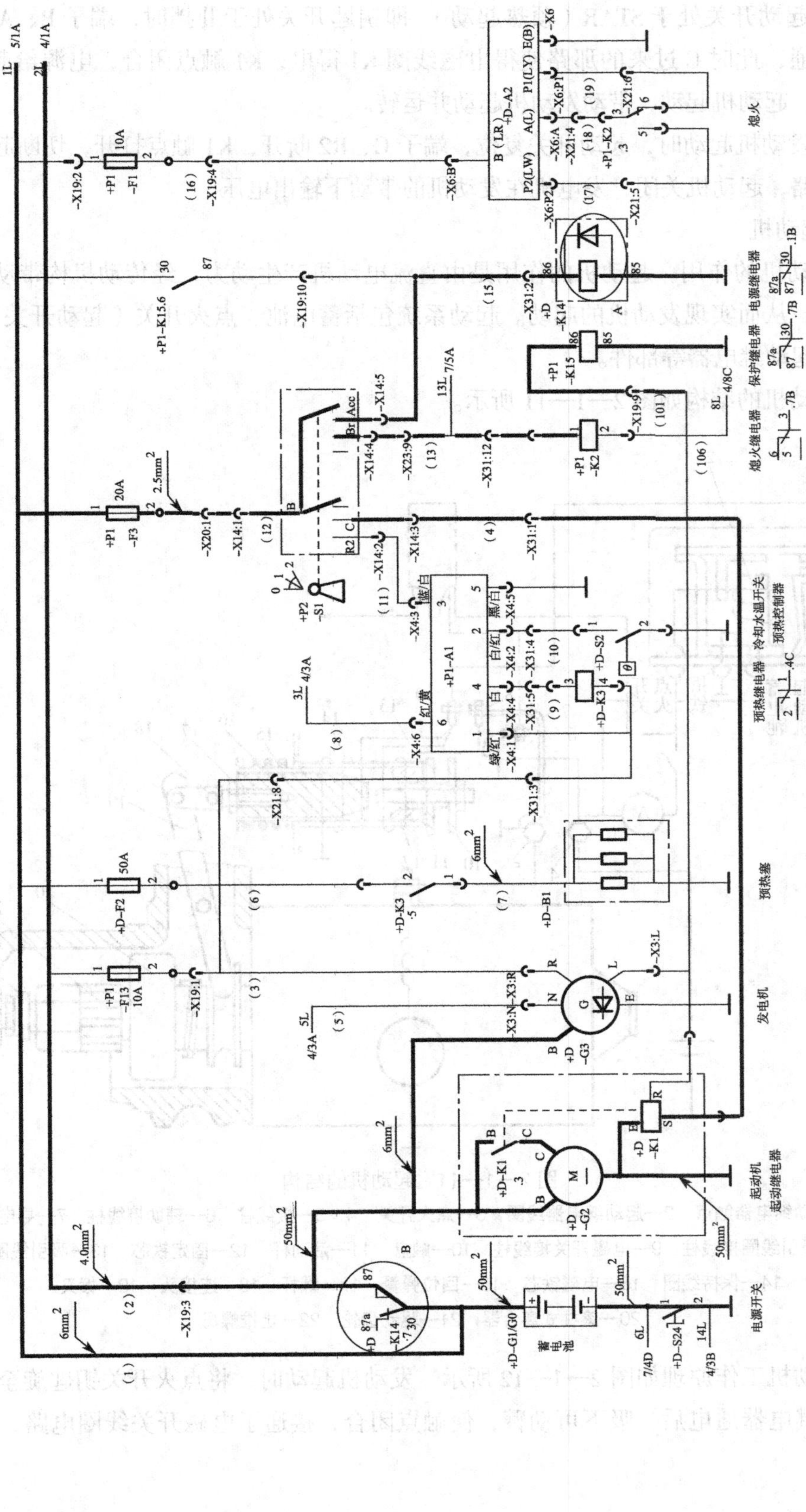

图 2—1—10　挖掘机起动电路原理图

②当起动开关处于STAR（预热起动），即钥匙开关处于Ⅱ挡时，端子B、Acc、Br、C、R2导通，此时C过来的那路使得电磁线圈K1得电，K1触点闭合，电源给起动机C端子供电，起动机起动，带动发动机起动并运转。

③当发动机起动时，起动开关复位，端子C、R2断开，K1触点打开，切断起动继电器线圈电路，起动机关闭，发电机在发动机的带动下输出电压。

2）起动机

①起动机的作用。起动机的作用是由直流电动机产生动力，经传动机构带动发动机曲轴转动，从而实现发动机的起动。起动系统包括蓄电池、点火开关（起动开关）、起动机总成、起动继电器等部件。

②起动机的结构如图2—1—11所示。

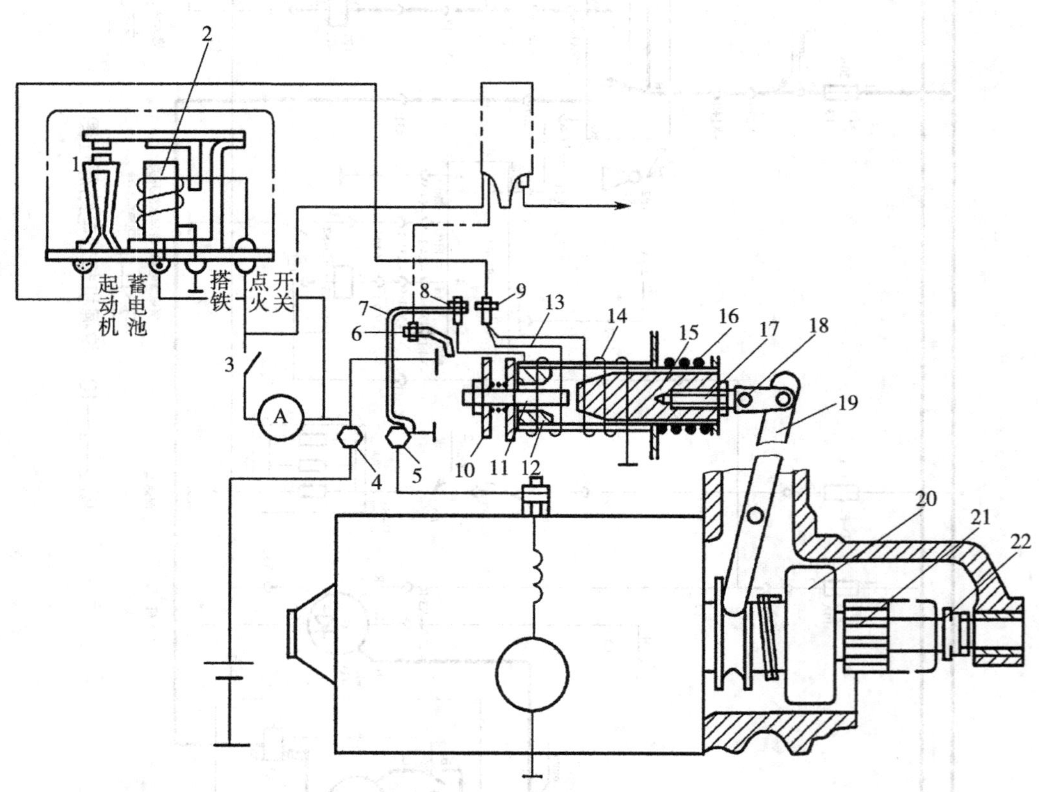

图2—1—11　起动机的结构

1—起动继电器触点　2—起动继电器线圈　3—点火开关　4、5—接线柱　6—辅助接线柱　7—导电片　8—吸引线圈接线柱　9—电磁开关接线柱　10—触盘　11—活动杆　12—固定铁芯　13—吸引线圈　14—保持线圈　15—电磁铁芯　16—回位弹簧　17—螺杆　18—连接头　19—拨叉　20—滚柱式离合器　21—驱动齿轮　22—止推螺母

③起动机工作原理如图2—1—12所示。发动机起动时，将点火开关钥匙旋至起动挡位，起动继电器通电后，吸下可动臂，使触点闭合，接通了电磁开关线圈电路，起动机

投入工作。发动机起动后，只需松开点火开关钥匙，点火开关自动转回到点火工作挡位，起动继电器线圈断电，触点打开，电磁开关也随即断开，起动机停止工作。

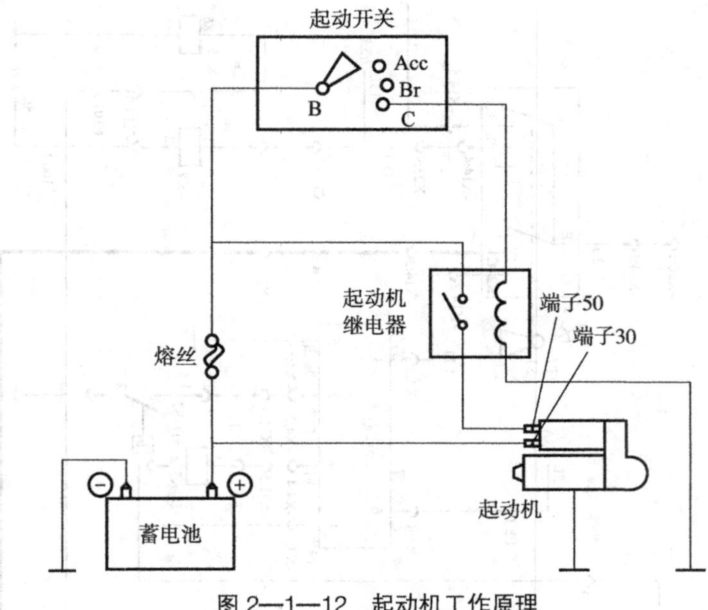

图 2—1—12 起动机工作原理

④起动机使用注意事项

a. 起动机正常起动时间不能超过 15 s，空载不能超过 10 s。

b. 两次起动间隔应大于 30 s 以上，建议加装防再起动装置。

c. 发动机工作期间不得开启起动机。

d. 蓄电池电压过低时可能会损坏起动机。

e. 不建议用辅助电池进行起动。

f. 检查蓄电池与起动机线路，防止有虚接现象。

（3）起动保护电路

五十铃、洋马机型使用安全继电器实现起动保护功能，发动机运转后发电机 P 端子有电压输出，此时即使钥匙开关旋至起动位置，继电器也不会接通，起动机不会运行，起到保护起动机的作用。

康明斯机型通过监控器控制起动继电器线圈的通断，如图 2—1—13 所示，从发电机 L 端子出来的信号传递给电子式起动继电器 K1 的 R 端子，当发动机转速大于一定转速时（挖掘机一般为 500 r/min），K1 触点不再接通，此时即使钥匙开关旋至起动位置，继电器也不会接通，起动机不会运行，实现起动保护功能。

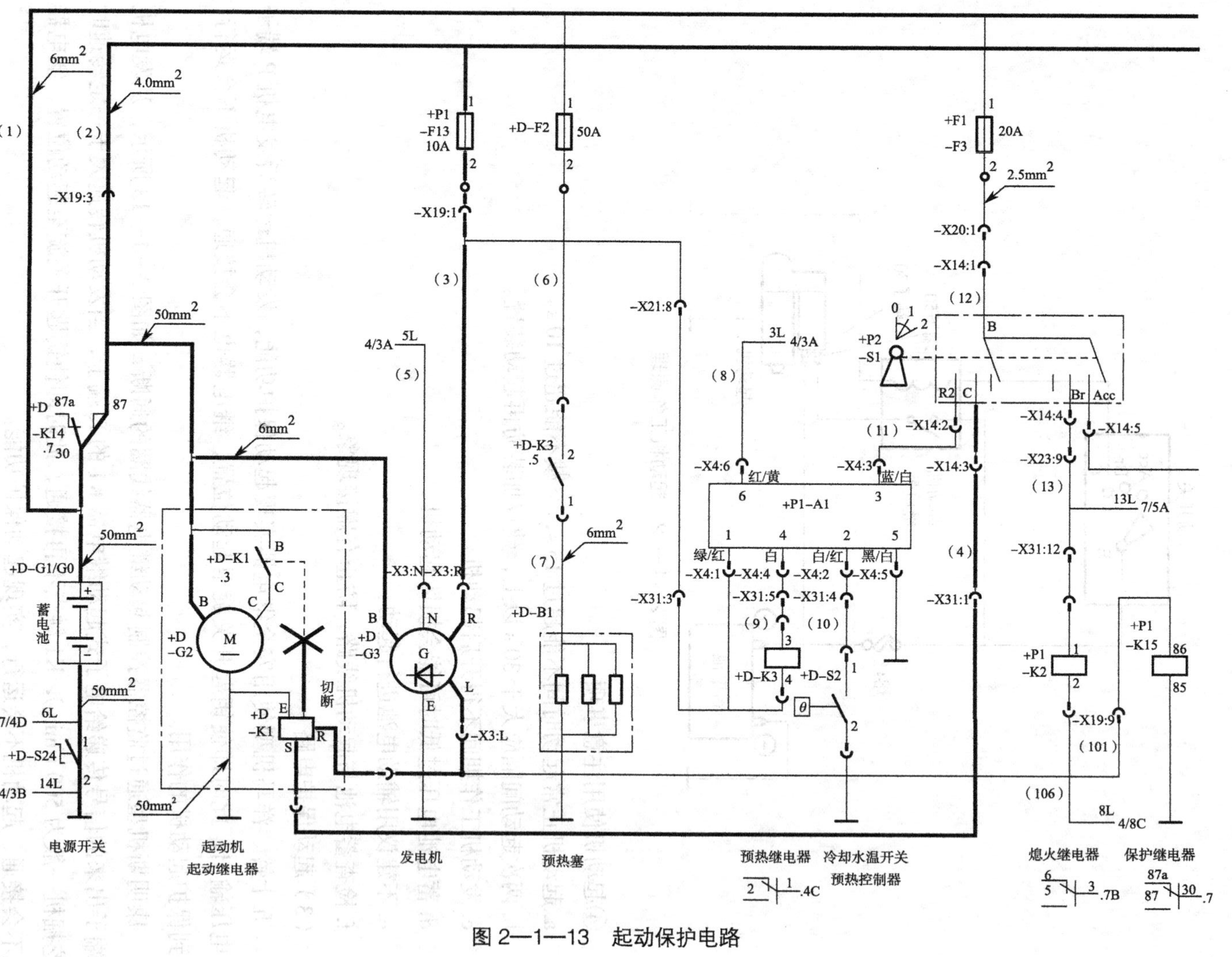

图 2—1—13　起动保护电路

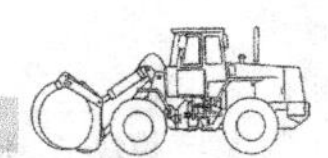

（4）中位起动电路

在起动发动机前，必须将挖掘机的安全锁定杆放下，方可起动发动机。如图 2—1—14 所示，当放下安全锁定杆后，S6 的 13、14 端断开，Y1 电磁换向阀失电。如图 2—1—15 所示，在 Y1 不得电的情况下，整个液压先导系统是无动作的。这样就可以防止起动时碰到操作手柄，使机器产生误操作。

（5）熄火控制电路

断电时通过熄火马达（五十铃发动机）或熄火电磁阀等执行器件切断燃油，使发动机熄火。

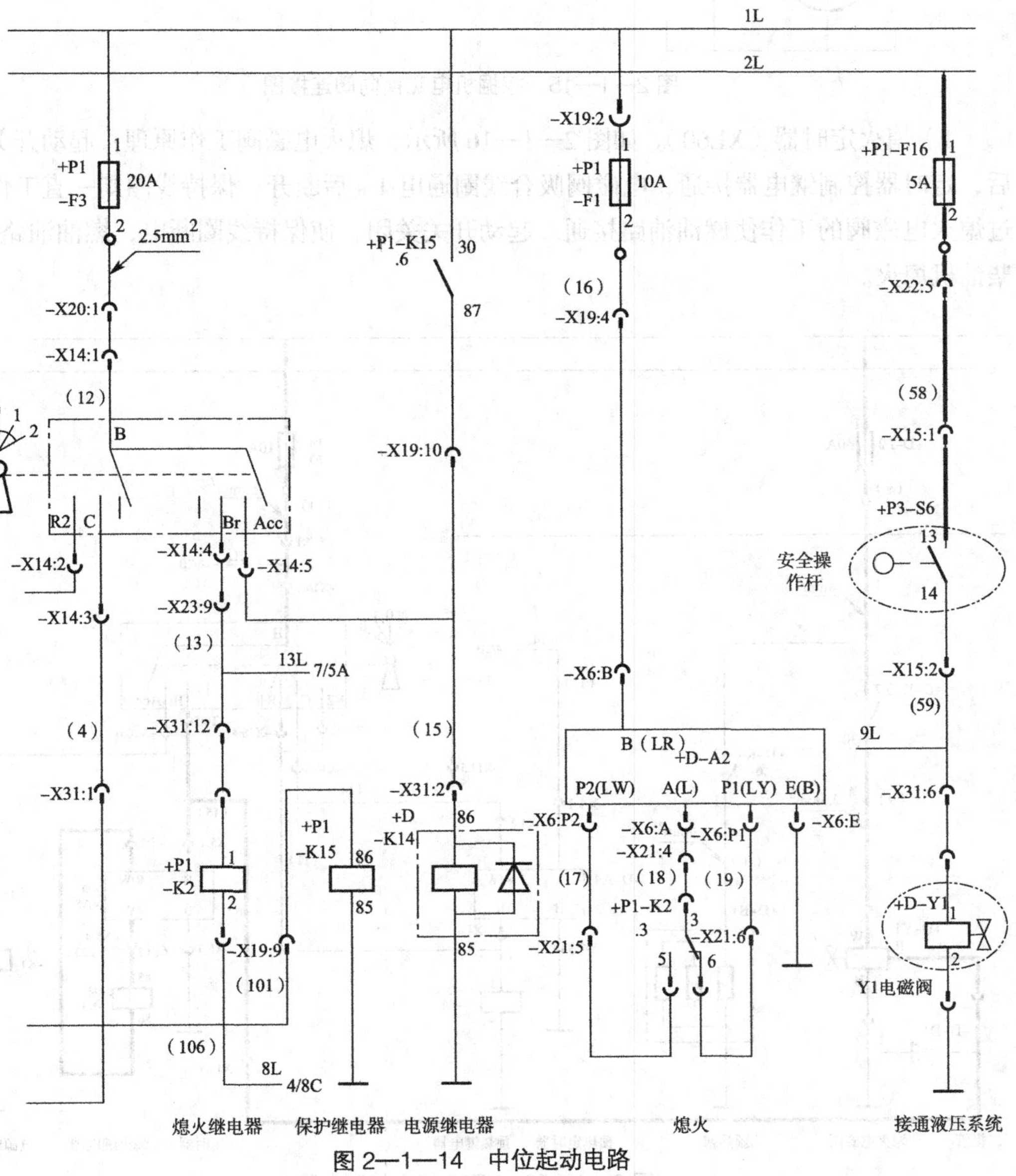

熄火继电器　保护继电器　电源继电器　熄火　接通液压系统

图 2—1—14　中位起动电路

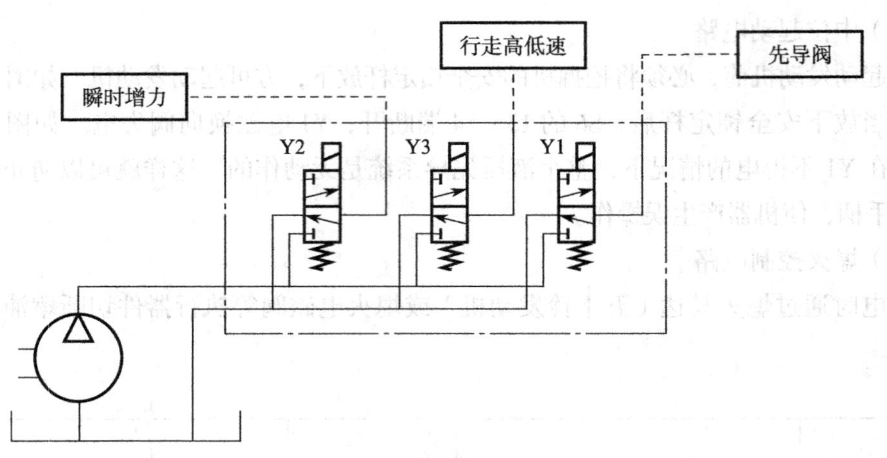

图 2—1—15　挖掘机电磁换向阀连接图

1）熄火定时器（XE60）。如图 2—1—16 所示，熄火电磁阀工作原理：起动开关打开后，定时器控制继电器接通，电磁阀吸合线圈通电 1 s 后断开，保持线圈则一直工作，通过熄火电磁阀的工作使燃油油路接通。起动开关关闭，使保持线圈断电，燃油油路切断，柴油机熄火。

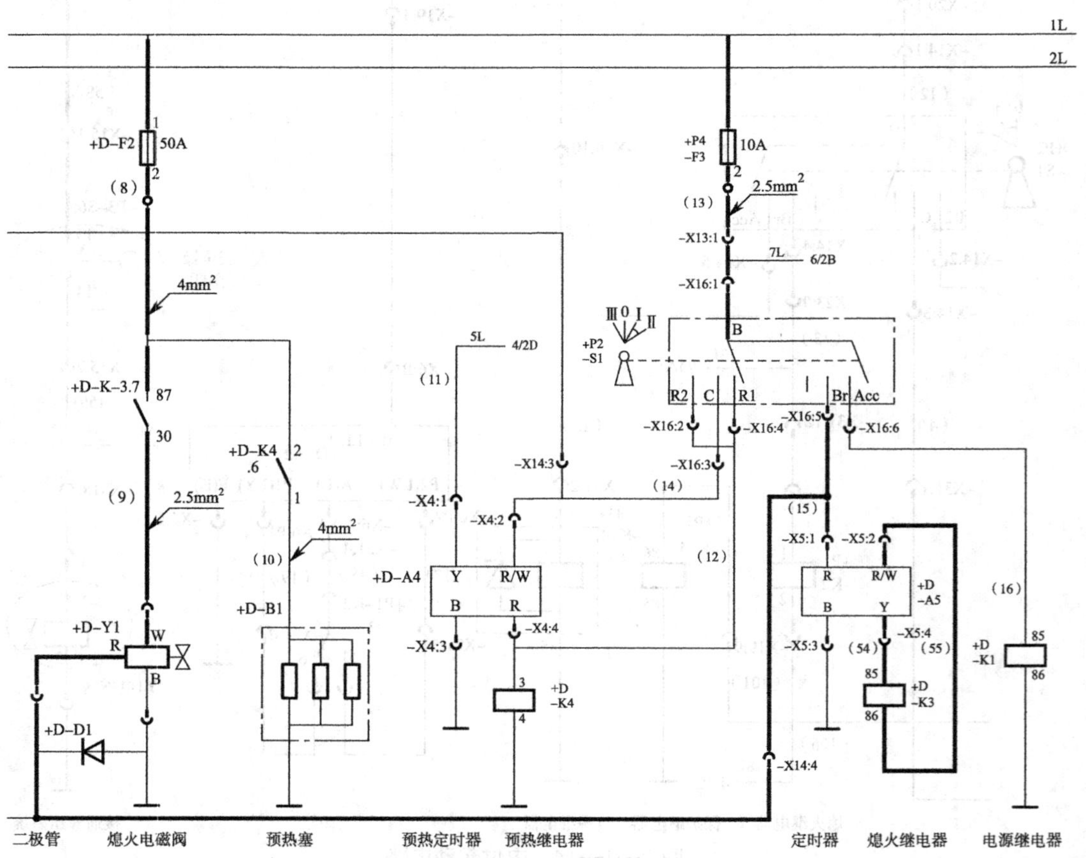

图 2—1—16　XE60 熄火控制电路

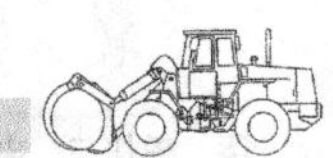

2）线圈管理器（XE150）。如图 2—1—17 所示，线圈管理器工作原理如下：

①起动开关打开后，从端子 C 过来的电使电磁线圈 K4 得电，触点闭合 1 s 后断开，保持线圈一直工作。通电瞬间使线圈管理器的 W 端子得电并与熄火电磁阀相通，从 Br 端来的电接通线圈管理器 R 端子并与熄火电磁阀相通，两路全部连通，从而使熄火电磁阀工作，接通燃油供给，使发动机正常工作。线圈管理器使电磁阀吸拉线圈得电 1 s 后断开，避免吸拉线圈因通电时间长而烧损。

②起动开关关闭，使保持线圈断电，燃油油路切断，柴油机熄灭。

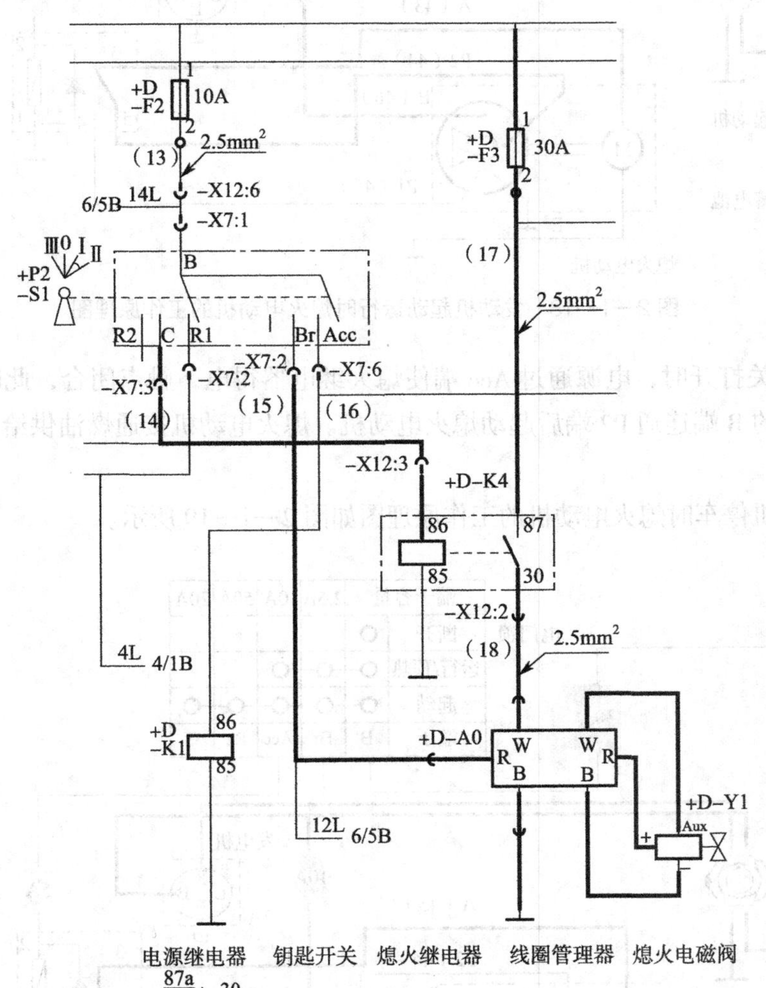

图 2—1—17 线圈管理器原理

3）熄火电动机（五十铃发动机机型）

①发动机起动运行时熄火电动机的工作原理图如图 2—1—18 所示。

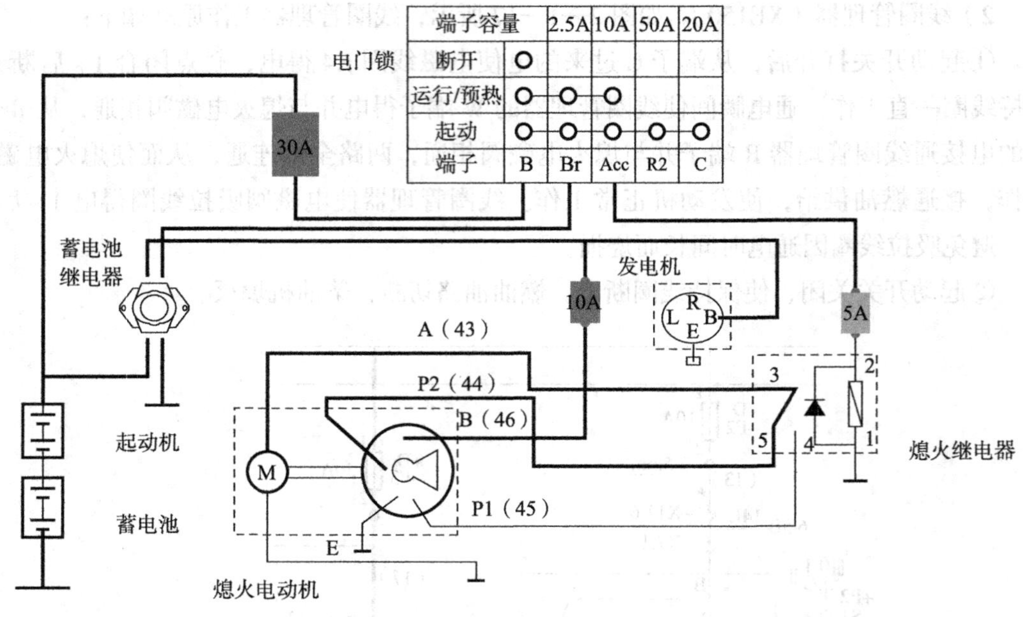

图 2—1—18　发动机起动运行时熄火电动机的工作原理图

起动开关打开时，电源通过 Acc 端使熄火继电器得电，触点闭合，此时，电源接通熄火电动机的 B 端连通 P2 端后起动熄火电动机。熄火电动机接通燃油供给，使发动机正常工作。

②发动机停车时熄火电动机的工作原理图如图 2—1—19 所示。

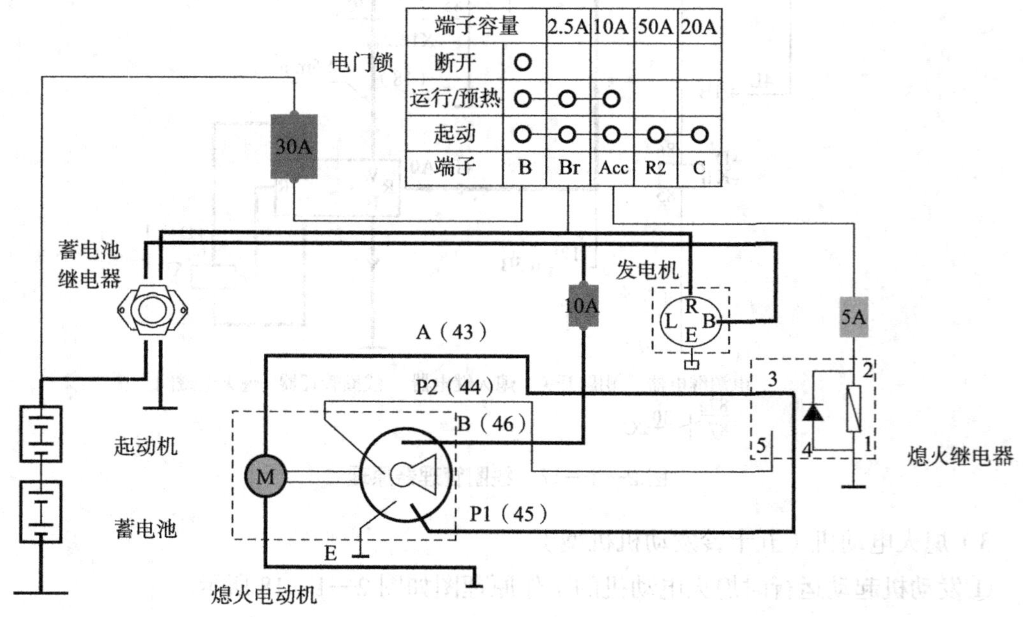

图 2—1—19　发动机停车时熄火电动机的工作原理图

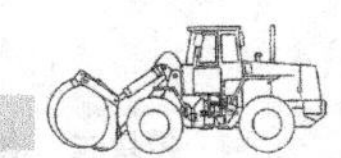

起动开关关闭时，切断 B、Acc、Br 的连接，使熄火继电器失电，触点打开，此时熄火电动机的 B 端进电，从 P1 端回电，带动熄火电动机反转。熄火电动机切断燃油供给，使发动机熄火。

（6）冷起动预热电路

环境温度低时，通过接通预热塞对发动机进气进行加热，提高发动机起动性能。

1）可通过钥匙开关预热挡进行手动预热，通过电子监控器或预热定时器进行预热定时，原理图如图 2—1—20 所示。

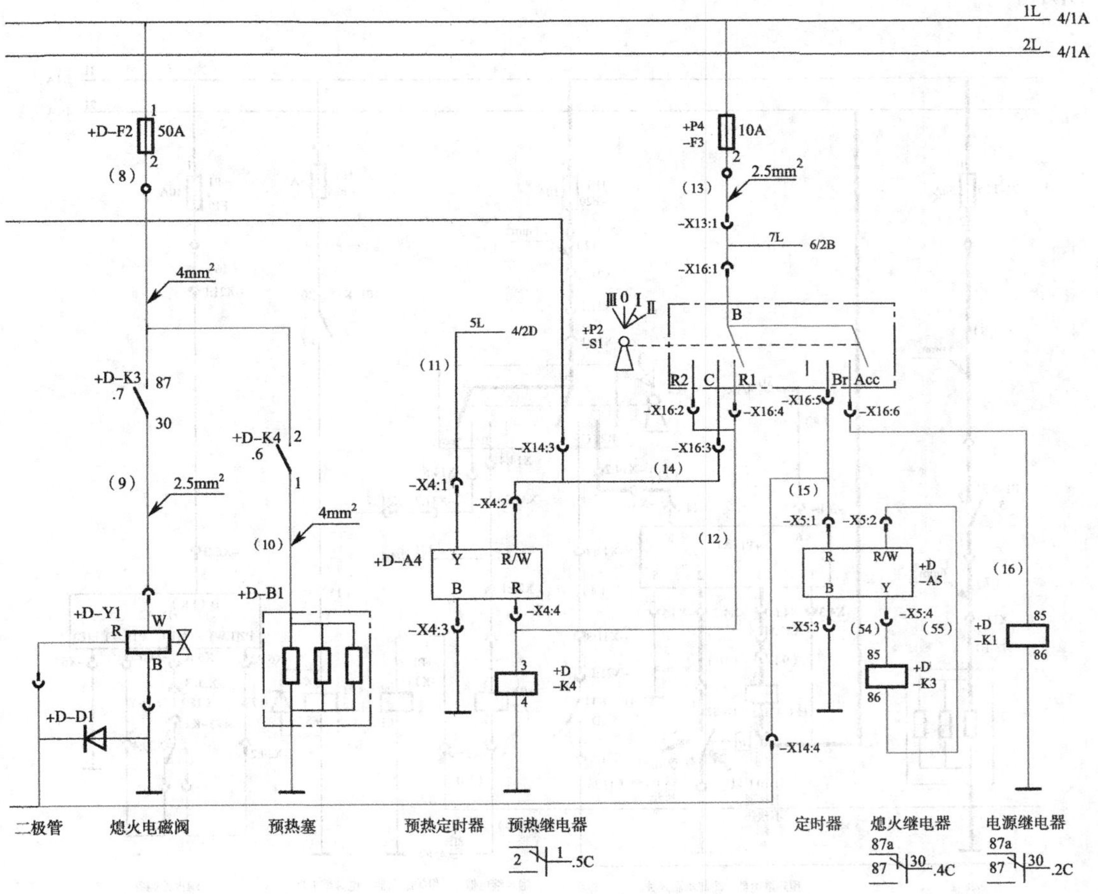

钥匙开关S1　　功能图

接线柱 挡位	B	Acc	Br	C	R1	R2
Ⅲ（预热）	○	○			○	
0（关）	○					
Ⅰ（开）	○	○	○			
Ⅱ（预热起动）	○	○	○	○		○

图 2—1—20　预热定时器预热原理图

将起动机开关置于“HEAT”位置时，如图 2—1—20 中钥匙开关功能图里的Ⅲ所示。

预热塞继电器工作，使电流从蓄电池流过预热塞进行预热。这时，预热指示灯也根据定时器的运作情况发光，大约 17 s 后，定时器将指示灯关掉，提示发动机已做好起动准备，在指示灯熄灭后，预热塞继电器仍然保持接通状态，使电流流过预热塞继电器继续预热，直至起动机开关旋至“START”位置为止，如图 2—1—20 中钥匙开关功能图里的 I 所示。在预热完成后，如果偶然将起动机开关再次置于“HEAT”位置，并且这时定时器中的电容器如尚未完全放电，预热指示灯会在较短的时间内发光。

2）通过预热控制器进行自动预热（五十铃发动机），其工作原理图如图 2—1—21 所示。

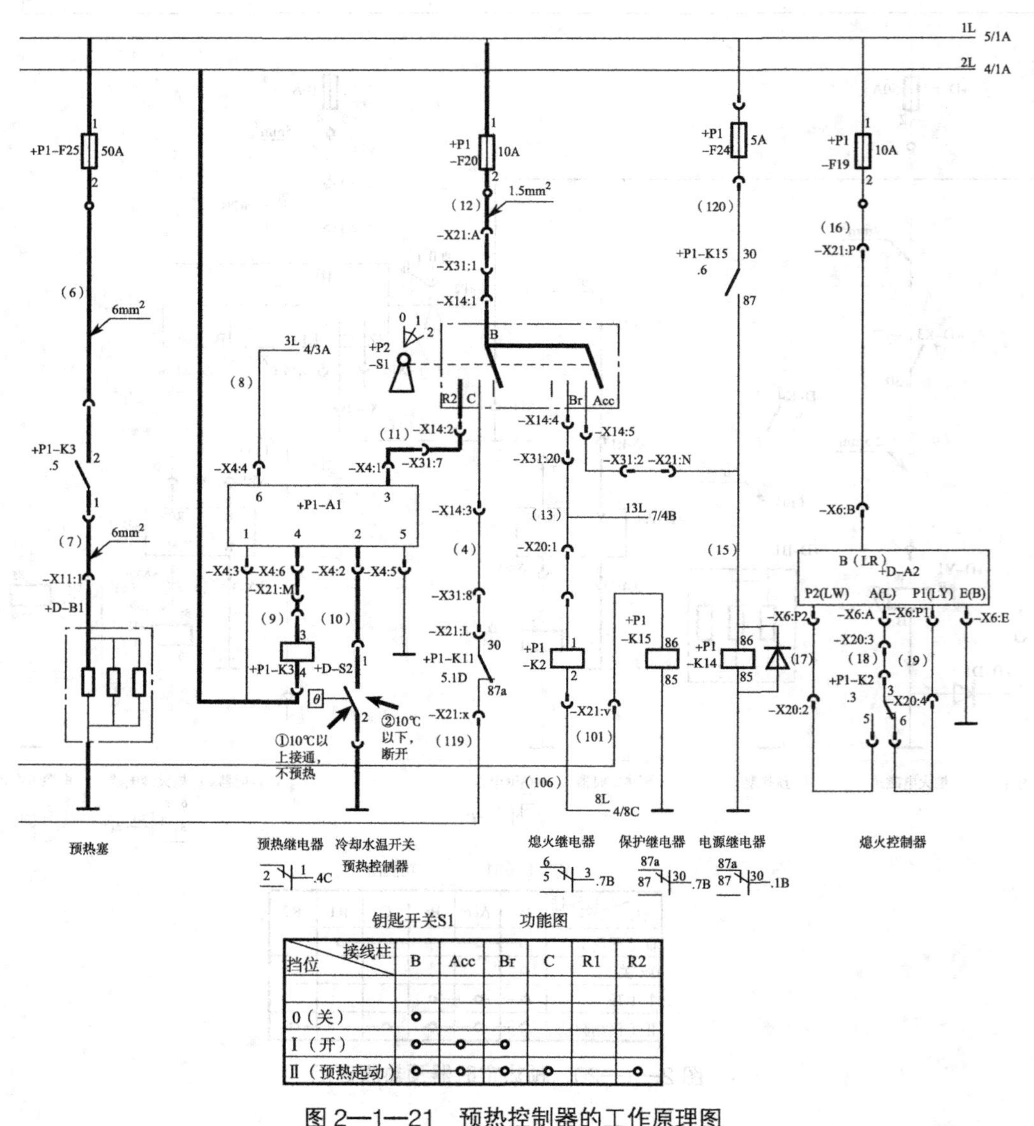

挡位 \ 接线柱	B	Acc	Br	C	R1	R2
0（关）	○					
I（开）	○	○	○			
II（预热起动）	○	○	○	○		○

图 2—1—21 预热控制器的工作原理图

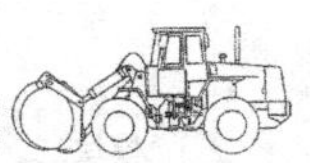

①不预热：水温10℃以上时，水温开关接通，不预热。

②前预热：水温10℃以下时，钥匙开关处于“ON”位置，水温开关断开，预热继电器接通30 s，预热指示灯亮8 s。

③后预热：水温10℃以下时，水温开关断开，起动结束后继续预热30 s，预热指示灯亮8 s。

（7）空调电路

空调系统主要由制冷系统、暖风系统、通风换气系统和控制系统等组成。

1）空调制冷装置电路

①电磁离合器。电磁离合器安装在压缩机驱动轴前端，通过电磁线圈的得电与失电控制发动机与压缩机之间的动力传递。电磁离合器的结构如图2—1—22所示，由定子（电磁线圈）、带轮的转子、压盘、轴承等元件组成。压盘通过弹簧与压盘轮毂相连，压盘轮毂通过平键与压缩机输入轴相连。

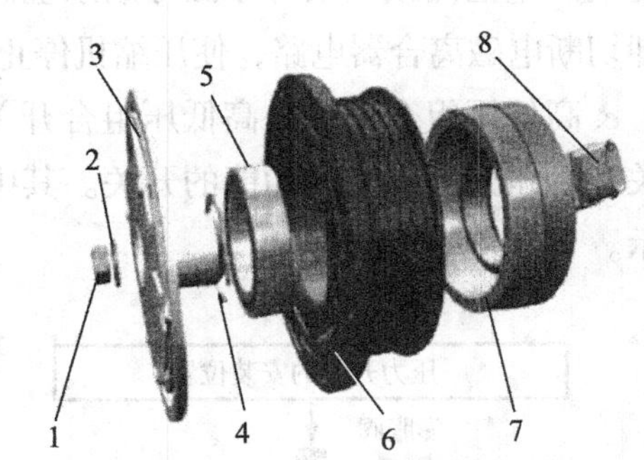

图2—1—22 电磁离合器的结构

1—紧固螺母 2—垫圈 3—压盘 4—卡簧 5—轴承 6—带轮的转子 7—定子（电磁线圈） 8—导线插头

其工作原理如下：当电磁线圈不得电时，在弹簧张力的作用下，压盘与压缩机带轮之间保留一定的空隙，带轮空转。当电磁线圈得电时，电磁线圈产生强大的吸引力，克服弹簧张力，使压盘紧紧地吸合在带轮的端面，带动压缩机输入轴一起转动，使压缩机工作，如图2—1—23所示。

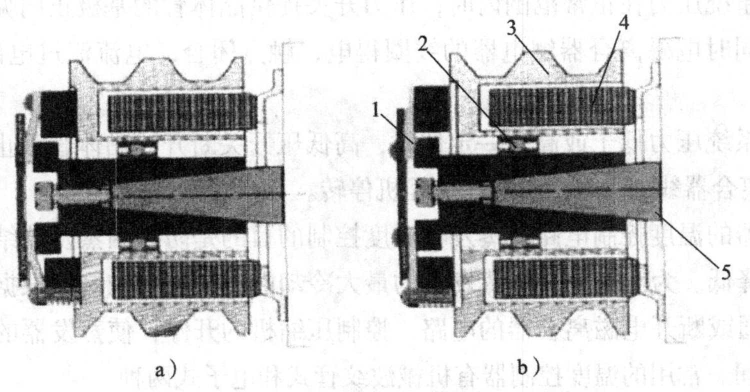

图2—1—23 电磁线圈的工作状态图

a）接合状态 b）断开状态

1—压盘 2—轴承 3—带轮 4—电磁线圈 5—驱动轴

②制冷循环的压力控制。若空调制冷循环系统压力出现异常，将会造成系统损坏。为

防止该现象的发生，通常在循环系统的高压管路中安装压力开关。常见的压力开关有高压、低压和高低压组合三种。

a. 高压开关。高压开关用于检测制冷剂的最高工作压力，分为常开式和常闭式两种。常开式高压开关是当压力约为 1.6 MPa 时，接通冷凝器风扇高速挡，增加冷却强度，使压力降低；常闭式高压开关是当压力高于额定最高安全值 3.2 MPa 时，高压开关断开，切断电磁离合器电路，使压缩机停止运转。

b. 低压开关。低压开关又称制冷剂泄漏检测开关，用于限制系统的高压最低值。当制冷剂严重泄漏或因某种原因导致系统高压压力低于额定最低值 0.21 MPa 时，低压开关立即切断电磁离合器电路，使压缩机停止运转。

c. 高低压组合开关。高低压组合开关是将高压开关和低压开关制成一体，具有高压开关和低压开关的双重功能的开关。其中压力开关的安装位置和控制电路如图 2—1—24 所示。

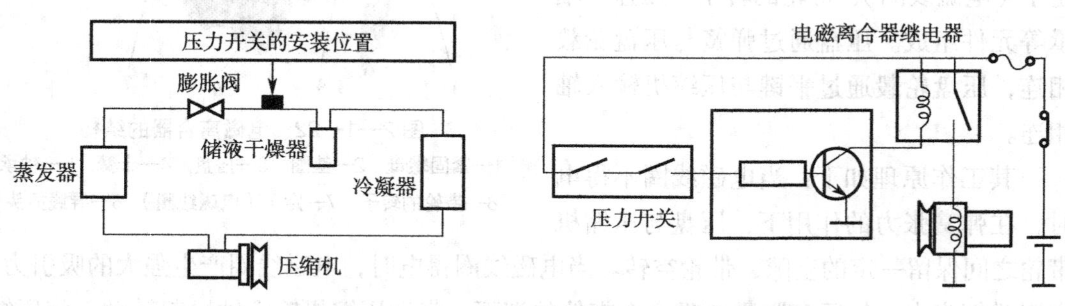

图 2—1—24　压力开关的安装位置和控制电路图

当循环系统压力在正常范围内时，压力开关提供晶体管的基极正向偏置电压，使晶体管导通，同时电磁离合器继电器的线圈得电，触点闭合，电流流过电磁离合器线圈，压缩机工作。

当循环系统压力低于或高于一定值时，高低压开关断开，晶体管截止，继电器线圈失电，电磁离合器线圈无电流流过，压缩机停转。

③蒸发器的温度控制电路。蒸发器温度控制的目的是防止因蒸发器结霜而引起制冷效果大幅度降低。为了充分发挥蒸发器的最大冷却能力，温度控制器根据蒸发器表面温度的高低接通或断开电磁离合器的电路，控制压缩机的开停，使蒸发器的表面温度保持在 1～4℃之间。常用的温度控制器有机械波纹管式和电子式两种。

a. 机械波纹管式温度控制电路。机械波纹管式温度控制器主要由波纹管、感温毛细管、触点、弹簧、调整螺钉等组成。感温毛细管内充有感温物质（制冷剂或 CO_2），一般放在蒸发器冷风出口处，用以感受蒸发器的温度，其电路如图 2—1—25 所示。

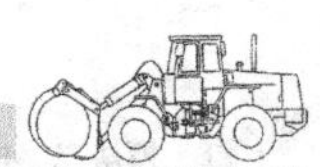

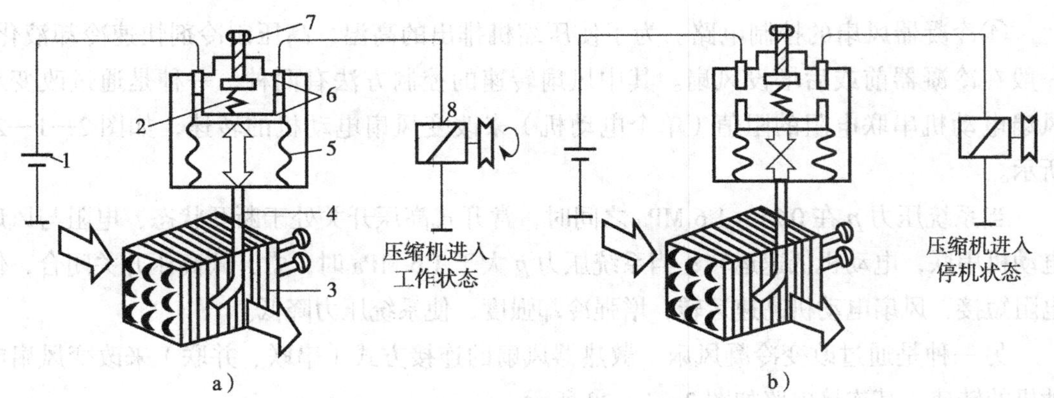

图 2—1—25　机械波纹管式温度控制电路

a）触点闭合，压缩机工作　b）触点分开，压缩机停止工作

1—蓄电池　2—弹簧　3—蒸发器　4—感温管　5—波纹管　6—触点　7—调节螺钉　8—压缩机

机械波纹管温度控制器利用波纹管的伸长或缩短来接通或断开触点。当蒸发器温度升高时，毛细管中的感温物质膨胀，对应的波纹管伸长并压缩弹簧，触点闭合，电磁离合器线圈得电，压缩机工作，制冷装置循环制冷。当车内温度降到设定的温度以下时，波纹管缩短，弹簧复位，触点断开，电磁离合器线圈失电，压缩机停止工作。

b. 电子式温度控制电路。电子式温度控制电路如图 2—1—26 所示。电子式温度控制器一般采用负温度系数的热敏电阻作为感温元件，用以检测蒸发器表面的温度。

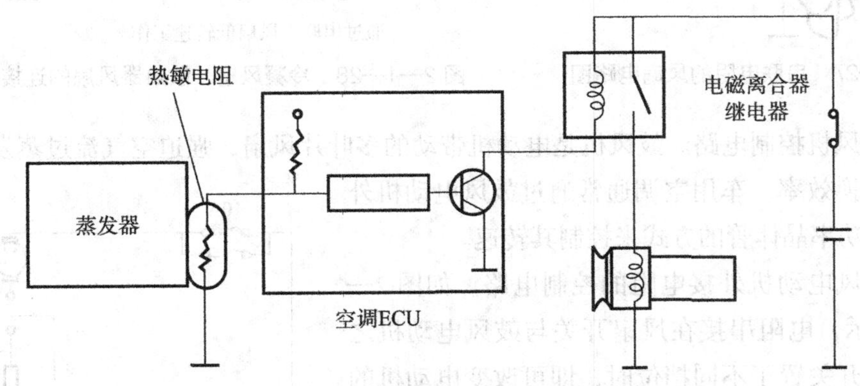

图 2—1—26　电子式温度控制电路

当蒸发器表面的温度低于某一设定值（1℃）时，热敏电阻的阻值发生变化并转换为电压变化，使空调 ECU 输入低温信号，控制继电器切断电磁离合器电路，使压缩机停止工作，保证蒸发器温度不低于 1℃。

当蒸发器表面的温度高于某一设定值（4℃）时，热敏电阻的阻值发生变化并转换为电压变化，使空调 ECU 输入高温信号，控制继电器接通电磁离合器电路，使压缩机运转，保证蒸发器温度不高于 4℃。

④冷凝器风扇的控制电路。为了使压缩机排出的高温、高压制冷剂快速冷却液化，一般在冷凝器前或后增设风扇。其中风扇转速的控制方法有两种，一种是通过改变与风扇电动机串联电阻的阻值（单个电动机）来改变风扇电动机的转速，如图 2—1—27 所示。

当系统压力 p 在 0.21 ~ 1.6 MPa 之间时，常开式高压开关处于断开状态，电阻与风扇电动机串联，电动机低速运转；当系统压力 p 大于 1.6 MPa 时，常开式高压开关闭合，使电阻短接，风扇电动机高速运转，增强冷却强度，使系统压力降低。

另一种是通过改变冷凝风扇、散热器风扇的连接方式（串联、并联）来改变风扇电动机的转速，其连接电路如图 2—1—28 所示。

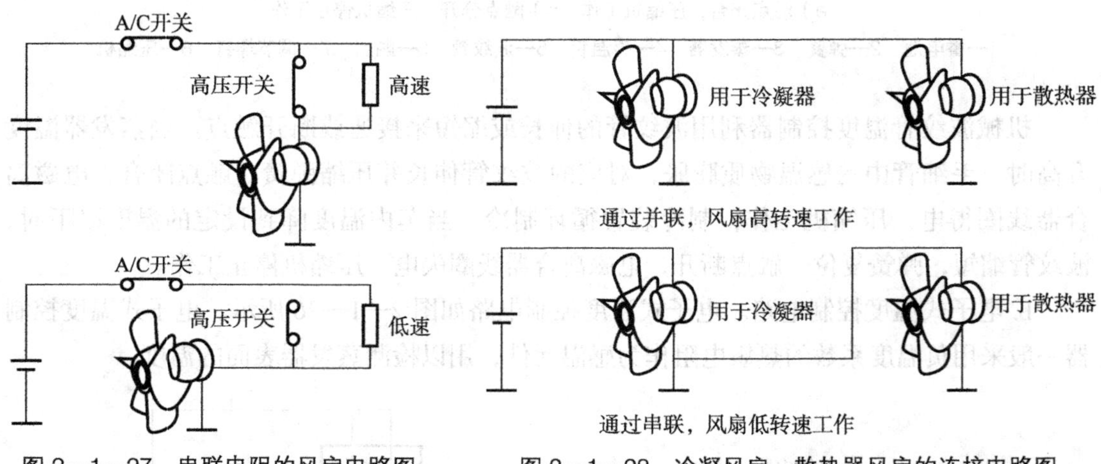

图 2—1—27　串联电阻的风扇电路图　　图 2—1—28　冷凝风扇、散热器风扇的连接电路图

⑤鼓风机控制电路。鼓风机是电动机带动的多叶片风扇，强迫空气流过蒸发器表面，提高热交换效率。车用空调通常通过鼓风电动机外接电阻或功率晶体管的方式来控制其转速。

a. 鼓风电动机外接电阻的控制电路。如图 2—1—29 所示，电阻串接在风扇开关与鼓风电动机之间，风扇开关置于不同挡位时，即可改变电动机的端电压，控制电动机转速及调节空气流量。当电动机运转时，因变阻器得电而发热，因此安装在鼓风电动机前、蒸发箱内，使其通风良好。

b. 鼓风电动机外接功率晶体管的控制电路。该控制方式利用晶体管的放大特性，通过改变晶体管基极电流的大小使鼓风电动机在不同转速下工作，其电路如图 2—1—30 所示。

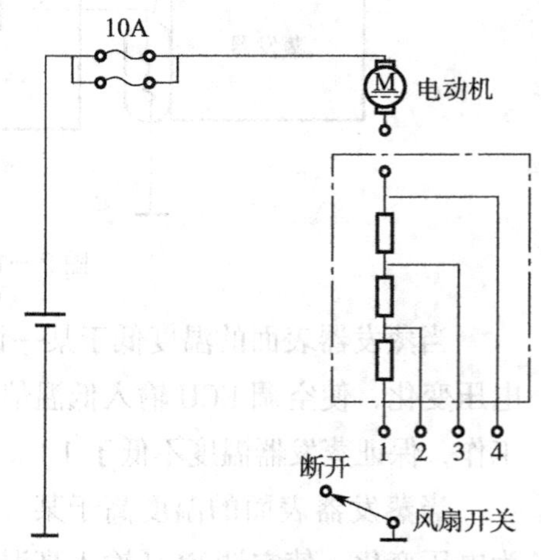

图 2—1—29　鼓风电动机外接电阻的控制电路图

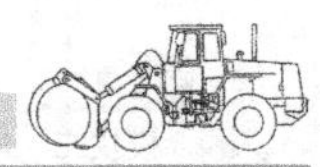

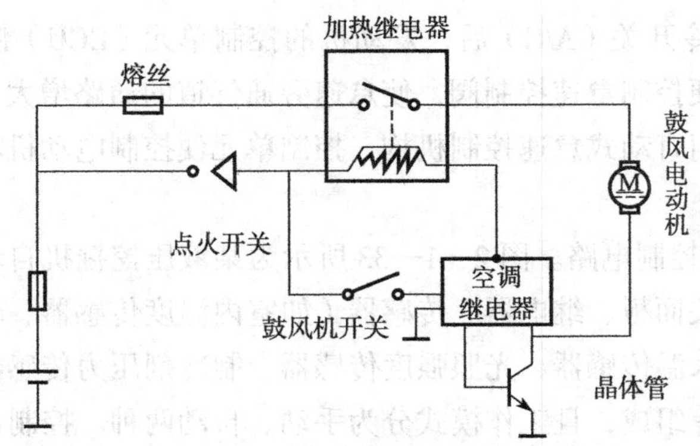

图 2—1—30 电动机外接功率晶体管的控制电路

通常鼓风电动机控制开关分为自动、手动两挡，其中手动挡有不同转速的选择模式，如图 2—1—31 所示。当鼓风电动机转速控制开关置于自动挡时，鼓风机的转速由空调 ECU 控制，一旦人为操作手动开关选择不同转速，即可自动取消空调 ECU 的控制功能。

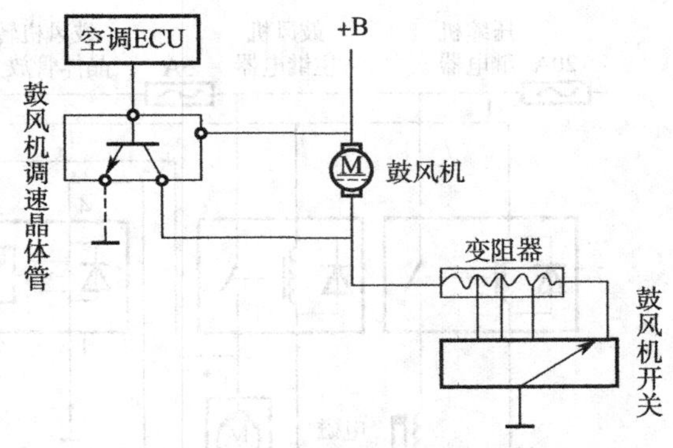

图 2—1—31 晶体管与电动机电阻组合控制电路图

⑥发动机的怠速提升控制。压缩机工作时要消耗一定的发动机功率，当发动机转速较低时（低速行驶或处于怠速运转状态），发动机的输出功率较小，此时如果开启空调制冷系统，将增大发动机的负荷，可能会造成发动机过热或停机，同时，空调系统也会因压缩机转速低而制冷量不足。为防止这种情况的发生，在空调的控制系统中采用了怠速提升装置，如图 2—1—32 所示。

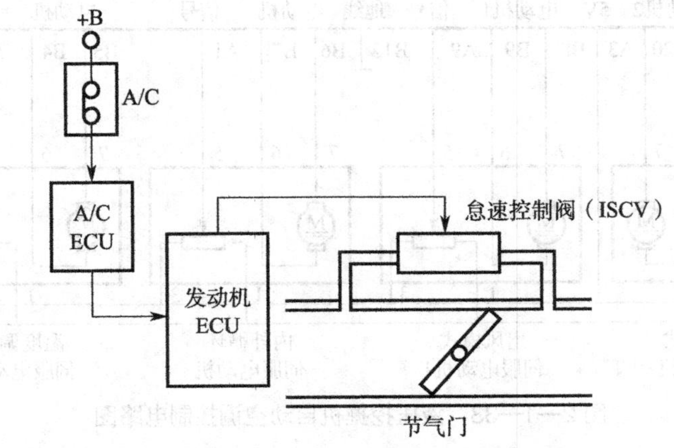

图 2—1—32 发动机怠速提升控制图

当接通空调制冷开关（A/C）后，发动机的控制单元（ECU）便可接收到空调开启的信号，控制单元便控制怠速控制阀，使怠速旁通气道的通路增大，增加进气量，提高怠速。如果是节气门直动式怠速控制机构，控制单元便控制电动机将节气门开大，提高怠速。

2）制冷系统的控制电路。图 2—1—33 所示为某液压挖掘机自动空调控制电路，它主要由控制器、开关面板、继电器、传感器（如室内温度传感器、环境温度传感器、蒸发器温度传感器、水温传感器、光照强度传感器、制冷剂压力传感器）及控制风门开度大小的伺服电动机等组成，且工作模式分为手动、自动两种。控制器通过接收面板输入信号、传感器检测信号及各风门位置反馈信号等控制空调系统的工作。

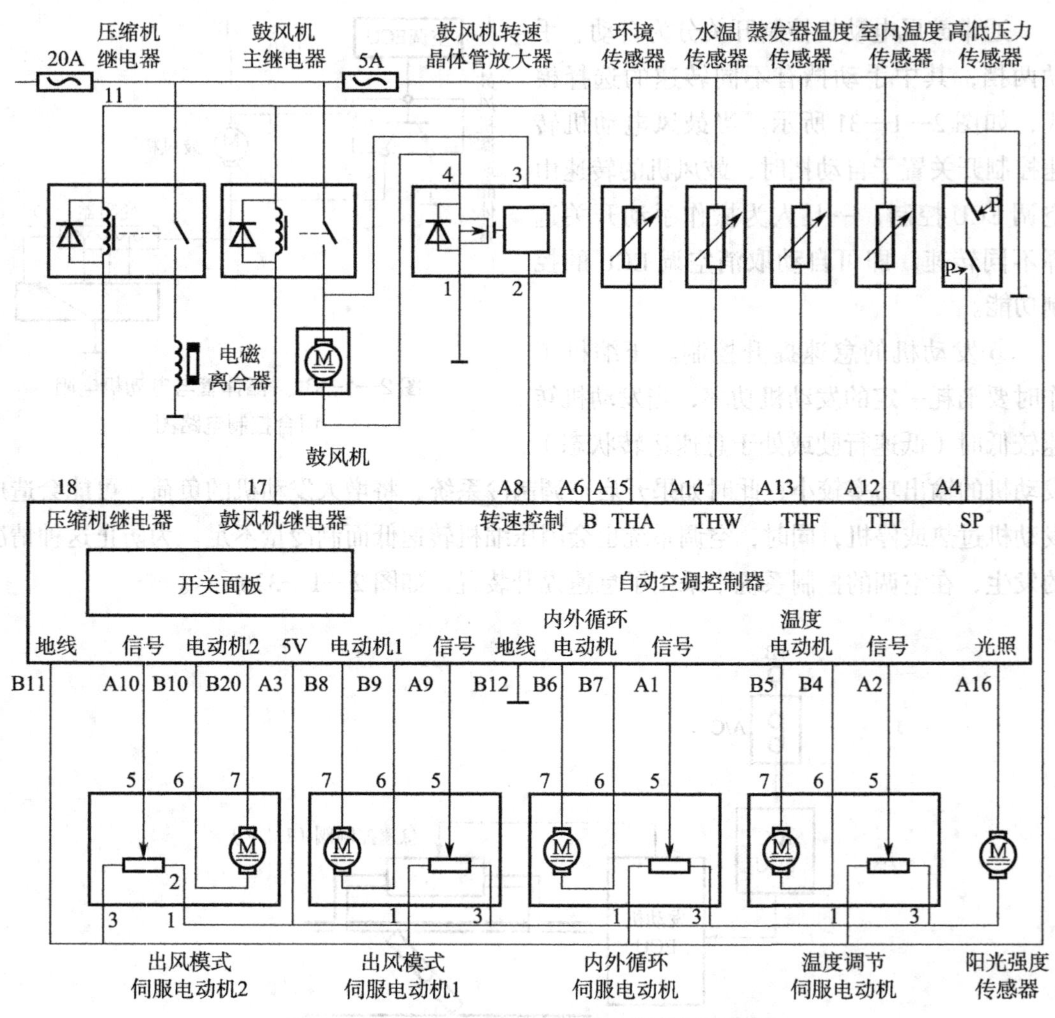

图 2—1—33 液压挖掘机自动空调控制电路图

①空调控制面板如图 2—1—34 所示。

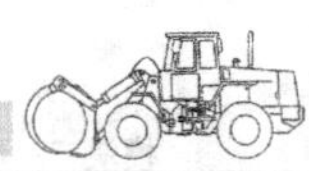

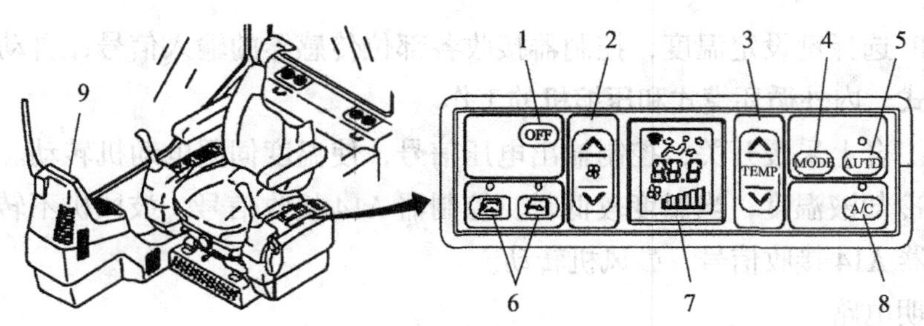

图 2—1—34　空调控制面板
1—OFF 开关　2—风扇转速设定开关　3—温度设定开关　4—吹风口模式设定开关
5—自动模式设定开关　6—内外气切换开关　7—显示监控器　8—空调器开关　9—阳光传感器

②工作过程

a. 手动模式。当发动机正常运转时，按鼓风机风速选择开关 2，则 A/C 键 8 的指示灯点亮（若 A/C 指示灯不亮，则按下 A/C 键）。同时，液晶屏显示通风模式、风量及设定温度。

如图 2—1—34 所示，控制器 18 号端子接通压缩机继电器线圈电路，使其触点闭合，电磁离合器线圈得电，压缩机工作；控制器 17 号端子接通鼓风机主继电器线圈电路，使其触点闭合，接通鼓风电动机电路，使其按一定的转速旋转。

控制器接受传感器检测信号，并通过 B5 和 B4、B6 和 B7、B8 和 B9（或 B10 和 B20）输出信号，使相应的伺服电动机转动，带动翻板旋转一定的角度，实现温度调节、空气循环及通风模式。翻板上装有位置传感器，检测翻板的旋转角度，并通过 A2、A1、A9（或 A10）给出的反馈信号，随时调整伺服电动机控制电压，以控制翻板的旋转角度，满足所选通风模式、内外循环模式的要求。

手动选择风量大小、通风模式、内外循环模式，空调则按所选状态工作。其中控制器端子 A8 输出信号给鼓风机的转速放大器，调整鼓风电动机转速，实现风量大小的控制。

蒸发器温度传感器检测蒸发器表面温度，当 A13 端子输入信号低于设定值时，使控制器自动控制电磁离合器线圈的得电与失电，从而使压缩机开启或停止工作。通常当蒸发器表面温度 $t<0$℃，传感器检测电压 $U>2.1$ V 时，控制器 18 号端子切断电磁离合器线圈电路，使压缩机停止工作。当传感器检测电压 $U<2$ V 时，控制器接通电磁离合器线圈电路，使压缩机工作。

当压力不在 0.21 ~ 3.2 MPa 范围内时，高低压力传感器动作，使控制器 A4 端子无低电平信号输入，压缩机停止工作。

按 OFF 键，空调系统停止工作。

b. 自动模式。当发动机正常运转时，按下 AUTO 键，AUTO 指示灯点亮，且 A/C 灯点亮；同时，液晶屏显示通风模式、风量和设定温度。

按 TEMP 选择键设定温度，控制器接收各部位传感器的输入信号，自动控制风量大小、通风模式、内外循环模式和压缩机的工作。

c. 采暖。合上采暖开关，控制输出电压信号，使温度伺服电动机转动。水温传感器检测发动机冷却液温度，当温度较低时，控制器 A14 接收信号，鼓风机不转；当温度较高时，控制器 A14 接收信号，鼓风机转动。

（8）照明电路

如图 2—1—35 所示，合上臂灯、前照灯开关，相应的继电器线圈得电，触点闭合，使臂灯、前照灯、旋转报警灯点亮；同时照明灯开关闭合，使相应照明灯信号指示灯点亮。

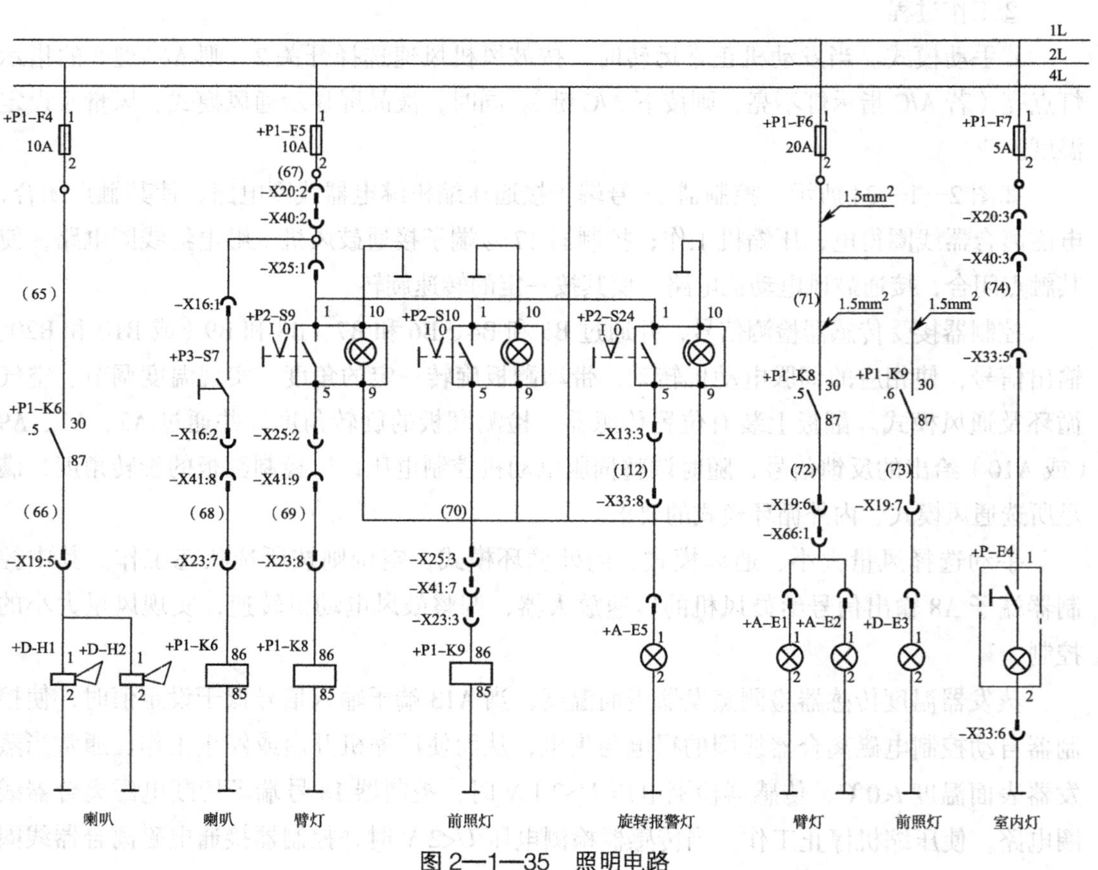

图 2—1—35 照明电路

旋转报警灯和室内灯直接通过开关的开闭来控制是否点亮，开关闭合后点亮旋转报警灯或室内灯，同时被点亮的灯的指示灯也会亮起。

（9）其他电路

1）喇叭电路。如图 2—1—35 所示，闭合喇叭开关，则接通电喇叭电源，使其鸣响。

2）刮水电路。如图 2—1—36 所示，闭合刮水器开关并调节不同的挡位，控制器给

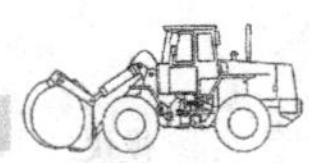

刮水电动机提供不同的端电压，使其实现不同的功能。

3）喷水电路。如图 2—1—36 所示，闭合喷水开关，控制器接收信号后，接通喷水电动机的搭铁线路，实现洗涤功能。

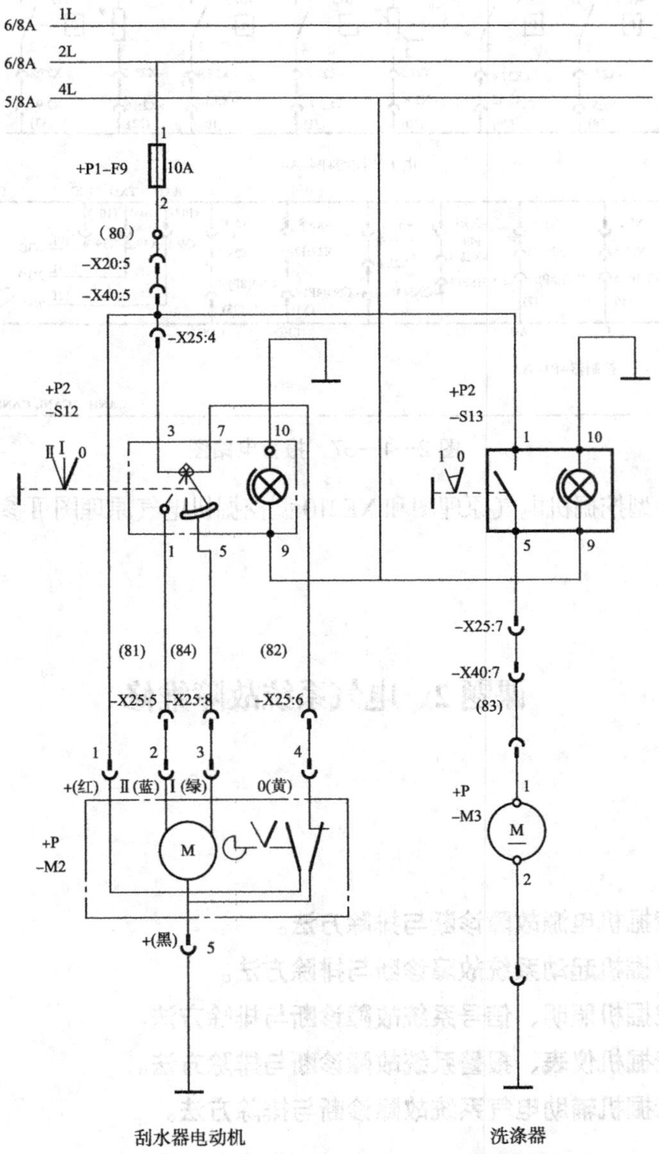

刮水器电动机　　洗涤器

图 2—1—36　刮水电路和喷水电路图

4）报警电路。如图 2—1—37 所示，控制器接收各传感器（进 / 出油滤器、先导油滤器、冷却水温传感器、液压油温传感器、燃油传感器、空滤器等）检测的电压信号，当不符合要求时，接通相应的报警指示灯电路，点亮警告灯，以提醒操作人员。

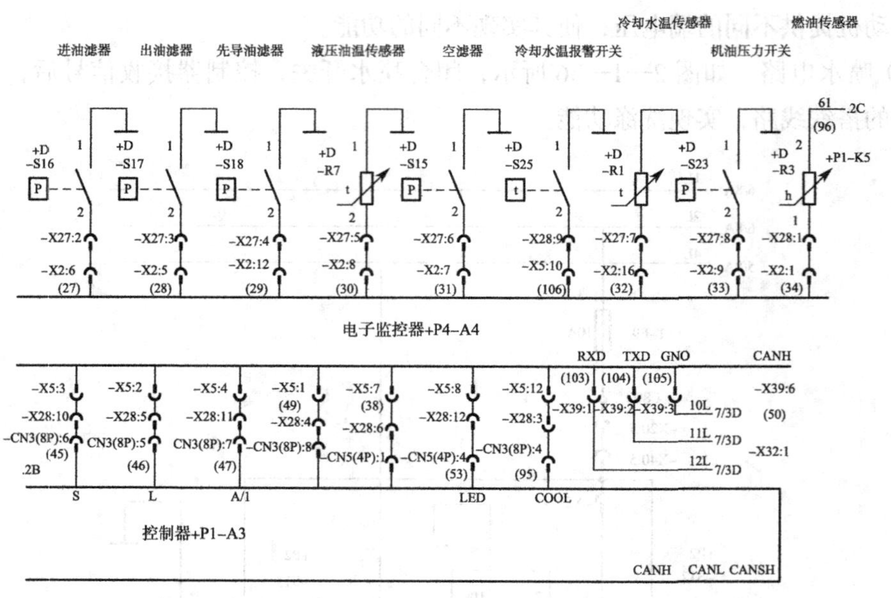

图 2—1—37　报警电路图

完整的 XE60 型挖掘机电气原理图和 XE210 型挖掘机电气原理图可参见附图 3、附图 4。

课题 2　电气系统故障维修

学习目标

1. 熟悉挖掘机电源故障诊断与排除方法。
2. 熟悉挖掘机起动系统故障诊断与排除方法。
3. 熟悉挖掘机照明、信号系统故障诊断与排除方法。
4. 熟悉挖掘机仪表、报警系统故障诊断与排除方法。
5. 熟悉挖掘机辅助电气系统故障诊断与排除方法。

一、挖掘机电源系统故障诊断与排除方法

1. 蓄电池的充电

蓄电池是直流电源，因此必须用直流电源进行充电。充电设备是利用整流元件将三

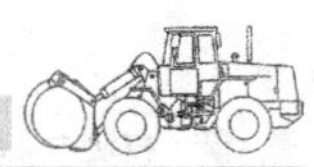

相或单相交流电源转变成直流电源，挖掘机上采用的充电设备是交流发电机，充电间采用的充电设备大多数都是硅整流充电机、晶闸管充电机和快速充电机等。

（1）连接充电线的方法

对蓄电池进行充电时，充电电源正极必须连接蓄电池正极柱，充电电源负极必须连接蓄电池负极柱。如果充电时将蓄电池极性与充电机极性接错，则充电后的蓄电池极性恰好相反。

蓄电池充电线路一般有并联、串联及串并联三种连接方式，串联电路充电电流相等，便于电流的控制及调整，但是当蓄电池数量较多时，需要充电机的输出电压较高；并联电路充电电压相等，但需要充电机输出电流较大，且各蓄电池的充电电流可能不一致。因此，当需要充电的蓄电池数量较多时，既采用串联也采用并联的线路连接方式，如图2—2—1 所示。

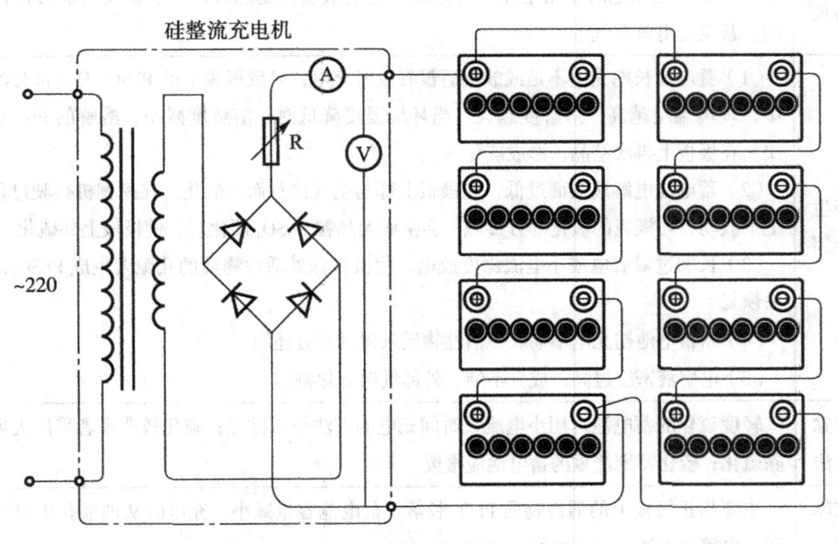

图 2—2—1 蓄电池充电机接线图

（2）改进型恒流充电方法

1）选用的充电电流为蓄电池额定容量的 1/10。

2）间隔 1 h 左右，调节充电电流，测量蓄电池电压，测量电解液密度和温度。若电解液温度达到 45℃，暂时停止充电，待电解液温度降至 40℃后再恢复充电。

3）当蓄电池电压达到 14.4 V 或电解液中有气泡产生时，应将充电电流减半。

4）当蓄电池电压达到 16.5 V 时，并且 1 h 内蓄电池的单格电压、电解液密度不再上升，停止充电。

5）检查并调整电解液密度，调整液面高度（高出极板 10 ~ 15 mm）。

（3）快速充电

快速充电需要专门的充电设备。充电设备一般采用脉冲充电电流，并且间有放电脉冲。充电设备具有自动保护、电流自动调整、充足检测和停充等功能。快速充电的充电时间短，一般 1 h 左右便可完成。快速充电电流一般较大，充电线路连接要可靠；否则会出现连接点“打火”现象，严重时会使线路烧熔或严重氧化。

2. 蓄电池常见故障诊断与排除方法

蓄电池的内部故障主要有极板硫化、活性物质脱落、极板栅架腐蚀、极板短路、自放电、单格电池极性颠倒等。各种内部故障的故障特征、产生原因和排除方法见表 2—2—1。

表 2—2—1 蓄电池常见故障的特征、产生原因和排除方法

名称	项目	说明
极板硫化	故障特征	（1）硫化的蓄电池放电时，电压急剧降低，过早降至终止电压，蓄电池容量减小 （2）蓄电池充电时单格电压上升过快，电解液温度迅速升高，但密度增加缓慢，过早产生气泡，甚至充电就有气泡
	产生原因	（1）蓄电池长期充电不足或放电后没有及时充电，导致极板上的 $PbSO_4$ 有一部分溶解于电解液中，环境温度越高，溶解度越大。当环境温度降低时，溶解度减小，溶解的 $PbSO_4$ 就会重新析出，在极板上再次结晶，形成硫化 （2）蓄电池电解液液面过低，使极板上部与空气接触而被氧化，在挖掘机行驶过程中，电解液上下波动，与极板的氧化部分接触，会生成大晶粒 $PbSO_4$ 硬化层，使极板上部硫化 （3）长期过量放电或小电流深度放电，使极板深处活性物质的孔隙内生成 $PbSO_4$，平时充电不易恢复 （4）新蓄电池初充电不彻底，活性物质未得到充分还原 （5）电解液密度过高，成分不纯，外部气温变化剧烈
	排除方法	轻度硫化的蓄电池可用小电流长时间充电的方法予以排除；硫化较严重者采用去硫化充电法消除硫化；硫化特别严重的蓄电池应报废
活性物质脱落	故障特征	主要指正极板上的活性物质 PbO_2 脱落。蓄电池容量减小，充电时从加液孔中可看到有褐色物质，电解液浑浊
	产生原因	（1）蓄电池充电电流过大，电解液温度过高，使活性物质膨胀、松软而易于脱落 （2）蓄电池经常过充电，极板孔隙中逸出大量气体，在极板孔隙中造成压力，从而使活性物质脱落 （3）经常处于低温、大电流放电状态下，使极板弯曲变形，导致活性物质脱落 （4）挖掘机行驶或作业中的颠簸振动
	排除方法	对于活性物质脱落的铅蓄电池，若沉积物较少时，可清除后继续使用；若沉积物较多时，应更换新极板和电解液
极板栅架腐蚀	故障特征	主要是正极板栅架腐蚀，极板呈腐烂状态，活性物质以块状堆积在隔板之间，蓄电池输出容量较小
	产生原因	（1）蓄电池经常过充电，正极板处产生的氧气使栅架氧化 （2）电解液密度、温度过高，充电时间过长，会加速极板腐蚀 （3）电解液不纯

续表

名称	项目	说　明
极板栅架腐蚀	排除方法	（1）腐蚀较轻的蓄电池，电解液中如果有杂质，应倒出电解液，并反复用蒸馏水清洗，然后加入新的电解液，充电后即可使用 （2）腐蚀较严重的蓄电池，如果是电解液密度过高，可将其调整到规定值，在不充电的情况下继续使用 （3）腐蚀严重的蓄电池，如栅架断裂、活性物质成块脱落等，则需更换极板
极板短路	故障特征	蓄电池正、负极板直接接触或被其他导电物质搭接称为极板短路 极板短路的蓄电池充电时充电电压很低或为零，电解液温度迅速升高，密度上升很慢，充电末期气泡很少
	产生原因	（1）隔板破损使正、负极板直接接触 （2）活性物质大量脱落，沉积后将正、负极板连通 （3）极板组弯曲 （4）导电物体落入蓄电池内
	排除方法	出现极板短路时，必须将蓄电池拆开检查；更换破损的隔板，消除沉积的活性物质，校正或更换弯曲的极板组等
自放电	故障特征	蓄电池在无负载的状态下，电路自动消失的现象称为自放电。如果充足电的蓄电池在30天之内每昼夜容量减小超过2%，称为故障性自放电
	产生原因	（1）电解液不纯，杂质与极板之间及沉附于极板上的不同杂质之间形成电位差，通过电解液产生局部放电 （2）蓄电池长期存放，硫酸下沉，使极板上部和下部产生电位差，引起自放电 （3）蓄电池溢出的电解液堆积在电池盖的表面，使正、负极柱形成通路 （4）极板活性物质脱落，下部沉积物过多，使极板短路
	排除方法	自放电较轻的蓄电池，可将其正常放完电后倒出电解液，用蒸馏水反复清洗干净，再加入新电解液，充足电后即可使用；自放电较为严重时，应将电池完全放电，倒出电解液，取出极板组，抽出隔板，用蒸馏水冲洗后重新组装，加入新的电解液并重新充电后方可使用
单格电池极性颠倒	故障特征	单格电池原来的正极板变成负极板，负极板变成正极板。此时，蓄电池电压迅速下降，不能继续使用
	产生原因	没有及时发现有故障的单格电池（如极板短路、活性物质脱落等），当蓄电池放电时，该单格电池由于容量小，首先放电至零，再继续放电时，其他单格电池的放电电流对它进行充电，使其极性颠倒
	排除方法	对极性颠倒的单格电池应更换新极板

3. 电源系统故障诊断与排除方法

电源系统常见故障有充电指示灯不亮、充电系统不充电、充电指示灯时亮时灭、蓄电池充电不足等。电源系统常见故障部位如图2—2—2所示。

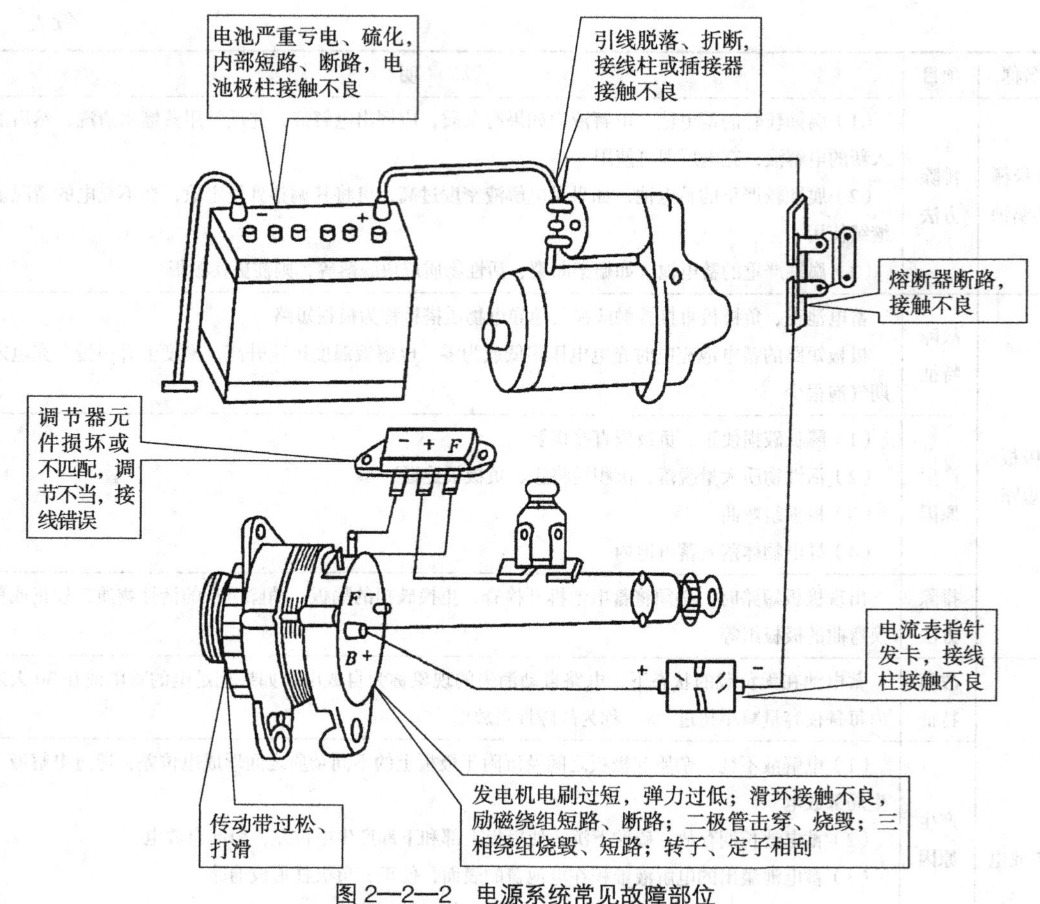

图 2—2—2 电源系统常见故障部位

（1）充电指示灯不亮

1）故障现象。接通钥匙开关和发动机正常运转时，充电指示灯始终不亮。

2）故障原因。充电指示灯灯丝断路；熔断器烧断，使指示灯线路不通；指示灯或调节器电源线路导线断路或接头松动；蓄电池极柱上的电缆接头松动；钥匙开关故障；发电机电刷与滑环接触不良；调节器内部电路故障，如调节器内部电子元件损坏而使大功率三极管不能导通或大功率三极管本身断路。

3）故障诊断与排除。首先起动发动机并怠速（交流发电机转速为 2 000 r/min 左右）运转，然后用万用表检查发电机充电系统能否充电（发电机输出电压能够超过蓄电池电压）。将充电指示灯不亮分为充电系统能充电与不能充电两种情况分别进行排除。

接通钥匙开关时充电指示灯不亮，起动发动机后发电机又能发电（发电机输出电压能够超过蓄电池电压），说明发电机充电系统正常，应检查仪表盘上的充电指示灯是否正常，若灯丝断路，则需更换。

接通钥匙开关时充电指示灯不亮，起动发动机后发电机运转正常，但不能发电时，故障排除方法与诊断程序如下：

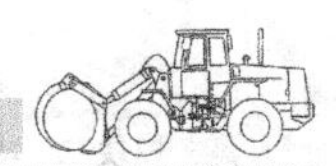

①先断开钥匙开关，检查熔断器是否断路。如该熔断器断路，必须更换相同容量的熔断器；如仪表熔断器良好，再继续检查。

②接通钥匙开关，用万用表检测熔断器上的电压值，如电压为零，说明钥匙开关以及钥匙开关与熔断器之间线路有故障，应予以检修或更换；如熔断器上的电压等于蓄电池的电压，再继续检查。

③拆下调节器接线端子上的导线，接通钥匙开关，用万用表检测调节器接线柱上的导线电压，如电压为零，说明仪表盘上的充电指示灯或充电指示灯的旁通电阻断路，或仪表盘与调节器之间的线路断路，应予以检修或更换；如调节器接线柱上的导线电压等于蓄电池的电压，再继续检查。

④检查电刷与电刷弹簧，检查电刷与滑环接触是否良好，否则应予以检修或更换；如接触良好，再继续检查。

⑤检查调节器有无故障，如有则更换。

⑥检查发电机的转子绕组有无短路、断路、搭铁故障，如有则更换。

（2）充电系统不充电

1）故障现象。发动机起动后，仪表盘上的充电指示灯不熄灭，或在发动机正常运转过程中充电指示灯始终亮着，说明发电机出现不充电故障。

2）故障原因。发电机磁场绕组短路、断路或搭铁故障，导致磁场电流减小或不通；定子绕组短路、断路或搭铁故障；整流器故障；电刷磨损后过短、电刷弹簧无弹性或电刷在电刷架中卡住，造成电刷不能与滑环接触或接触不良；调节器故障，如调节器内部电子元件损坏而使大功率三极管不能导通或大功率三极管本身断路；交流发电机的传动带过松，传动带打滑，发电机不转或转速过低而不发电；有关连接线路出现故障。

3）故障诊断与排除。当充电指示灯常亮时，说明钥匙开关、熔断器以及充电指示灯状态良好。

起动发动机并将其转速逐渐升高，此时用万用表检测发电机“B”端子与发电机壳体间的电压，如万用表指示的电压高于发动机未起动时蓄电池的电压（12 V左右），说明发电机能发电，发电机“B”端子至蓄电池正极柱之间的线路断路。如电压为零或过低，说明充电系统出现故障，应按以下方法继续检查：

①断开钥匙开关，检查交流发电机传动带的挠度是否符合规定（5 ~ 7 mm），挠度过大应予以调整；如传动带的挠度正常，则继续检查。

②拆下调节器接线端子上的导线，接通钥匙开关，用万用表检测调节器接线柱上的导线电压，如电压为零，充电指示灯亮，说明仪表盘与调节器之间的线路搭铁出现故障，应予以检修或更换；如调节器接线柱上的导线电压等于蓄电池的电压，再继续检查。

③检查电刷与电刷弹簧、电刷与滑环接触是否良好，否则应予以检修或更换；如接触良好，再继续检查。

④检查调节器有无故障，如有则更换。

⑤检测发电机的定子绕组和转子绕组有无短路、断路、搭铁等故障；检测整流器有无故障；如有应予以检修或更换。

（3）充电指示灯时亮时灭

1）故障现象。接通钥匙开关和发动机正常运转时，充电指示灯时亮时灭。

2）故障原因。发电机传动带挠度过大而出现打滑现象；发电机个别整流二极管断路，一相定子绕组连接不良或断路，导致发电机输出功率降低；发电机电刷磨损过多；调节器调节电压过低；相关线路接触不良。

3）故障诊断与排除

①检查驱动带的挠度是否符合规定，如不符合规定，则调整。

②检查相关线路连接情况，如不正常，则需检修。

③拆下调节器和电刷组件总成，并按前述方法检查调节器和电刷组件，如不正常，则需检修或更换。

④检修发电机总成。

（4）蓄电池充电不足

1）故障现象。接通钥匙开关时充电指示灯能亮，发动机起动后和运转时充电指示灯也能熄灭，但蓄电池会很快出现亏电现象，并且起动发动机时起动机运转无力，夜间行车时前照灯灯光暗淡。

2）故障原因。发电机传动带过松或损坏；发电机输出端子“B”至蓄电池正极柱之间线路断路或导线端子接触不良；发电机电刷磨损过多，导致电刷与滑环接触不良；发电机电刷弹簧卡滞或弹力不足，导致电刷与滑环接触不良；调节器的调节电压过低或其内部电路有故障；发电机转子绕组短路，使磁场变弱而导致发电机输出功率降低；发电机整流器故障或定子绕组短路、缺相，导致发电机输出功率降低；蓄电池使用时间过长，极板硫化、损坏或活性物质脱落；全车线路中有导线搭铁而漏电。

3）故障诊断与排除

①检查蓄电池的技术状态是否良好，如使用时间过长或负载电压低于规定电压时，则需要更换蓄电池。

②检查传动带的挠度是否符合规定（标准值为 5 ~ 7 mm）。

③检查交流发电机“B”端子至蓄电池之间的线路是否断路或导线端子是否接触不良。

④拆下发电机总成，检查电刷组件，如电刷高度过低，则应更换新电刷；如电刷弹簧卡滞或弹力不足，应更换弹簧。

⑤检测调节器的调节电压，如调节电压过低或调节器损坏，应更换新品。

⑥如上述检查均良好，则分解检修发电机总成。

⑦断开所有电器开关，拆下蓄电池正极电缆端子，并在该端子与蓄电池正极柱之间

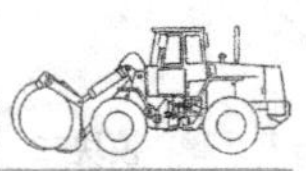

串接一块电流表，检测全车线路有无漏电现象。如有漏电，可将驾驶室内和发动机罩下熔断器盒上的熔断器逐一拔下，检查漏电发生在哪一条线路，然后进行排除。

二、挖掘机起动系统故障诊断与排除方法

起动系统的常见故障包括起动机不转、起动机转动无力、起动机空转和起动机运转不停等。

下面以无起动继电器起动控制电路为例分析起动系统的故障，其他起动系故障的诊断思路和方法大致相同。

1. 起动机不转

（1）故障现象

将点火开关旋至起动挡，起动机驱动齿轮不向外伸出，起动机不转。

（2）故障原因

1）电源故障。蓄电池严重亏电或极板硫化、短路等，蓄电池极柱与线夹接触不良，起动电路导线连接处松动而接触不良等。

2）起动机故障。换向器与电刷接触不良，励磁绕组或电枢绕组断路或短路，绝缘电刷搭铁，电磁开关线圈断路、短路、搭铁或其触点烧蚀等。

3）点火开关故障。点火开关接线松动或内部接触不良。

4）起动系统线路故障。起动系统线路中有断路、导线接触不良或松脱现象等。

（3）诊断流程

起动机不转的故障诊断流程如图 2—2—3 所示，本例电源电压为 12 V 系统。电源电压为 24 V 系统采用的流程相同。

2. 起动机转动无力

（1）故障现象

将点火开关旋至起动挡，起动齿轮发出“咔嗒”声向外移出，但起动机不转动或转动缓慢无力。

（2）故障原因

1）电源故障。蓄电池亏电或极板硫化、短路，起动电源导线接触不良等。

2）起动机故障。换向器与电刷接触不良，电磁开关接触盘和触点接触不良，电动机励磁绕组或电枢绕组有局部短路等。

（3）诊断流程

起动机运转无力故障诊断流程如图 2—2—4 所示。

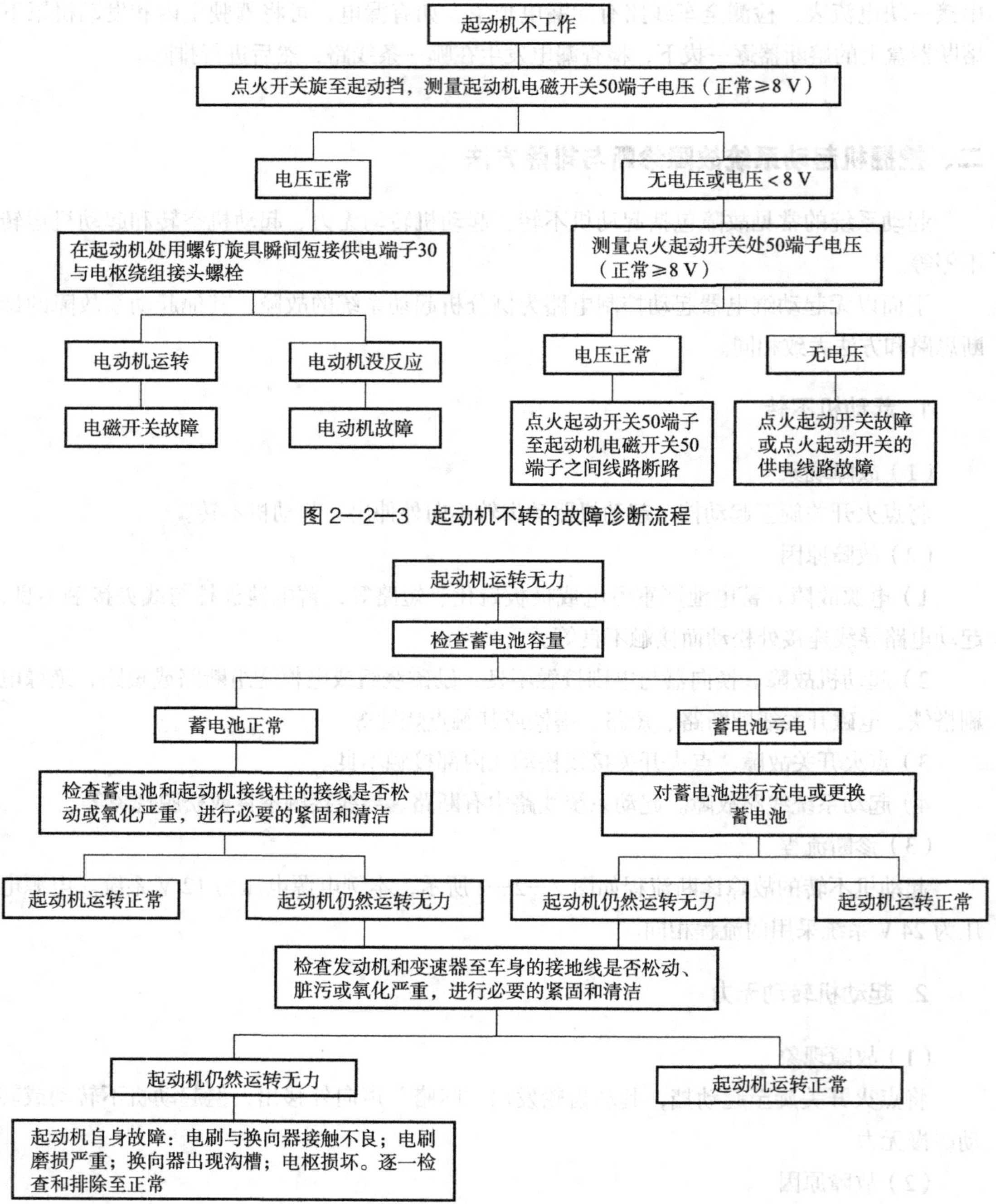

图 2—2—3　起动机不转的故障诊断流程

图 2—2—4　起动机运转无力故障诊断流程

3. 起动机空转

（1）故障现象

接通起动开关后，只有起动机快速旋转而发动机曲轴不转。

（2）故障原因

此现象表明起动机电路畅通，故障在于起动机的传动装置和飞轮齿圈等处。

（3）诊断流程

1）起动机空转时有较轻的摩擦声，起动机驱动齿轮不能与飞轮齿圈啮合而产生空转，即驱动齿轮还没有啮合到飞轮齿圈中，电磁开关就提前接通，说明主回路的接触行程过短，应拆下起动机，进行起动机接通时间的调整。

2）若在起动机空转的同时伴有齿轮的撞击声，则表明飞轮齿圈或起动机小齿轮的齿磨损严重或已损坏，致使不能正确地啮合。

3）起动机传动装置故障包括单向啮合器弹簧损坏、单向啮合器滚子磨损严重和单向啮合器套管的花键槽锈蚀等，这些故障均会阻碍小齿轮的正常移动，造成其不能与飞轮齿圈准确啮合等。

4）有的起动机传动装置采用一级行星齿轮减速装置，其结构紧凑，传动比大，效率高，但使用中常会因载荷过大而烧毁或卡死。有的采用摩擦片式离合器，若压紧弹簧损坏，花键锈蚀卡滞，摩擦离合器打滑，也会造成起动机空转。

4. 起动机运转不停

（1）故障现象

当接通起动开关时，起动机的活动铁芯产生连续不断的往复运动而发出“嗒嗒”声，称为“打机枪”现象。

（2）故障原因

1）蓄电池严重亏电或内部短路。

2）电磁开关保持线圈断路或搭铁不良。

3）起动继电器的触点断开，电压过高。

（3）故障诊断与排除

排除故障时，可先用万用表检测蓄电池电压，接通起动机时，其电压不得低于 9.6 V 或 19.2 V（12 V 系统或 24 V 系统）。如电压过低，说明严重亏电或内部短路，应予以更换。如蓄电池技术状况良好，接通起动开关时仍有“打机枪”似的“嗒嗒”声，则说明电磁开关保持线圈搭铁不良而断路，或起动继电器的断开电压过高，分别检修或更换电磁开关、起动继电器。

三、挖掘机照明、信号系统故障诊断与排除方法

1. 前照灯（臂灯、前照灯等）常见故障诊断与排除

挖掘机照明系统的故障常常表现为灯不亮、亮度不够等，进行故障诊断时，应先根

据照明电路检查那些极易引起故障的部位和原因，如接地不良、导线连接松动、熔断器烧断等，采用的方法为万用表测量法和试灯法。

前照灯的常见故障、产生原因及排除方法见表 2—2—2。

表 2—2—2 前照灯的常见故障、产生原因及排除方法

故障现象	产生原因	排除方法
前照灯不亮	熔丝烧断；灯光开关或变光开关故障；灯光继电器故障；线路有短路或断路故障；灯泡损坏	更换熔丝；检查灯光总开关、变光开关；检查灯光继电器；用试灯逐段检查断路故障；用拆线法检查短路故障；更换灯泡
前照灯暗淡	蓄电池电量不足；发电机不发电或输出电压低；线路连接不实或锈蚀	给蓄电池充电；检查发电机调节器及连接线路并排除故障；检查前照灯线路
灯泡经常烧坏	输出电压过高	检查发电机、调节器及连接线路，并排除故障

2. 电喇叭常见故障诊断与排除

（1）电喇叭的常见故障与诊断

1）喇叭不响

①故障原因。蓄电池充电不足而亏电；电路熔丝烧断；线路连接松脱或搭铁不良；喇叭继电器故障，如触点不闭合或闭合不良；喇叭本身故障，如线圈烧断，喇叭触点不能闭合或闭合不良，喇叭内部某处搭铁故障等。

②故障诊断流程如图 2—2—5 所示。

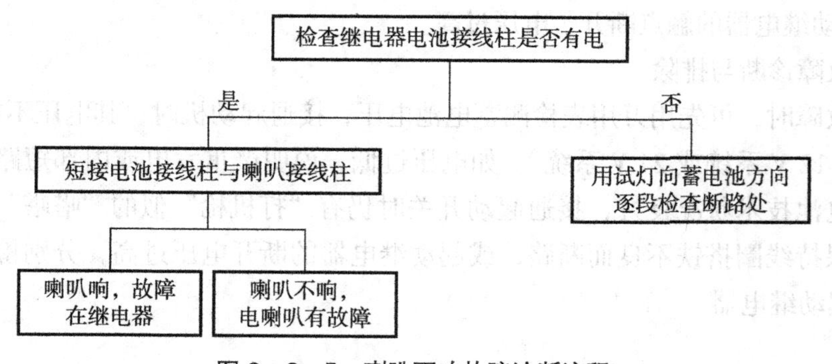

图 2—2—5 喇叭不响故障诊断流程

2）喇叭声音沙哑

①故障原因。蓄电池充电不足；喇叭固定螺钉松动；喇叭触点或继电器触点接触不良；喇叭衔铁间隙调整不当；振动膜、喇叭筒等破裂；喇叭内部弹簧片折断等。

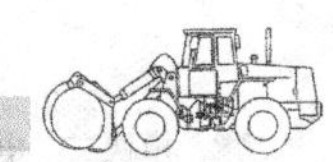

②诊断方法

a. 发动机未起动前，喇叭声音沙哑，但当发动机以中速以上速度运转时，喇叭声音恢复正常，则为蓄电池亏电；若声音仍沙哑，则故障可能是喇叭或继电器等。

b. 用旋具将喇叭继电器的接线柱 B 与 H 短接，若喇叭声音正常，则故障在继电器，应检查继电器触点是否烧蚀或因污物导致接触不良；若喇叭声音仍沙哑，则故障在喇叭内部，应拆下仔细检查。

3）喇叭耗电量过大

①故障现象。按下喇叭按钮，只发出“嗒”的一声或不响；夜间行车按喇叭时，灯光瞬间变暗，放松按钮后，灯光复明；继电器触点经常烧结在一起，导致喇叭长鸣。

②故障原因。音量调整螺母或螺钉松动，致使喇叭触点不能分开而一直耗电，且振动膜也不反复振动；喇叭衔铁间隙太小，导致触点不断开；触点间绝缘垫损坏而漏电；电容或灭弧电阻短路等。

③诊断方法。卸下喇叭盖，检查触点和继电器的绝缘情况，如没有问题，须进一步检查电容是否短路，消弧电阻是否断路，喇叭衔铁与铁芯之间的间隙是否过大。

（2）电喇叭的修理

1）喇叭线圈损坏。喇叭线圈损坏后，可重新进行绕制。绕制时的导线直径、匝数及电阻等必须与原线圈一致。

2）喇叭膜片破裂。喇叭膜片破裂时必须予以更换，双音喇叭中高音与低音的膜片厚度不同，薄的为低音，厚的为高音。

3）喇叭筒破裂。喇叭筒破裂时必须予以更换。喇叭筒也有高音和低音之分，高音喇叭筒比低音喇叭筒短，如螺旋形喇叭，其高音喇叭筒为 1.5 圈，低音喇叭筒为 2.5 圈。

4）灭弧电容或灭弧电阻损坏。灭弧电容损坏后必须予以更换，灭弧电阻损坏后可用直径为 0.12 mm 的镍铬丝（Ni80Cr20）重新绕制，其阻值应符合规定值。灭弧电阻绕好后，其两接线片必须铆接后再焊锡，电阻与底板一定要绝缘，下端的接线片应离底板 2 ~ 3 mm，以防短路。

5）触点烧蚀。触点表面严重烧蚀时，应拆下用油石打磨，但触点厚度不得小于 0.3 mm，否则应予以更换。

四、挖掘机仪表、报警系统故障诊断与排除方法

1. 传感器的检测

挖掘机作业时，若仪表盘上的仪表出现故障，首先应排除电路中传感器可能出现的故障。

（1）水温传感器的检测

1）常温时，用万用表测量水温传感器两输出端的阻值并记录。

2）将水温传感器置于不同温度的水中，并保持 3 min 后，测量两输出端的阻值，判断传感器的好坏。

通常传感器置于不同温度的水中时，两输出端的阻值应不相同。若温度变化时，所测的阻值无变化，则传感器有故障，需更换。

3）将传感器与标准水温表按图 2—2—6 所示连接，校核传感器的精度。

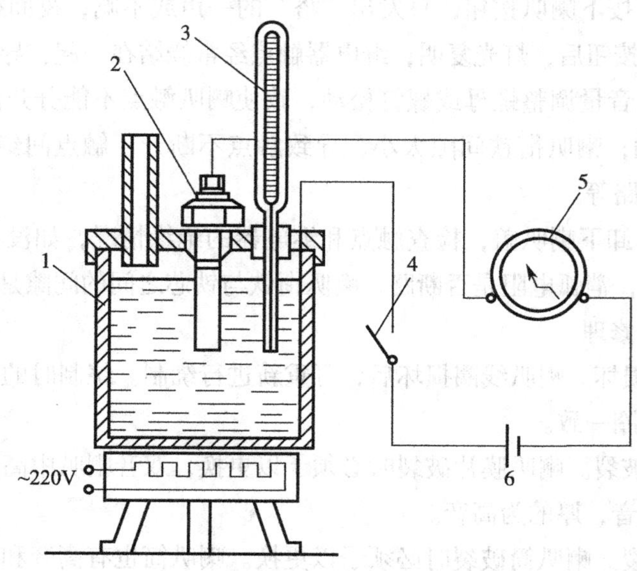

图 2—2—6 水温传感器检测示意图

1—热水槽 2—被检测的传感器 3—标准温度计 4—开关 5—标准水温表 6—蓄电池

①合上开关，将水槽中的水分别加热至 40℃和 100℃，保持 3 min，若标准水温表与标准温度计的指示值相同，则传感器良好。

②检测传感器的热敏电阻值是否符合规定，判断其好坏（如日产水温传感器，t=20℃时，R=2 ~ 3 kΩ；t=60℃时，R=0.4 ~ 0.7 kΩ）。

（2）转速传感器的检测

1）将传感器正确安装后，起动发动机，用万用表交流挡测量传感器两输出端的端电压。若有电压值，且电压随发动机转速的增加而增加，则传感器良好；若无电压，则传感器有故障，需更换。

2）检测发动机转速为 1 000 ~ 2 270 r/min 时转速传感器输出的交流电压值。通常电压值为 3 ~ 28 V 较合适，否则调整传感器前端与齿轮之间的间隙。

（3）燃油量传感器的检测

将转动浮子置于不同的位置，检测传感器两端子的阻值，看其是否变化。转动浮子

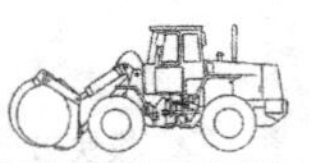

处于不同位置时，传感器输出的阻值应不同；若在不同位置所测的阻值为零或无穷大，则传感器有故障，需更换。

2. 仪表不指示的故障检测与排除

挖掘机作业时，若仪表盘上的仪表不工作或指示不准，需根据相应的电路检测传感器、报警开关、仪表、显示器、线路、接线端子电压等。常见故障如下：

（1）所有仪表都不指示

1）故障原因。熔断器、电源线、搭铁线断路或稳压器有故障。

2）排除方法。先用万用表检测熔断器、线路的通断及接线处是否松动或脱落，最后检查稳压器的输出是否有电；或用万用表检测含稳压器在内的元器件进线和出线有无电压。

（2）个别仪表不指示

1）故障原因。相应的仪表、传感器有故障，或对应的线路断路。

2）排除方法。以水温表为例，其故障排除流程如图 2—2—7 所示。

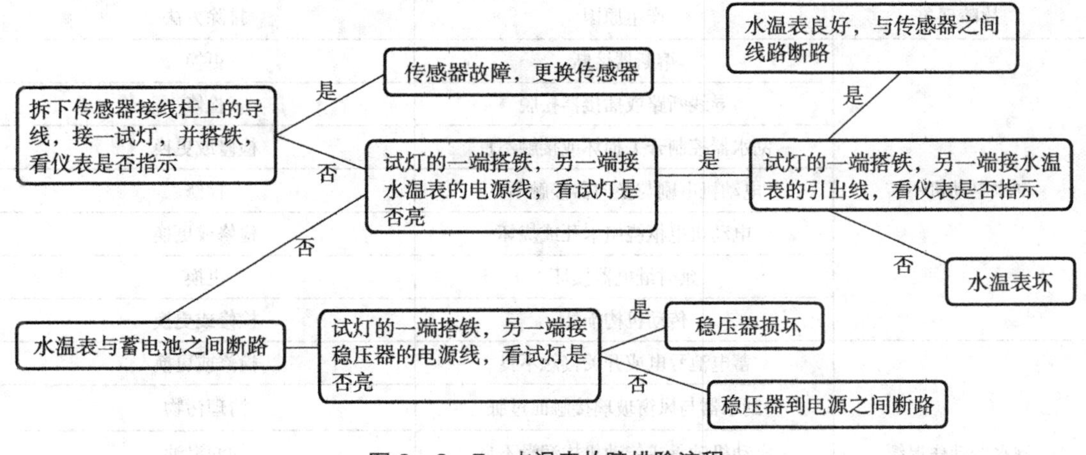

图 2—2—7　水温表故障排除流程

（3）仪表指示不准

当发动机正常运转时，冷却液的温度应在 80～95℃之间，油压力读数应为怠速时不低于 0.15 MPa，正常压力应为 0.2～0.4 MPa，最高压力不超过 0.5 MPa。若指示不准，则不能准确反映机械的工作情况。

1）故障原因。电路中的电气元件（如仪表、传感器、稳压器等）有故障，或线路搭铁不良。

2）排除方法。若多数仪表指示不准，检测稳压器、仪表的搭铁线；若个别仪表指示不准，检测相应的仪表和传感器，并分别对其进行校核。

（4）报警装置不指示

1）故障原因。熔断器、线路断路或报警传感器故障。

2）排除方法。所有的报警装置不指示，需检测熔断器、供电电源线路的通断及接线端是否松动或脱落；个别报警装置不指示，需检测报警传感器的好坏及相应线路的通断。

五、挖掘机辅助电气系统故障诊断与排除方法

1. 刮水器和洗涤器的故障诊断与排除

（1）刮水器常见故障与检修

刮水器的常见故障有刮水电动机不转、刮水器动作迟缓、雨刷停位不当、雨刷振动等，具体产生原因及排除方法见表 2—2—3。刮水电动机不转的故障诊断流程及排除方法如图 2—2—8 所示，刮水器动作迟缓的故障诊断流程及排除方法如图 2—2—9 所示。

表 2—2—3 刮水器常见故障产生原因及排除方法

故障现象	产生原因	排除方法
刮水电动机不转	熔断器熔断	更换
	导线断路或插接器松脱	检修
	刮水器控制开关损坏或接触不良	检修或更换
	电动机电刷与换向器接触不良	检修
	电动机电枢绕组卡死或烧坏	检修或更换
	延时继电器损坏	更换
	传动机构损坏	检修或更换
刮水器动作迟缓	蓄电池亏电或开关接触不良	检修或更换
	刮水器与风窗玻璃接触面过脏	清理污物
	电动机轴承或传动机构润滑不良	加润滑油
	电动机电刷接触不良	更换电刷或弹簧
	电枢绕组短路或搭铁	检修或更换
刮水器停位不当	停位触点接触不良	检修触点
	传动机构磨损或变形	检修或更换
	电动机停位装置损坏	检修
刮水器振动	风窗玻璃过脏	清洗风窗玻璃
	刮水器上的刮片损坏	更换刮片
	刮片的倾角不对	重新调整倾角
	传动机构故障	检修或更换

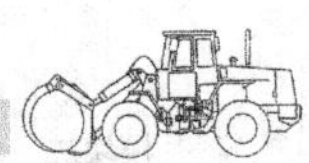

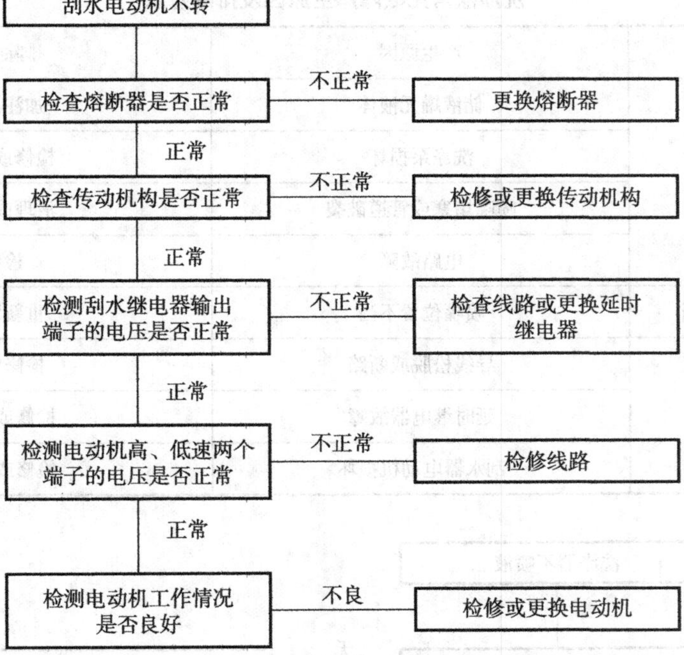

刮水电动机不转

检查熔断器是否正常 —不正常→ 更换熔断器

正常

检查传动机构是否正常 —不正常→ 检修或更换传动机构

正常

检测刮水继电器输出端子的电压是否正常 —不正常→ 检查线路或更换延时继电器

正常

检测电动机高、低速两个端子的电压是否正常 —不正常→ 检修线路

正常

检测电动机工作情况是否良好 —不良→ 检修或更换电动机

图 2—2—8　刮水电动机不转的故障诊断流程及排除方法

刮水器动作迟缓

刮片与风窗玻璃接触面状况 —不正常→ 清洗污物或更换刮片

正常

检查传动机构是否正常 —不正常→ 检修或更换传动机构

正常

开前照灯检查蓄电池电压是否正常 —不正常→ 蓄电池充电或更换

正常

检查控制开关 —不正常→ 检修或更换控制开关

正常

检查电动机 —不良→ 检修或更换电动机

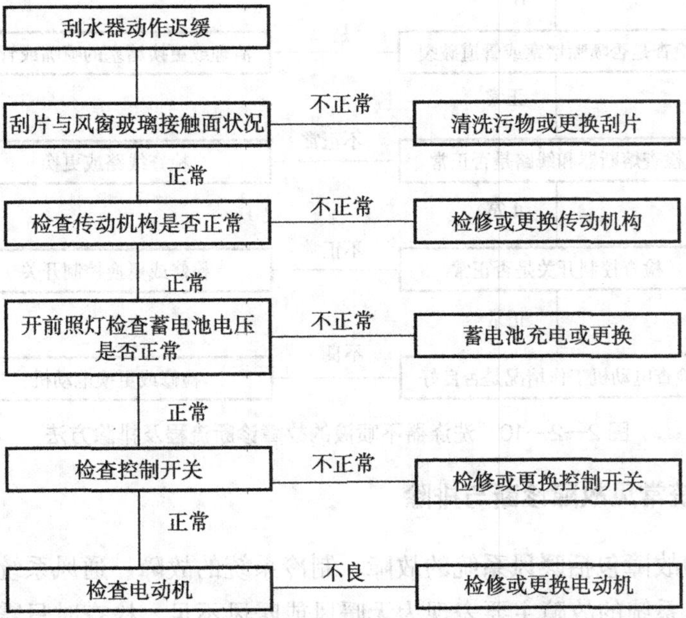

图 2—2—9　刮水器动作迟缓的故障诊断流程及排除方法

（2）洗涤器常见故障与检修

洗涤器的常见故障有不喷液、喷射方向不适当、刮水器不工作等，具体产生原因及排除方法见表 2—2—4。不喷液的故障诊断流程及排除方法如图 2—2—10 所示。

表 2—2—4 洗涤器常见故障产生原因及排除方法

故障现象	产生原因	排除方法
不喷液	储液罐无液体	加注液体
	洗涤泵损坏	检修或更换
	喷嘴堵塞或管道破裂	清理或更换
	电路故障	检修
喷射方向不适当	喷嘴位置不当	重新调整
刮水器不工作	导线松脱或断路	检修电路
	延时继电器故障	检修或更换
	刮水器电动机损坏	检修或更换

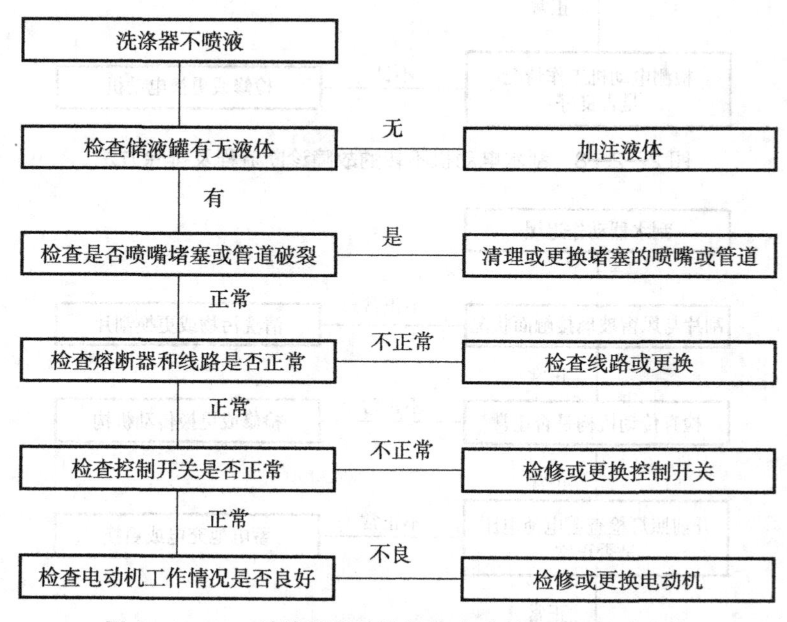

图 2—2—10 洗涤器不喷液的故障诊断流程及排除方法

2. 空调系统常见故障诊断与排除

空调系统的故障包括暖风系统的故障、制冷系统的故障、通风系统的故障等，其中暖风系统和通风系统的故障主要表现为无暖风或暖风不足，检查时只需检查风道是否堵塞，暖风水路是否正常，风道中各种风门工作是否正常，故障部位比较直观，此处不再赘述。制冷系统的故障较为复杂，故障的表现主要是不制冷或制冷不足，故障的原因可以分为制冷循环系统故障和电气控制系统故障，下面分别介绍制冷系统的不制冷、制冷不足、空调系统异响或振动等故障。

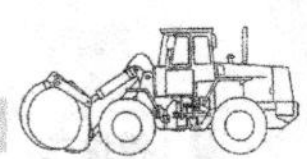

（1）不制冷

1）故障现象。起动发动机并稳定在 1 500 r/min 左右运行 2 min，打开空调开关及鼓风机开关，冷气口无冷风吹出。

2）故障原因

①熔断器熔断，电路短路。

②鼓风机开关、鼓风机或其他电气元件损坏。

③压缩机传动带过松、断裂、密封性差或其电磁离合器损坏。

④制冷剂过少或无制冷剂。

⑤储液干燥器（或积累器）、膨胀阀滤网（或膨胀管）、管路或软管堵塞。

⑥膨胀阀感温包损坏。

3）故障诊断流程如图 2—2—11 所示。

（2）制冷不足

1）故障现象。空调系统长时间运行，车厢内温度下降，但吹风口吹出的风不冷，没有清凉、舒适的感觉。

2）故障原因。当外界温度为 34℃左右，出风口温度为 0～5℃，此时车厢内温度应达到 20～25℃。若达不到此温度，说明空调系统有问题，产生故障的主要原因如下：

①制冷剂注入量太多，引起高压侧散热能力下降，导致制冷效能不良。

②制冷剂和冷冻机油脏污，使储液干燥器膨胀阀发生堵塞，导致通向膨胀阀的制冷剂流量下降，制冷不足。

③制冷剂和冷冻机油中水分过多，导致膨胀阀节流孔出现冰堵，制冷能力下降。

④系统中含空气过多，使冷凝器散热能力下降。

⑤由于压缩机密封不良而漏气、传动带松弛而打滑、电磁离合器打滑等导致压缩机的排气温度和压力降低，制冷不足。

⑥冷凝器表面污垢太多、冷凝器变形等导致冷凝器散热能力降低。

⑦膨胀阀开度调整过大，蒸发器表面结霜，膨胀阀感温包包扎不紧或外面的隔热胶带松脱，造成膨胀开度过大，导致系统制冷不足。

另外，膨胀阀开度过小，使流入蒸发器的制冷剂量减少；送风管堵塞或损坏；温控器性能不良，使蒸发器表面结霜，冷风通过量减少；鼓风机开关、变速电阻、鼓风机电动机、继电器、线路等工作不良，均会导致制冷不足。

3）故障诊断流程如图 2—2—12 所示。

（3）空调系统异响或振动

1）故障现象。空调系统进行工作时发出异常的声响或出现振动。

2）故障原因

①压缩机传动带松动或磨损过度，带轮偏斜，传动带张紧轮轴承损坏等。

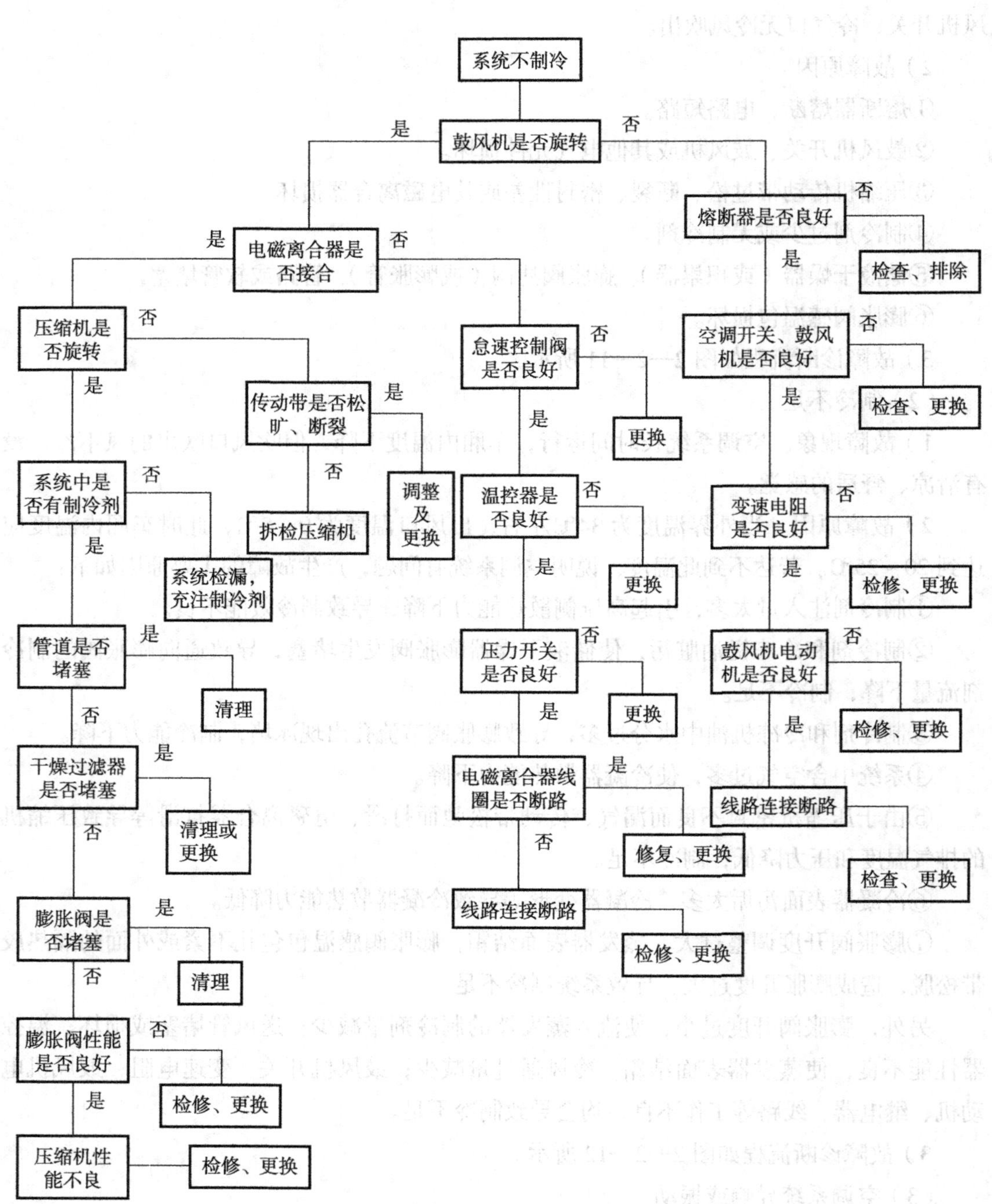

图 2—2—11 系统不制冷故障诊断流程

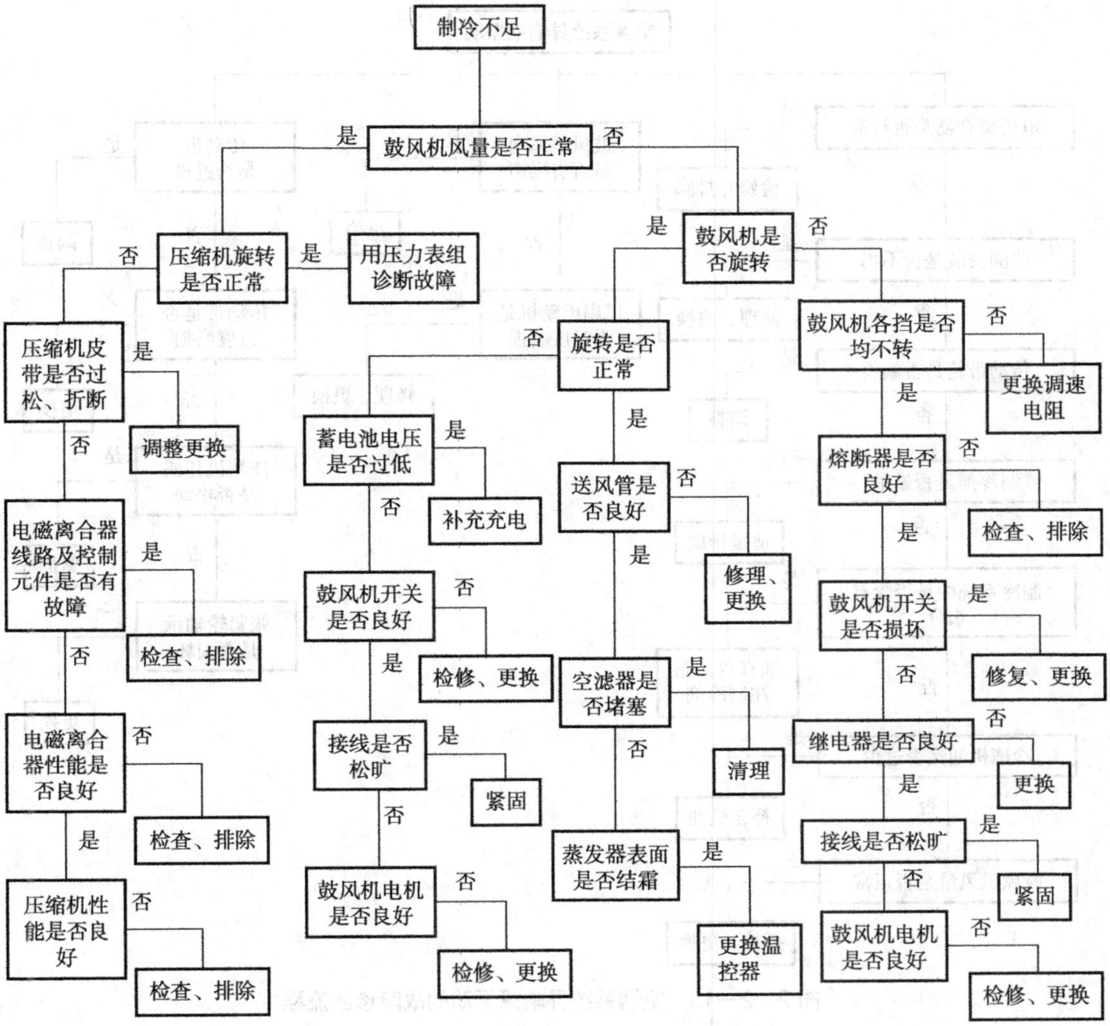

图 2—2—12　系统制冷不足故障诊断流程

②压缩机安装支架松动或压缩机损坏。

③冷冻机油过少，使配合副出现干摩擦或接近干摩擦。

④由于间隙不当、磨损过度、配合表面油污、蓄电池电压低等原因造成电磁离合器打滑。

⑤电磁离合器轴承损坏，线圈安装不当。

⑥鼓风机电动机磨损过度或损坏。

⑦系统制冷剂过多，工作时产生噪声。

3）故障诊断流程如图 2—2—13 所示。

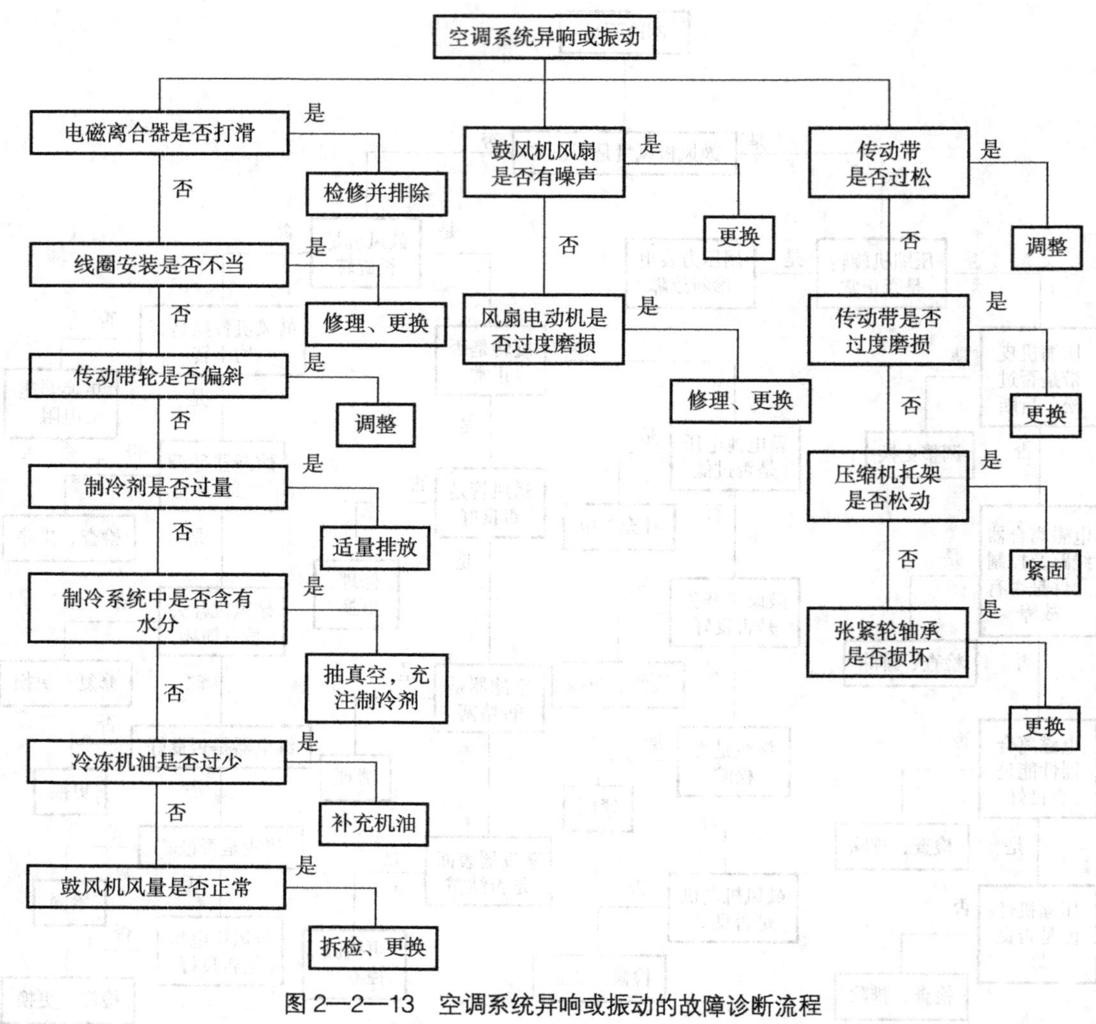

图 2—2—13 空调系统异响或振动的故障诊断流程

模块三 动力系统常见故障维修

动力系统故障是最常见的挖掘机故障之一。本模块从挖掘机动力系统的常见故障维修进行讲解，主要学习挖掘机发动机曲柄连杆与配气机构的故障维修、发动机进排气和燃油供给系统的故障维修、发动机润滑与冷却系统典型故障维修、发动机综合故障的分析。通过学习，应熟悉动力系统常见故障诊断与排除方法。

课题 1 发动机曲柄连杆与配气机构故障维修

学习目标

1. 熟悉发动机曲柄连杆机构及配气机构故障的主要原因。
2. 熟悉发动机曲柄连杆机构及配气机构故障案例的诊断与排除方法。

一、发动机曲柄连杆机构常见故障的主要原因

曲柄连杆机构由活塞组、连杆组、曲轴和飞轮组等组成。常见故障有拉缸、气缸套磨损、活塞敲缸、活塞烧蚀、活塞环损坏、气缸体和缸盖裂缝、轴瓦失效、气缸垫损坏等。

1. 拉缸故障诊断

拉缸是指气缸与活塞或活塞环相对运动时表面形成严重损伤，一般多发生在新机或大修后的初期。

（1）拉缸现象

气缸拉伤后，在气缸壁上沿活塞运行的方向出现一条条深度不等的沟纹。同时，润滑油可能窜入燃烧室，排气管中有蓝黑烟排出，并造成燃烧室大量积炭。可燃气体漏入曲轴箱内，严重时润滑油加油口出现“喘气”现象，并窜出油烟。同时，柴油机活塞有敲击声，柴油机的功率不足。

（2）拉缸原因

如果柴油机处于高温状态下工作，在温度的影响下活塞的几何尺寸在不断地变化，温度越高，活塞比气缸膨胀更为严重，工作状态时的间隙越小，润滑油膜的形成条件越差，产生的摩擦热量越大，膨胀量会进一步增大，如此恶性循环就会造成拉缸，甚至抱死而烧毁活塞。

影响柴油机工作温度的主要因素是柴油机冷却系统的效率，所以，在柴油机的使用及维修中要保证冷却系统对柴油机的温度有可靠的控制能力。

另外，喷油时间过早、混合气过稀都会使柴油机的温度升高，甚至造成活塞顶部烧蚀或拉缸。混合气过稀，燃烧速度缓慢，温度升高，燃烧积炭而使活塞顶部形成局部着火现象，导致温度进一步升高，使活塞在气缸内的工况变差，严重时将烧毁活塞而拉缸。

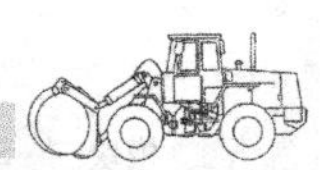

2. 气缸套磨损故障诊断

（1）磨损现象

正常使用的气缸磨损状况是不均匀的，工作表面在活塞运动区域内的磨损沿纵断面方向呈上大下小的不规则倒“锥形”，磨损的最大处是第一道活塞环在上止点位置时所对应的气缸壁，如图3—1—1所示。从气缸的横断面看，磨损后失去原来的正圆形状，由于活塞环接触不到气缸上口，使得气缸上口处几乎没有磨损，所以形成了“台肩”。

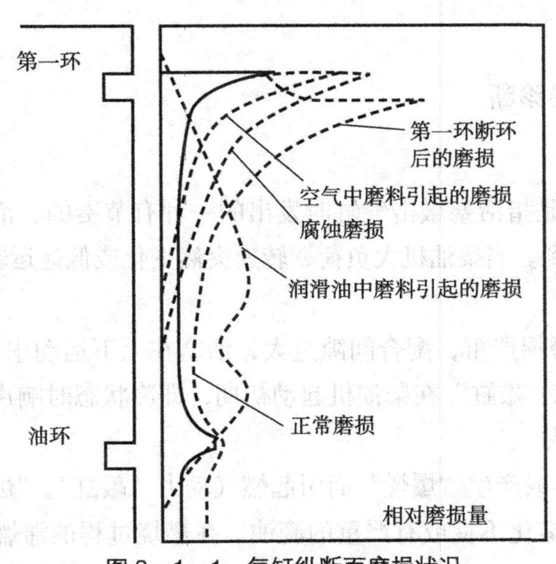

图3—1—1　气缸纵断面磨损状况

（2）磨损原因

1）使用环境恶劣。如风沙和粉尘严重、空气滤清不良、滤芯破损或进气管路短路，致使很多沙土吸入气缸，在气缸壁间形成严重的磨料磨损。因此，空气滤清器应及时保养，维护滤清器的正常工作是降低气缸磨损的关键。

2）润滑油使用不当。所用润滑油的牌号规格不对，润滑油过稀或过稠及油压力不足，致使气缸润滑不良。

气缸上部处于半干摩擦或干摩擦状态，润滑不良将加剧磨损；润滑油滤清器过脏，又未及时保养及清洁，致使过脏的润滑油旁通，或者加注润滑油时尘土或杂质混入油底壳内，也会加剧磨损。

3）冷车起动后立即带负荷工作，摩擦表面润滑不足。

4）长时间不能保持正常的工作温度，具体情况如下：

①温度过高，气缸强度降低，润滑油变稀，造成气缸咬合磨损，甚至酿成“胀缸”事故。

②温度过低，润滑油黏度高，油膜不易形成，且气缸内可燃混合气燃烧后产生水蒸

气和酸性氧化物，生成矿物酸和有机酸，附着在气缸壁上，当柴油机低温频繁起动和燃烧不完全时更易生成酸性物质，造成气缸严重的腐蚀磨损。

实践及试验证明，当气缸壁温度低于50℃时，气缸磨损量是90℃时的4倍。

5）装配及维修不当。装配气缸套时过盈量过大，缸套上平面高出缸体量过多，会造成气缸套局部变形，当柴油机高温、大负荷运转时，气缸因热变形加剧，当热变形超过某一限度时，会使活塞环与气缸的适应性变差，加速气缸、活塞环的磨损。维修中活塞环端隙、侧隙修配不当，活塞环受热膨胀后卡死在气缸内，活塞环端口锉修后有飞边等原因均会加剧磨损。

3. 活塞敲缸故障诊断

（1）敲缸现象

柴油机“敲缸”是指活塞敲击气缸时发出的一种有节奏的、清晰的“咣当”声，一般在柴油机附近能听到。当柴油机大负荷、转速突然变化或低速运转时，声音更明显。

（2）敲缸原因

1）活塞与气缸磨损严重，配合间隙过大，活塞在上下运动中发生摆动，撞击缸壁，属机械“敲缸”。机械“敲缸”在柴油机起动初期，即冷状态时响声明显，柴油机温度升高后，响声减弱或消失。

2）喷油时间过早或产生“爆燃”而引起燃气动力“敲缸”。“爆燃”是由于个别缸喷油器喷油压力过低，雾化不良或有严重的滴油，在燃烧过程的滞燃期积聚过多燃油而产生的。燃气动力“敲缸”不随柴油机的温度改变而变化，当整机供油提前角太大时，振动和噪声还会加剧。

4. 活塞烧蚀故障诊断

（1）活塞烧蚀现象

活塞烧蚀的外部特征一般为柴油机异响，振动加剧，曲轴箱排气明显增大，运转中突然出现排气冒白烟现象，且有润滑油从排气管中排出。

拆检柴油机后的内部特征如下：早期轻微烧蚀后，第一道活塞环上部出现蜂窝眼；晚期严重烧蚀后，第一道活塞环槽断裂或活塞烧缺。

随着柴油机的使用，这一现象进一步扩大，最后恶化到活塞环槽脱落和活塞产生碎块，甚至烧熔。异物受活塞往复撞击摩擦会拉伤缸套，或导致缸盖底平面、气门和喷油器等破损，碎块进入排气道和增压器，并可能打坏增压器废气涡轮。

（2）活塞烧蚀原因

1）冷却不足。冷却系统故障，例如，水泵因磨损而泄漏，传动带松动、断裂，散热器和冷却水道的水垢胶结严重，节温器卡死或动作值偏移等，均使柴油机得不到及时

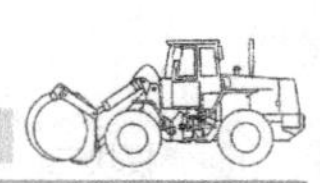

冷却，活塞、缸套始终处于高温状态而烧蚀。冷却器喷嘴堵塞也是造成活塞烧蚀的重要原因。

2）空气滤清器滤芯脏堵。空气滤清器滤芯堵塞会导致进气量减少，无法满足喷入缸内的柴油完全燃烧的需要而形成后燃，使柴油机冒黑烟，气缸内温度过高。

3）全负荷工作时突然停机。若柴油机在全负荷工作时突然停机，冷却系统随之停止工作，则活塞可能因热量无法正常散出而局部烧蚀。

4）润滑不当。润滑油选择不当或润滑系统故障，会使磨损加剧或燃烧室润滑油和积炭增多而导致活塞拉缸或烧蚀。

5）排气背压大。若消声器堵塞造成排气不畅，会有高温燃气在缸盖等处积聚，使燃烧室部件长期处于高温状态，从而造成活塞烧蚀。

6）燃油系统故障。喷油量过大或雾化不良，造成积炭和缸内异常高温，严重时使活塞烧蚀。喷油提前角不正确，PT 燃料系统 STC 阀柱塞磨损或卡死，以及 STC 润滑油油路泄漏等，都将导致喷油正时紊乱，燃烧不好，活塞积炭及高温烧蚀。

7）其他。缸套和活塞腐蚀、气蚀破坏；因制造缺陷形成疲劳源而导致疲劳损坏；活塞顶隙调整不当，使柴油机压缩比发生变化等原因也会导致拉缸或活塞烧蚀。

5. 活塞环损坏故障诊断

活塞环工作条件恶劣，如果使用、维护及装配不当，常造成活塞环损坏，直接影响柴油机的使用可靠性和寿命。

（1）偏向磨损

1）现象。活塞环上、下端面与环槽的磨损较小，单侧或在圆周面上有厚度不均匀的磨损；活塞环滑动面上因咬合磨损而产生纵向划痕；活塞环与活塞顶部有窜气的痕迹。

2）原因。活塞在气缸中的位置不正。其主要影响因素包括：新机或大修后的柴油机磨合不足；气缸套因受热不均匀而局部变形以及气缸套装入缸体位置不正；连杆弯曲、扭曲严重；曲轴轴向间隙过大等。

（2）过度磨损

1）现象。活塞环上、下端面有周向划伤且磨损严重，活塞环发乌；滑动面四周有细小的纵向划痕；油环及活塞环槽回油孔周围有大量油泥。

2）原因。造成活塞环过度磨损的直接原因是运行管理及维护、保养不当。主要影响因素包括：空气滤清器滤清质量差；润滑油型号不符合要求，严重污染，润滑不良；燃料中有水或杂质较多；喷油器喷油质量差；柴油机经常在大负荷、低温状态下工作。

（3）工作面擦伤

1）现象。活塞环单侧或周向接触面上有纵向沟槽，接触面发生金属剥离及纵向大面积严重划伤，工作面擦伤与粘环现象往往同时存在。

2）原因。造成活塞环擦伤的直接原因是活塞环与气缸间的油膜遭到破坏，主要影响因素包括：活塞与气缸配合间隙过小；柴油机长期在高温状态下工作；装配气缸套或紧定缸盖的方法不当而引起气缸套变形；润滑油不足或污染严重；柴油机燃烧不正常。

（4）折断

1）现象。第一道气环以及油环断裂较多；活塞环工作面有条纹状拉痕现象；断口经常发生在开口两侧的高位区。

2）原因。造成活塞环断裂有环本身质量的原因，也有其他原因。主要影响因素包括以下几点：

①柴油机工作过热，因热膨胀致使开口端相碰造成折断。

②过度磨损、偏磨。

③选用的机油黏度过低或过高。

④活塞环选配、安装方法不正确。

⑤活塞环与气缸之间的配合间隙过小。

（5）活塞环黏结

1）现象。活塞环与活塞环槽处有大量的油泥、积炭和胶质，活塞环滑动面上呈现擦亮的光泽；活塞环弹力不足，尤其是气环更为严重；活塞环滑动面上有纵向严重划痕。

2）原因。造成粘环的直接原因是活塞环被油泥堆积物、积炭黏结以及活塞环因变形而卡滞。其主要影响因素如下：

①活塞环及环槽严重变形，活塞环侧隙、背隙过小，使环卡死在环槽内。

②柴油机过热或经常超载工作，使润滑油产生高温胶质。

③润滑油污染严重，润滑油质量差，润滑油上窜。

④喷油器喷油质量差及经常爆燃等。

6. 气缸体和缸盖裂缝故障诊断

由于气缸体和气缸盖结构复杂，如果使用不当，容易产生裂缝，而且修复困难。主要原因包括以下几点：

（1）水箱开锅时突然加冷却液

由于当水冷式柴油机的散热器开锅时，冷却液大量蒸发，特别是位于柴油机上部的缸盖更易因缺水而温度急剧上升，如果此时突然加冷却液，缸盖会因骤冷而产生裂缝。正确方法是让柴油机低速运转一段时间，待温度下降、冷却液不再沸腾时，方可添加冷却液。

（2）柴油机干起动后再加冷却液

由于有些水冷式柴油机长期使用后，起动性能较差。在寒冷的冬季，由于难起动，驾驶员常采取干起动后再加冷却液的错误办法。缸内燃油燃烧时，若水道内无冷却液冷

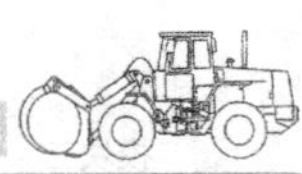

却，缸盖和缸套局部温度过高，此时如果加入冷却液，会因局部突然收缩而产生裂缝。因此，当气温很低时，可采取给散热器加热水，将润滑油预热，用热水浇泼喷油泵和喷油器，以及喷射起动液等辅助方法来帮助柴油机起动。

（3）水套穴蚀

穴蚀是指快速运动或振动的表面及其附近因压力和温度变化，引起真空小气泡突然破裂而剥离金属材料表面层的腐蚀现象。气缸在水套部位的严重穴蚀可以导致气缸破裂。

（4）柴油机过热

柴油机长时间超负荷工作，冷却系统散热不良，供油时间过迟、喷油泵供油量过大或冷却系统渗漏而使柴油机缺水运行，以及涡轮增压器转速下降等原因，都会使柴油机长时间处于过热状态，缸盖和机体也容易产生裂缝。应针对上述不同情况采取相应措施，使柴油机在正常温度下运转。

（5）缸盖安装不正确

经长期使用后，缸盖会逐渐产生翘曲变形，必须进行修磨，使其平面度允差恢复；否则，不但会因漏气而冲坏缸垫，同时可燃气外泄也会使缸盖局部过热，并容易产生裂缝。另外，缸盖螺栓要按规定拧紧，以确保缸盖密封。在缸套装配过程中，若没有严格按照装配工艺规范，强行装合，易使缸体内部积聚过大的残余应力，产生裂纹。

7. 轴瓦失效故障诊断

（1）现象与判断

1）烧瓦。烧瓦是指曲轴的主轴颈与主轴瓦之间或连杆轴颈与连杆轴瓦之间因缺少润滑油润滑而咬死。

柴油机工作时，如果突然在曲轴箱听到一种“唧唧”的响声，好像在缺乏润滑油的情况下用大钻头在材质坚硬的钢件上钻孔时所发出的声音，这一般是缺油而发生烧瓦的前兆。同时出现以下三种情况时，一般可判断柴油机的轴瓦已烧坏：润滑油温度急剧升高达 90℃以上，润滑油压力原来正常后又突然大幅度下降，拆开机油滤清器或清洗油箱底壳时发现许多轴瓦合金碎末。

烧瓦常常与“抱轴”同时出现，轴瓦在运转中出现了不应有的剥离、龟裂、烧损、黏结和严重拉伤等现象，轻者需要更换轴瓦及连杆活塞组，重者会使柴油机曲轴颈严重拉伤，甚至还会使曲轴、机体报废。造成柴油机烧瓦抱轴的原因虽然是多方面的，但归根到底是其润滑条件被破坏，引起摩擦性质改变成咬合磨损。

2）疲劳剥落。疲劳剥落是由于交变负荷及其作用周次超过材料本身所能承受的极限而发生的损坏现象。

出现疲劳剥落的轴瓦工作表面出现微裂纹，进而向纵深和横向扩展，裂纹相互连通时，轴瓦表面层剥落形成不规则的剥落坑。实际使用中，若瓦背垫有异物，造成局部应力集中，也是引起疲劳剥落的原因。合金脱落会导致轴颈和轴瓦配合间隙增大、润滑油压力下降及出现响声（敲击声）。

3）划痕。划痕是指轴瓦表面沿圆周方向出现连续或断续的沟线，轻微的划痕并不影响柴油机正常工作，严重的划痕使轴瓦承载面积显著减少。

4）异物嵌入。所谓异物嵌入，是指外来颗粒全部或部分嵌入合金层。异物混入润滑油后，在工作负荷作用下被压入合金层。细小颗粒全部嵌入合金层时，通常不会使轴瓦失效，但大于 0.3 mm 的颗粒将不能被合金层全部嵌藏。

5）轴瓦穴蚀。轴瓦穴蚀是因润滑油中形成大量细小的润滑油蒸气泡被挤压破裂而产生很大的爆破力，冲击轴瓦表面形成凹坑。蒸气泡的形成是由于轴瓦承受的载荷发生波动或波动幅度增加及油中含水或夹带空气所致。

6）擦伤。擦伤是因瞬时缺润滑油，油膜破裂而造成轴瓦的工作表面与轴颈表面直接接触，从而导致的一种热损坏，其特征为轴瓦和轴颈表面出现擦伤的斑痕，属较为严重的咬合磨损。

（2）轴瓦失效的原因

1）油底壳内润滑油量不足或机油油路不畅通，机油泵不能正常供油或润滑油压力过低，导致润滑不良。

2）润滑油的等级不符合要求，润滑油变质、过脏；气缸套的防水橡胶密封圈失效，导致冷却液渗漏到油底壳。

3）轴颈和轴瓦的间隙不符合标准。该间隙影响润滑油膜的形成：间隙过小，则润滑油不易进入轴颈和轴瓦的摩擦表面，无法形成润滑油膜；间隙过大，轴颈与轴瓦间的振动和撞击增大，导致润滑油膜破裂。

4）柴油机刚起动，特别是冬季，润滑油还没有进行充分润滑时，就以很高的速度并满负荷工作，或频繁起动，长时间怠速运转等。

5）柴油机长时间超负荷、超转速运转，使得机体温度高，润滑油黏度下降，不易形成正常的润滑油膜；交变载荷及作用周次超过了轴瓦材料极限；载荷波动或波动幅度增加，使润滑油气泡破裂。

6）使用、维护和装配不当，轴颈表面有飞边以及装配时未清洗干净。

在排除机件本身故障的同时，还要特别注意查找、分析引起故障的原因，如轴瓦失效是由于润滑油压力低、缺润滑油，还是油道有脏堵、油流不畅等原因所致，只有查找到引发故障的最终原因并排除后，才能保证柴油机可靠工作，以免更换轴瓦后再次发生同类故障。

8. 气缸垫损坏故障诊断

气缸垫损坏俗称“冲缸垫”，气缸垫损坏将导致气缸密封不严，并同时出现漏水、漏

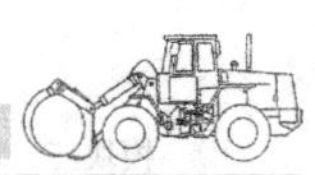

油、漏气的“三漏”现象。压缩比大、功率高、高增压的进口柴油机气缸垫烧损现象更为突出。

（1）损伤部位

1）相邻两缸过梁处烧损

①现象。柴油机运转中动力突然下降，转速明显降低，机体抖动严重且排气管有轻微放炮现象；柴油机熄火后起动困难或怠速时极不稳定。

②判断。使柴油机在怠速稍高转速下运转，然后分别拆下相邻两缸喷油器高压油管试听，若柴油机转速和抖振无明显变化，且排气管放炮声明显减弱或消失，则可初步判断该相邻两缸过梁处气缸垫烧损。进一步拆下相邻两缸的喷油器，取一根塑料软管插入喷油器孔中，沿软管充入无毒烟雾，若另一喷油器孔冒烟，则证明相邻两缸的气缸垫烧损严重。

2）气缸口与气缸垫边缘损伤

①现象。柴油机动力下降，加速迟缓，怠速时转速不稳，机体抖动严重，烧损严重时在气缸中上部出现有节奏的“嚓嚓”声。

②判断。一是采用“单缸断油法”，即在响声明显时分别拆下各缸高压油管，若此时某缸响声下降或消失，则此缸的气缸垫可能已烧损。二是在缸盖与缸体接缝处均匀涂些润滑油，若有气泡出现，表明此处气缸垫烧损。

3）气缸口与气缸盖螺栓孔之间的气缸垫损坏

①现象。怠速不稳，气门罩盖处有轻微“嚓嚓”声，气缸螺栓（母）经常松动，气缸盖上端螺栓孔周围及螺栓上有积炭沉积。

②判断。在螺栓孔周围均匀涂上润滑油，突然使柴油机加速，若有气泡出现，证明此处气缸垫可能烧损。

4）气缸口与润滑油道之间有损坏

①现象。润滑油压力不稳定，油温升高过快，润滑油中有气泡，颜色变浅并有柴油味，润滑油消耗及氧化变质加快，低温时排气管有大量蓝烟排出。

②判断。一是使柴油机转速突然升高，若润滑油压力不稳且指针抖动，表明气缸垫可能烧损。二是采用单缸断油法，即在中、高速时分别拆下各缸喷油器试验，若某缸喷油器孔内有润滑油喷出，则证明该缸与润滑油道间气缸垫烧损。三是拔下机油尺检查润滑油消耗量，将润滑油的消耗量与正常值进行比较。

5）气缸口与冷却水道之间烧损

①现象。水温突然升高，运转沉闷，动力下降，冷却液消耗过快，排气管有白烟排出，用手接近排气管消声器出口处，发现手上有水珠。加速时散热器加水口有水泡或冷却液外窜，怠速时排出的废气呈淡黄色，曲轴箱油面升高，润滑油乳化现象严重，并有大量的冷却液进入气缸，无法起动。

②判断。一是拔出机油尺，观察润滑油油面是否升高，润滑油中是否有水，润滑油颜色是否发白。二是将散热器加满水，突然使柴油机加速，若散热器加水口有水泡或冷却液外窜，则说明气缸垫烧损。三是拆下进气管，用棉纱等物堵塞各缸进气口，加速的同时散热器加水口处的水泡或冷却液外窜现象会减弱或消失，进一步证明此气缸垫已烧损。

（2）原因

1）内燃机经常超负荷工作，由于气缸内的局部压力和温度过高，容易“冲缸垫”。柴油机操作及使用方法不当，如经常空负荷急加速，高温频繁熄火等。

2）柴油机供油过早，导致工作粗暴而“冲缸垫”。

3）气缸体及气缸盖因高温而变形，造成相邻气缸互相窜气，严重时容易烧坏气缸垫。

4）气缸盖螺栓拧紧度不一致，没有按照一定顺序分几次拧紧或转矩不符合规定，引起变形，造成气缸垫损坏。

5）气缸垫自身质量较差，气缸垫包边不紧或者铜皮内的石棉铺置不均匀，特别是燃烧室周围处铺置不均匀时，最易冲坏气缸垫。

二、曲柄连杆机构故障维修案例

1. 康明斯 C 系列柴油机烧瓦抱轴

（1）故障现象

一台挖掘机用康明斯 C 系列柴油机，在严寒条件下，起动运转不到 15 min 突然熄火，并且再无法起动。此时，计时器显示柴油机累计工作时间为 1 480 h。

（2）故障查找及分析

盘车发现无法转动柴油机飞轮，说明柴油机或柴油机之后的机械部分阻力过大。据此分析，可能发生故障的部位有柴油机、主油泵两处。柴油机的故障可能是气缸中进入硬物，使活塞不能运动；烧瓦抱轴；正时齿轮卡死等。主泵的故障可能是液压泵零件损坏，阻碍驱动齿轮转动。

排查时先拆下液压泵，用手转动液压泵动力输入驱动齿轮，如液压泵运转平稳、无卡阻，可判定故障不在液压泵。此时，仍撬不动柴油机飞轮，可判断故障部位在柴油机上。

放出柴油机的润滑油并过滤，发现油中有较多的磨屑，但不能确定磨屑的出处。将柴油机吊下，拆检柴油机时发现油底壳内有两片半圆环（此环为曲轴止推片，共 4 片，用于曲轴的轴向定位），另外两片也已磨损、烧蚀并黏结于曲轴上。第 7 道主轴颈严重烧蚀、抱轴，曲轴不能转动，各道轴承也都有不同程度的损伤。将活塞连杆组向缸盖方向

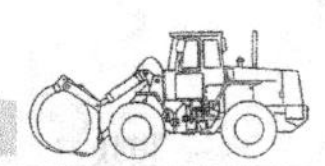

推，都能推动，说明活塞上部无硬物，因此没有拆卸气缸盖做检查。正时齿轮室内各齿轮无卡死现象。

经调查分析，该柴油机之所以发生烧瓦抱轴的严重事故，原因是在新机磨合后更换了润滑油和机油滤清器，然后再没有按要求及时更换润滑油和机油滤清器，特别是在进入冬季后，没有进行应有的维护，使得柴油机润滑条件无法满足工作要求。同时，操作不当也是造成事故的另一个原因。该柴油机起动后，虽然进行了5 min的怠速运转，但在严寒条件下工作，环境温度低，柴油机预热不够，在摩擦表面还未形成良好油膜的情况下就加载工作，致使柴油机烧瓦抱轴。

（3）故障修复

因第7道主轴颈表面有较大损伤，同时第7道主轴颈上有两条白色的线纹，经磁力无损检测证明是两条裂纹，故更换标准型新曲轴和轴承，并按要求装配后试机，运转正常，表明故障已被排除。

2. 康明斯C系列柴油机缸盖裂纹

（1）故障现象

一台某型挖掘机采用康明斯C系列柴油机。该挖掘机工作了1 600 h左右，一次停放一夜后，第二天早晨冷起动前检查润滑油油位时，发现润滑油内有水。更换润滑油后起动柴油机，开始时仍有少量水进入润滑油中，但当柴油机正常工作时，润滑油却没有明显含水迹象。

分析认为，由于柴油机正常工作时润滑油温度较高，漏入的少量水被蒸发了，因此断定故障部位的漏洞或裂纹不大。为此，在冷却液中加入了两瓶堵漏剂，润滑油进水现象消失。此后柴油机又工作了180 h，漏水现象再次发生并十分严重。

（2）故障查找及分析

使柴油机起动并怠速运转至正常温度，熄火后立即拆下排气歧管进行检查，发现第1缸缸盖排气口内有水流出，由此确定漏水现象发生在第1缸，但无法确定是缸盖还是缸套漏水。于是拆下缸盖，旋转曲轴使第1缸活塞处于下止点位置，并反复仔细地检查缸套，但未发现缸套有裂纹或砂眼。故先将缸盖的各水道孔堵死，对缸盖进行水压试验。一般来说，若缸盖或缸体有裂纹或砂眼，水压试验时水压达0.3 MPa即可发现，而这次用0.8 MPa的水压仍不见缸盖处有水漏出。根据热胀冷缩原理，裂纹与温度有关，即当缸盖温度升高时，裂纹胀开；当温度降低时，裂纹会重新合上。为此，边用喷灯烘烤第1缸缸盖上的燃烧室，边进行水压试验，10 min后发现有水沿着排气口流出。至此，证实了缸盖有裂纹。

（3）故障排除

更换新缸盖后故障排除。

3. 康明斯柴油机拉缸、活塞环卡死故障

（1）故障现象

一辆某型挖掘机，因喷油泵漏油，在某维修中心更换垫圈和喷油器，并调整喷油泵。车主因该车修理后出现动力性明显变差和排气管冒白烟的现象，要求重新修理。经第二次修理后仍没有排除以上故障，维修人员让驾驶员试车，爬坡时出现柴油机机油压力低、水温高并开锅的现象，随即停机检查，挖掘机已不能再起动。

（2）故障查找及分析

拆检发现，该柴油机喷油泵与喷油器连接的高压油管安装有错位现象（接第2缸与接第3缸的高压油管装反）；第2缸和第3缸气缸壁均有严重的蓝色拉缸痕迹，且活塞环均烧蚀卡死；第2缸活塞熔化而粘缸。

根据拆检情况，故障原因如下：该六缸柴油机的工作次序是1–5–3–6–2–4，柴油机喷油泵通过喷油器按各缸的工作次序在压缩行程终了时将高压柴油以雾状喷入气缸。由于第3缸和第2缸油管装反，当轮到第3缸喷油时，高压柴油却被喷到了第2缸内，此时，第2缸正处于进气行程末，致使喷入的柴油和进入气缸的空气一起被压缩。因此，第2缸活塞在压缩行程中（还没有达到上止点）就发生了不正常的燃烧，造成了第2缸异常高温，致使活塞熔化而粘缸；同时，活塞环高温烧蚀卡死，造成气缸壁拉伤。同理，当轮到第2缸喷油时，柴油却喷到了第3缸中，此时，第3缸活塞正在排气行程，气缸内高温废气会直接使喷入的柴油燃烧或以蒸气的形式排出，造成排气管冒白烟的现象，并由于气缸温度高而造成活塞环烧蚀卡死而拉缸（气缸高温回火造成气缸壁呈蓝色，与拆检情况相一致）。

根据以上分析认定：造成这次事故的主要原因是承修方操作失误，且在没有将故障完全排除的情况下就让车辆出厂；同时，由于驾驶员在车辆故障尚未排除的情况下行驶，加剧了事故的扩大。

（3）故障排除

更换损坏件，并将装错的油管进行正确调换，同时对气门间隙进行调整。

4. 柴油机活塞敲缸、拉伤及环黏结故障

（1）故障现象

一台某型挖掘机配置康明斯C系列六缸柴油机，气缸发生穴蚀，冷却液进入曲轴箱，致使柴油机无法使用。对这台柴油机进行大修，将柴油机解体、清洗后进行技术鉴定，根据鉴定结果，将曲轴瓦、连杆轴瓦、连杆铜套、活塞、活塞销、活塞环、气缸、进气门、排气门和喷油器更换新件。重新校验PT泵，并对进、排气门座进行了处理。柴油机组装后试机，运转状况良好，经过一天的空载磨合后，投入使用。

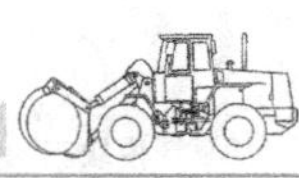

该机初始时运转基本正常，运行100 h以后，有明显的敲击声，曲轴箱窜气严重。经检查，敲击声来自第3、4缸。

（2）故障查找及分析

首先怀疑产品质量，为此找供应商进行技术鉴定，配件质量不存在问题。

检查第3、4缸机油冷却喷嘴，结果正常。

柴油机大修时，更换了凸轮从动件总成调整垫，因此怀疑喷油正时晚。使用专门调整喷油时间的工具仔细检查，喷油正时正确。

怀疑第3、4缸喷油器雾化有问题，经检查正常。

打开所有气缸盖检查，结果其他4个气缸工作均正常，发现第3、4缸有问题，且活塞顶部被高温烧得发蓝。第3缸活塞顶部外围有严重拉伤，活塞环在环槽内轻度咬死，气缸套内壁中上部位有1 cm表面层脱落，第4缸活塞轻微拉伤。检查了第3、4缸缸体和缸盖的冷却水道，均未发现问题。

因此怀疑第3、4缸的缸盖有问题。该型柴油机的缸盖内部有燃油输送油道，对第3、4缸缸盖内的柴油输送油道进行加压试验，发现燃油从进气道裂纹渗出，故判断第3、4缸进气道有裂纹。

柴油机的燃油在PT泵压力作用下，由缸盖的裂缝进入柴油机进气道，随着进气气流被带入气缸内部，并附着于缸套内表面和活塞顶部表面。这些燃油将形成“爆燃”，气缸内的气体压力超过正常压力，产生敲击声。同时，多出的燃油冲刷气缸壁，破坏气缸内壁上的润滑油膜，造成活塞与气缸内壁之间的干摩擦，导致拉缸。

（3）故障排除

更换新气缸盖，装配及调整后，柴油机工作正常。

三、配气机构的常见故障主要原因分析

配气机构常见的故障主要有气门烧蚀、气门积炭结胶、气门间隙过大、气门座圈松脱、气门弹簧折断、进气门和排气门撞击活塞等。

1. 气门烧蚀

（1）现象与判断

1）当某缸气门烧蚀后，可明显地发现该缸的压力降低，柴油机功率下降。

2）柴油机工作时可听到进气歧管发出“喔喔”声，在消声器外可以听到“突突”声。

（2）原因

1）气门接触面部分积炭，导致散热不良和漏气。

2）气门间隙过小或没有间隙，导致气门关闭不严，气门漏气而造成高温燃气烧蚀。

3）气门锥面堆焊不良且早期疲劳开裂，高温燃气烧蚀气门盘部，开裂裂纹向盘部疲劳扩展而最终掉块。

4）镶气门座工艺不符合要求，对磨损的气门座未重新研磨，气门落座产生偏斜，导致气门闭合不严而局部漏气。

5）柴油机爆燃。

（3）排除方法

清除气门积炭，然后正确调整气门间隙。

2. 气门积炭结胶

（1）现象与判断

柴油机温度升高到一定程度会发出异响声，并使柴油机不易熄火。积炭结胶严重时会把气门杆卡在气门导管内，使其不能运动。

（2）原因

1）活塞与气缸壁间隙过大，气环磨损或对口，油环密封不严，致使润滑油窜入气缸燃烧。

2）气门与气门座密封不良，气门杆与气门导管间隙过大或油封损坏引起窜油。

3）机油质量不合格，胶质过多。

（3）排除方法

活塞与气缸壁间隙过大，应查明原因，必要时更换新的气缸套和活塞、活塞环；气门与座密封不良，可通过磨削的方法修复；修配气门杆与气门导管，更换油封；润滑油质量不合格，应加注合格的润滑油。

3. 气门间隙过大

（1）现象与判断

在柴油机上部发出“嗒嗒”的金属敲击声，怠速运转时清晰、均匀，随着转速升高，响声随之变大。若多个气门间隙产生撞击响声，声音嘈杂。

（2）原因

1）气门间隙调整不当。

2）气门间隙调整螺钉的锁紧螺母松动。

3）配气机构部件磨损过大，如凸轮、摇臂等磨损异常。

（3）排除方法

正确检查及调整气门间隙；更换磨损异常的凸轮和摇臂。

4. 气门座圈松脱

（1）现象与判断

柴油机工作时，从气缸盖处发出较大的“嚓嚓”的破碎声，随转速变化，时大时小。严重时，排气管有较大的敲鼓声。

（2）原因

气门座圈的材料和加工精度不符合要求，与气缸盖配合过盈量不够。

（3）排除方法

更换气门座圈时，应选择质量和尺寸符合规定的零件。安装时，先拆掉旧座圈（图3—1—2），然后要对座圈孔进行检查，看其是否有凸起，若有，应先修平。安装新座圈时一定要到位。气门装入后，还应检查气门的沉降量。B系列柴油机进气门和排气门的沉降量为0.99 ~ 1.52 mm；C系列柴油机进气门的沉降量为0.59 ~ 1.12 mm，排气门的沉降量为1.09 ~ 1.62 mm。

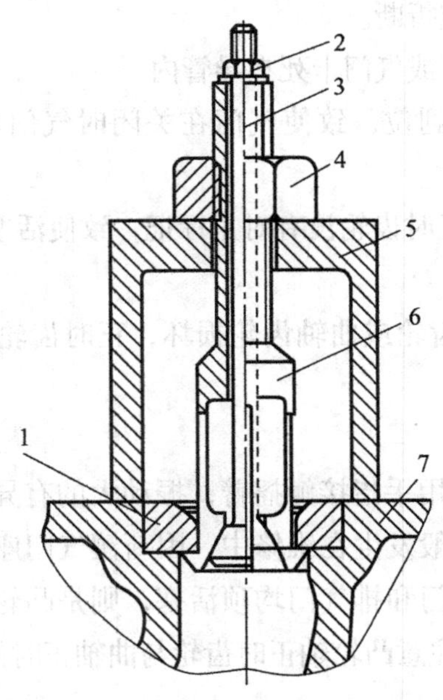

图3—1—2　气门座的拆卸方法

1—气门座　2—胀开用螺母　3—胀开锥　4—施加拉力螺母
5—套筒　6—弹簧卡头式拉爪　7—缸盖

5. 气门弹簧折断

（1）现象与判断

1）柴油机工作无力，怠速转动时发出“咔嗒、咔嗒”的敲击声。

2）在气缸盖处发出“铛铛”的敲击声。

（2）原因

1）气门弹簧没有按规定工艺安装。

2）工作频率较大，加上交变载荷的作用，因共振而折断。

（3）排除方法

更换符合技术规范的气门弹簧，并做必要的技术检查。

6. 进气门和排气门撞击活塞

（1）现象与判断

柴油机出现清脆的“铛铛”响声，但与活塞碰气缸盖不同，它的声音小，振动也小，这种清脆、有节奏的“铛铛”响声随柴油机转速升高而变大、加快。柴油机在高转速时，动平衡好，噪声不大，易听出杂音。这种响声与气门间隙大小无关，调好气门间隙后仍有此响声。

（2）原因

1）气门弹簧弹力不够或折断。

2）气门杆上下运动卡滞或气门卡死在导管内。

3）气门座圈没有安装到位，致使气门在关闭时气门底平面到活塞上平面的距离变小。

4）凸轮轴齿轮与曲轴正时齿轮没有对正标记，致使活塞上行、气门下行的配气相位出现不正常现象。

5）中间齿轮、凸轮轴齿轮或曲轴齿轮损坏，正时齿轮定位键损坏而影响正常配气正时。

（3）排除方法

拆下某气缸盖摇臂罩，用手指接触摇臂，振动大的有异常手感，则证明该气门被活塞碰撞而发响。这种情况一般发生在维修中，因新镶气门座圈没到位所致，应查明原因并正确安装。如果全部进气门和排气门均顶活塞，则是凸轮轴齿轮装错造成的，必须重新安装正时齿轮。安装时应注意凸轮轴正时齿轮与曲轴正时齿轮的标记应对正。

四、配气机构故障案例分析

1. 康明斯 N 系列柴油机气门导管漏机油

（1）故障现象

一辆挖掘机配装康明斯 N 系列柴油机，工作过程中出现过热和机油消耗过快的故障。起动柴油机，发现在稳定运转时排气管冒蓝烟，加速时冒黑烟。为了判断冒蓝烟的

原因，拆下空气滤清器滤芯直接起动，发现排气管排烟现象并未发生变化，说明排气管冒蓝烟及黑烟现象不是由于进气不充分引起的，初步判断柴油机存在烧机油现象。

（2）故障查找及分析

考虑到该挖掘机已经使用较长时间，可能是由于缸套磨损过多或活塞环损坏引起烧润滑油。因此，拆下柴油机缸盖，发现活塞顶部有未燃烧完的润滑油，并且燃烧室内积炭较多。转动曲轴，观察缸壁磨损情况，磨损并不严重。继续拆下油底壳，抽出活塞，检查活塞环槽、活塞裙部及活塞环的状况，没有发现异常（活塞环完好，弹性正常，开口间隙没有超出标准值），活塞环也没有装反。因此，排除了燃烧的润滑油是由活塞与缸套间进入燃烧室的可能性。

进一步判断，燃烧的润滑油极有可能是沿气门导管进入燃烧室的。因此，拆下缸盖上的进气门和排气门，检查发现气门在导管内上下移动时径向有微量旷动，气门杆和气门尾锥上残留有润滑油。经过测量，发现有的气门导管管径（规定尺寸为 11.56 mm）过大。用棉纱将气门导管内壁擦干净，仔细观察，发现气门导管内壁磨损严重，由此可以判断烧润滑油的现象是由于气门导管的过度磨损引起的。

气门导管是 3 个月前换装的新品，正常使用时不会在这么短的时间内出现问题。上次维修时修理工反映，当时换装新气门导管时，有的气门杆穿过气门导管时发紧、发涩。修理工用手电钻夹住裹着砂布的磨杆在导管内进行修磨，管径虽磨大了，但损坏了存油的螺纹线。其次是修理工用胎模和铁键从燃烧室方向打进气门导管时，打进尺寸过大，又反方向修正了气门导管高出气门弹簧底座的标高。因气门导管上端面有倒角（锥面可减少润滑油下泄），修正时将倒角砸毛损伤，为了修复损伤部位，又使用刮刀对气门导管口部进行刮削，增大了导管口径，略呈喇叭口。这样造成气门室里的润滑油很容易沿气门导管与气门杆间隙流进燃烧室，造成润滑油消耗异常，排气管排烟不正常。

（3）故障排除

更换一组新的气门导管。在装配时，使用锤子和胎模镶装导管，敲击的同时应不断地旋转胎模。这样能保证导管镶装不偏斜，气门杆在装配后的导管内上下运动时不发涩，气门落座迅速、准确并与气门座接触良好，起到良好的密封作用（最好用专用工具压装，并按规定尺寸铰削内孔，以保证合适的配合间隙）。装复后试机，排气管排烟和润滑油消耗均正常。

2. 康明斯柴油机气门挺柱断裂

（1）故障现象

一辆某型号挖掘机装备康明斯 6BT 型柴油机。该车使用一段时间后，柴油机出现异响，经判断敲击声发自第 1 缸附近。故障出现后经反复调整，未能排除。最近进行一次挖掘作业任务后，柴油机异响声加大。

（2）故障查找及分析

拆除第 1 缸气门室罩盖，卸下气门推杆，发现进气门推杆有微弯现象。接着拆下气缸盖，卸下进气门、排气门，发现进气门、排气门及气门座圈有烧蚀现象（出现斑点）。为了进一步检查，打开齿轮室盖，拆下凸轮轴。在卸下凸轮轴时，发现其上方的进气门挺柱底部断裂成几块并已磨圆，同时凸轮轴第 1 道凸轮已被磨成浅沟状。查看气缸体，无损坏现象。

经调查，驾驶员在调整气门间隙时，将气门间隙调整得过小。由于气门间隙调整得过小，当配气机构工作时，机件的热胀冷缩导致气门杆端处无间隙或形成负间隙，使配气机构零件的受力明显增大，从而导致气门挺柱断裂，气门推杆弯曲。当气门挺柱断裂后，由于柴油机仍继续工作，使凸轮轴上的凸轮被磨出浅沟槽。由于第 1 缸气门间隙过小，导致气门关闭不严，因气门漏气造成高温燃气烧蚀气门及气门座圈，产生斑点。

（3）故障排除

更换柴油机凸轮轴，更换第 1 缸气门挺柱、推杆及进气门、排气门，对气门座圈进行铰削、研磨。装复调整后，故障现象消失。

3. 气门间隙过大引起的柴油机工作无力

（1）故障现象

一辆某型号挖掘机采用康明斯 6BT 型柴油机，出现柴油机无力，同时伴有“嘭嘭”的响声，功率明显下降。

（2）故障查找及分析

起动柴油机进行检查，在原地能够听到“嘭嘭”的响声（非金属敲击声），挖掘机动作及行驶无力。打开机舱盖进行检查，在空气滤清器处响声特别明显。用手捂住空气滤清器进气口，响声明显减弱，但却出现了“嗒嗒”声。对气门进行检查，发现各缸气门间隙普遍过大，进气门达到了 0.45 mm 左右，而排气门在 0.7 mm 左右，大大超出了原标准［进气门标准间隙为（0.25 ± 0.05）mm，排气门标准间隙为（0.5 ± 0.05）mm］。

该车出现故障的原因是在柴油机更换缸垫后，没有按标准调整气门间隙，使气门间隙偏大。而热车时也没有进行复查，致使柴油机使用一段时间后气门间隙变得更大，造成气门开启过迟，导致排气行程时废气不能彻底排出，废气压力增高；进气行程时气缸内的废气进入进气管，而产生“嘭嘭”的气流撞击声。因此，导致柴油机充气不足，排气不畅，车辆行驶无力。

（3）故障排除

按照规定重新调整气门间隙。装复气门室盖后试车，“嘭嘭”的响声消失，柴油机功率也恢复了正常。热车后又对气门间隙进行了复查，车辆使用中再无异常声响。

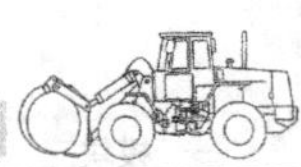

课题 2　发动机进排气和燃油供给系统故障维修

学习目标

1. 熟悉进排气系统及燃油供给系统故障的主要原因。
2. 熟悉进排气系统及燃油供给系统故障案例的诊断与排除方法。

一、废气涡轮增压系统故障的主要原因分析

1. 增压器过热原因分析

（1）故障现象

柴油机的增压器在使用过程中出现过热甚至烧红的严重故障。

（2）故障原因

康明斯柴油机增压器冷却介质为从柴油机润滑油冷却器出来的润滑油。增压器过热，将使增压器零部件温度过高，严重影响工作寿命，并会影响进气系统正常工作，降低柴油机功率，增大燃油消耗。这种故障的根本原因是吸入的废气能量过大，超过冷却强度，使零部件的温度过高而造成过热。具体原因如下：

1）燃料供给系统故障。压力低，喷油过迟，着火滞后期过长等造成严重的后燃，使废气能量增加，增压压力上升，转子超速，增压器过热。

2）进气不足，排气门漏气或配气相位失准。滤清器堵塞，增压器脏污使转速下降，进气门、排气门损坏，气门间隙过小，使气门关闭不严，都会使进入气缸供燃烧的空气减少，燃油燃烧不完全等引起排气温度升高。

3）工作中存在磨损、腐蚀、变形、裂纹等损伤。燃油泄漏至缸内，导致参与燃烧的燃油过多；雾化质量较差，部分燃油进入排烟总管或涡轮机内燃烧，使废气能量过大。故障的特征是冷却液、润滑油温度偏高，排气冒黑烟，严重时排烟管内有明显的柴油痕迹。

4）大量润滑油参与燃烧通常有两方面的原因：一是增压器转子轴封装置因磨损、划伤、装配不当等原因失效，润滑油泄漏参与燃烧；二是气缸内润滑油过多，可能是由于活塞油环折断，由气缸套下的冷却喷嘴喷出的机油大量进入气缸内造成的，也可能是气

缸盖裂纹，使得压力油从润滑油道泄漏至气缸内。严重时，会急剧增加涡轮机的温度而形成过热，甚至烧红。故障特征是增压器外壳、机油温度超过正常温度，排气为蓝烟，严重时排烟管内有明显的润滑油痕迹。

5）冷却质量较差。康明斯型柴油机增压器的冷却介质为润滑油，润滑油的热量通过热交换器传给冷却液。因此，造成润滑油冷却不良的主要因素是润滑油压力偏低，冷却液温度过高等。进入增压器的润滑油流量的大小和温度的高低是评价增压器冷却质量的主要指标。通常，康明斯柴油机全负荷工作时增压器的润滑油压力为 0.35 ~ 0.48 MPa，润滑油温度为 100 ~ 116℃。

6）长时间超负荷下工作。

（3）排除方法

1）检查柴油机的供油正时和喷油质量、压缩比和冷却系统，确保柴油机在额定工况下运转不过热。

2）检查增压器机油供应是否正常，增压器的供油压力应为 0.2 ~ 0.4 Mpa。

3）检查增压器内部机件是否损坏，根据情况处理或更换损坏的零件。

2. 增压器两端漏润滑油原因分析

理论上讲，以正常压力进入中间体的润滑油在通过轴承工作面后油压已变为零，只是靠重力自然向下流回柴油机的油底壳。在正常工作状态下，增压器两端叶轮的轮背处都有一定的气体压力，因此，润滑油无法从低压力区向高压力区流动。密封环的主要作用是封住压气机和涡轮壳内的气体，防止其向中间体油腔泄漏，只有在特殊情况下才起密封润滑油的作用。但如果使用不当，仍可能造成增压器漏油。

应注意有些漏润滑油现象并非增压器故障所引起，如活塞环窜润滑油、气门导管漏润滑油等。

（1）压气机端漏润滑油

1）故障现象

①柴油机工作时烧润滑油，排烟呈蓝色，动力下降不明显。打开压气机出气口或柴油机进气直管（橡胶软管），可以看到管口、管壁上黏附着一些润滑油。

②柴油机工作时烧润滑油，烟度大，动力下降，在进气直软管壁内有润滑油。烧机油造成柴油机燃烧室严重积炭，损坏喷油嘴。

2）故障原因

①第一种现象的原因

a. 密封环、甩油环或轴承损坏。若长期不更换润滑油，润滑油中的杂质将使密封环和轴承磨损变薄，逐渐失去封气、封油和节流作用而导致漏油。轴承磨损会导致转动失稳而破坏密封环。

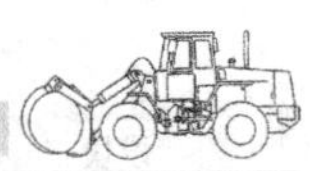

b. 涡轮增压器下部的回油管受阻，润滑油回油不畅通，中间体内的润滑油压力过高，压迫润滑油沿着转子轴向两端流动，挤出密封环造成漏油。使用中如果润滑油的回油管路发生变形或堵塞，不能保持垂直，或柴油机曲轴箱压力过高，均会导致回油不畅。

②第二种现象的原因

在空气被涡轮增压器吸入过程中，气流遇到较大的阻力，压气机进气负压太高，将润滑油吸进压气机，随压缩空气一起进入燃烧室内燃烧。包括空气滤清器堵塞，压气机或中冷器积污，柴油机长时间怠速或低速、低负荷运转等。

3）排除方法

①拆检涡轮增压器，及时更换损坏的密封环、甩油环或轴承。

②检查进气管路中的软管是否存在压扁或空气滤清器堵塞的情况，如存在应清洁或更换空气滤清器滤芯。

③拆检回油管并清洗。

（2）增压器排气口漏润滑油

1）故障现象。涡轮增压器排气口漏润滑油，柴油机工作时烧润滑油，润滑油消耗量大，但排气烟色正常。打开连接管，涡轮增压器排气口附近有漏润滑油的痕迹。

2）故障原因。一是涡轮轴密封环磨损；二是柴油机空燃比不合适，柴油机正时有问题，废气受到节流，其他控制系统故障等导致排气温度过高，使涡轮端密封处的机油炭化以及涡轮端轴承处局部过热，造成密封装置和轴承过早失效。

柴油机长期怠速运转，将使增压器涡轮的轮背处产生一定的负压，导致中间体内的润滑油向外泄漏。

3）排除方法。更换涡轮轴密封环或轴承。应注意不要磕碰涡轮轴并保持清洁。

3. 增压器发生喘振现象原因分析

（1）故障现象

涡轮增压器在某一转速下工作时，其压气机气流流量受某些因素的影响而减少，到一定程度时压气机中的气流便会出现强烈的振荡现象，引起叶片振动，并在压气机进口处出现喘息的噪声，造成进气压力明显下降，此现象称为压气机喘振。喘振会导致工作不平稳、功率下降、排气冒黑烟等现象，严重时会使压气机损坏。

（2）故障原因

1）进气堵塞。压气机喘振主要是由于进气系统堵塞造成的，如空气滤清器滤芯严重堵塞，进气胶管严重老化吸瘪，进气管内油污太多堵塞等。由于堵塞，使涡轮增压器在工作过程中向气缸内输送空气量不足，空气压力产生较大的波动，从而造成压气机喘振。此外，压气机喷嘴环流通道变形等也会导致喘振。

2）大气温度变化。设有中冷器的增压柴油机在高温环境或者低温下运行时压气机都容易发生喘振，这与大气温度变化使涡轮增压器的运行线发生变化有关，与涡轮增压器本身无关。

（3）排除方法

检查空气滤清器滤芯，用压缩空气吹扫或更换滤芯，并清洗进气通道或用干净的毛巾擦拭管道内壁。

4. 增压压力下降原因分析

（1）故障现象

增压压力的变化对柴油机的性能影响较大，也容易察觉。当增压压力降低时，柴油机的充气量减少，功率下降，耗油增加，排气温度升高。因此，发现增压压力下降10%左右时应停机检查。

（2）故障原因与排除方法

1）空气滤清器堵塞。空气滤清器滤芯沾满尘土而堵塞，导致进气阻力增大，压气机吸气损失增大，增压压力下降。此时，应及时保养空气滤清器。

2）压气机通道脏污。空滤清器除尘效果欠佳，灰尘和润滑油等黏附在涡轮增压器的叶轮和扩压器的通道上，使气流阻力增大，导致压气机效率及增压压力下降。为防止这种现象，应保持空气滤清器的滤清效果，并定期拆洗压气机。

3）中冷器工作不佳。中冷器流道中有污垢，冷却液流动阻力增大，使进气密度下降，进而使增压压力下降。当中冷器进气口和出气口的压差大于26.7 kPa时，应予以清洗。

4）涡轮机积炭。柴油机燃烧不良以及涡轮增压器密封装置失效而漏油，在涡轮机的叶片上、转轴与密封环等处易形成积炭。其后果是使转子旋转阻力增大，转速下降，柴油机起动困难和加速不良，严重时可使涡轮增压器停止转动，增压压力随之下降。排除方法是保证柴油机正常燃烧，防止烧润滑油，并定期拆洗涡轮机。

5）压气机或柴油机气缸的密封性能差。对于外支承式涡轮增压器，当其压气机背面气封损坏或柴油机气缸密封性能下降时，一方面因为燃气泄漏使涡轮转速下降，另一方面因进气泄漏使压气机流量减小，两者均能导致增压压力降低。排除方法是更换压气机气封和对柴油机进行保养，恢复气缸的密封性能。

6）涡轮背压过高。压气机排气不畅，排气阻力增大，燃气在涡轮中的膨胀受到一定的抑制，导致涡轮功率降低，增压器转速下降，压气机增压压力降低。可能是排气管变形或排气消声器堵塞等，应予以拆卸、清洁或更换。

7）喷嘴环工作不良。喷嘴环因长期处于高温下，叶片变形，喷嘴环截面积增大，导致转子的转速和增压压力下降。此时应更换喷嘴环。

8）增压器旁通阀失灵。原因有增压器旁通阀（增压压力调节阀）中调节弹簧因温度过高而失效，放气阀因积炭而封闭不严等，在较低的增压压力时就放掉较多的燃气，致

使增压压力降低。应检修旁通阀。

9）连接处漏气。增压器与柴油机连接处漏气，如进气道胶管破裂、松脱等，使增压压力下降，应予以排除。

10）转子运动卡滞。涡轮增压器的轴承磨损，转子叶轮碰擦壳体，或有杂物阻滞，使增压压力随转子速度的下降而降低。应更换轴承。

5. 增压器发出异响原因分析

（1）故障现象

柴油机在工作过程中，涡轮增压器产生杂音，有金属的撞击、摩擦声，或者振动，并常伴随排气冒黑烟、功率下降等情况。

增压器正常工作时，涡轮转子高速旋转会产生正常旋转声音，进气、排气接口由于连接不好也会产生漏气的声音，应与增压器异响区分开来。

（2）故障原因

1）转子失去平衡。增压器的转子转速很高，所以对转子的静平衡和动平衡要求特别严格，其不平衡度应不大于 0.001 5 N · mm。如果转子的叶轮在制造时其不平衡度就差，或装配不当，造成旋转部件失去平衡，在工作时就会引起振动而发出响声。此外，如果转子的部分叶片损坏（进气系统有杂质，排气系统中断裂的排气门、活塞碎片、排气歧管杂物及破裂的密封垫等均会导致叶片破损），灰尘、油泥附着也会使旋转部件失去平衡，从而产生异响。

2）磨损的影响。转子总成的径向或轴向摆差大，使涡轮和叶轮叶片与涡轮壳内表面产生摩擦而发出杂音。涡轮增压器的旋转叶轮工作时，依靠轴承支承保证其不与定子刮擦。如果轴承磨损，会使转子轴线与中间体轴线不重合，叶轮易与壳体刮擦而发出异响。另外，涡轮增压器的壳体变形、浮动轴套及止推片磨损严重等，也容易引起叶轮与壳体刮擦而产生异响。

未按说明书使用增压器润滑油、润滑油清洁度太差、缺油干磨合润滑油结焦都会加速磨损。

（3）排除方法

拆检涡轮增压器，根据情况修理或更换转子总成。观察涡轮增压器外壳有无变形，拆下压气机的进气接头，用手在轴向和径向来回扳动叶轮，如果手感松旷很大，或用百分表测量轴向移动量和径向移动量大于极限值，就表明是引起叶轮与壳体刮擦而产生异响的原因。

增压器在拆检、修理后进行装复时，应使组成涡轮转子总成的高速旋转零件动平衡标记对应。涡轮轴、压缩机叶轮是精密铸造的成形零件，在安装过程中不允许有磕碰现象，并且要保持清洁。

二、进排气系统及废气涡轮增压系统故障维修案例

1. 进气管堵塞导致柴油机低转速冒黑烟

（1）故障现象

一辆某型号挖掘机装配的是康明斯 6BT 型柴油机。该柴油机在起动、怠速和低速运转时排气管冒黑烟且运转无力；而柴油机位于中、高速工况时，排烟、动力均较正常。

（2）故障查找及分析

检查柴油机进气系统，空气滤清器清洁、通畅，涡轮增压器工作正常，进气道外形完好。检查柴油机燃油供给系统，低、高压油路技术状况正常，各缸喷油器喷射压力及雾化状况良好，供油正时准确。检查各缸压力，均符合要求。拆检进气系统，发现进气橡胶管内脱落了部分橡胶，该橡胶片像“活门”一样堵塞了进气道。进气道内的橡胶片脱落后，有残留部分连在橡胶管上，形成了类似“活门”一样的结构。当柴油机转速较低时，进气道内吸力较弱，橡胶片堵塞了部分气道；而当柴油机转速较高时，吸力较强，该“活门”被完全吸附在管道内壁上，进气道反而畅通，所以柴油机低速时运转无力，排气管冒黑烟，而中、高速时动力和排气正常。

（3）故障排除

将进气橡胶管更换为新品后，柴油机各工况工作正常，故障现象消除。

2. 中冷器堵塞导致柴油机动力不足

（1）故障现象

一辆装有康明斯柴油机的挖掘机出现动力不足、油耗增加、排气冒白烟的故障。

（2）故障查找及分析

由于车辆使用时间较长，行驶里程较多，将柴油机大修。修复后，柴油机经热磨合后工作正常，但装复试车过程中，发现柴油机动力不足，并排出大量白烟，无法正常行驶。此时，对喷油器进行调试，发现喷油器喷油压力正常，喷雾良好。再逐项检查供油提前角、气门间隙、配气相位、空气滤清器的滤芯及进气管，均未发现异常现象。仔细分析后认为：①柴油机大修时，气缸、活塞及活塞环都按照大修标准，修理数据全在规定范围内，听诊柴油机无异响，柴油机气缸内没有问题，故障在进气部分。②柴油机大量冒白烟、无力，说明柴油机进气不足，柴油在燃烧室内不能充分燃烧而排出，故障在空气滤清器、废气涡轮增压器、中冷器及连接管路。

于是采用以下措施：拆下空气滤清器至废气涡轮增压器的胶管，经检查无脱层；拆下进气管，发现内有油污，但未堵塞；拆下中冷器至柴油机进气管的橡胶软管，起动柴油机，冒白烟现象消失。通过以上检查，认为中冷器出现堵塞故障。拆下中冷器后，发

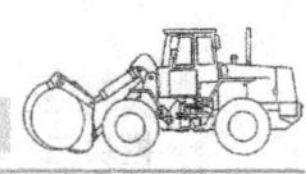

现其下部油泥较多，对中冷器气道反复进行通水试验，发现水流不畅，说明中冷器内部管道堵塞严重。于是将中冷器解体，发现其内部管道 80% 堵塞。

（3）故障排除

更换中冷器后，柴油机运行正常。

3. 增压器泵轴卡死严重冒黑烟

（1）故障现象

一辆某型挖掘机作业时柴油机突然出现作业无力且排气管严重冒黑烟的现象。

（2）故障查找及分析

检查空气滤清器，正常；检查供油系统，更换喷油泵，校调、更换喷油器，故障依旧；检查气门间隙，符合标准；测量气缸压力也正常；最后，拆下涡轮增压器，发现其泵轴已卡死，不能正常工作。

涡轮增压器的作用是增大柴油机的充气量，从而提高柴油机的动力性与经济性。该挖掘机的涡轮增压器由于泵轴卡死而不能工作，致使柴油机气缸内混合气过浓而燃烧不完全，汽车行驶无力，且排气管冒黑烟。

涡轮增压器泵轴卡死多源于使用、维护不当，应注重涡轮增压器的润滑和起动、停机规范。

（3）故障排除

换上新的涡轮增压器后，柴油机工作恢复正常，汽车行驶有力。

4. 废气涡轮增压器损坏导致“飞车”

（1）故障现象

一辆装用康明斯 6BT 型柴油机的 EQ1141G 型车辆，行驶了约 10 000 km。在行驶中，柴油机突然发生“飞车”，同时伴有异响、排气管大量冒蓝烟等现象。

（2）故障查找及分析

首先拆检高压油泵，查看油量调节齿杆和调速器，运动灵活，无卡滞和松旷现象。对柴油机进行全面检查，发现废气涡轮增压器有少量润滑油流出。拆检废气涡轮增压器，发现叶轮严重损坏，涡轮轴折断。查看进气系统，有大量润滑油进入气缸。

废气涡轮增压器在高速运转中，涡轮轴突然折断，导致叶轮变形，密封环破坏等，并使增压器润滑油泄漏，进而导致柴油机供给废气涡轮增压器的润滑油连同空气一同进入燃烧室燃烧，造成柴油机“飞车”、排气管大量冒蓝烟。

（3）故障排除

彻底清除进气系统内的残余润滑油，更换废气涡轮增压器和康明斯专用润滑油后，柴油机工作恢复正常。

三、直列柱塞式喷油泵燃油系统故障原因分析

1. 柴油供油系统“气阻”

气阻是指空气进入柴油机燃油供给系统，对流动的柴油产生阻碍作用，它是柴油机的常见故障之一。当低压油路进入空气时，由于空气占据了一定的空间，油流截面减小，并降低管内的真空度，使油流不畅甚至断流，造成柴油机工作不稳或自行熄火，难以起动。当高压油路产生气阻时，由于空气具有很大的可压缩性和弹性，会破坏供油的连续性和均匀性，供油量减小甚至供油中断，使柴油机自行熄火或难起动。

一般来说，导致柴油机产生气阻的原因大致有以下几点：

（1）油箱中存油不足时，输油泵从油箱中吸入空气。

（2）油箱内的柴油用完再加油时，未放出油路中的空气。更换柴油滤清器时未将滤清器用柴油充满。

（3）油箱盖通气孔堵塞，箱内真空度增大，低压油路吸力增大，易将空气从管路密封不严处吸入。

（4）管路接头密封不严，衬垫损坏或油管破裂时空气进入管路。

（5）装配或更换燃油滤清器、油泵、高压油管的过程中进气或拧紧力不够而漏气；柴油机长时间未再起动工作。

（6）膜片式输油泵的膜片破裂，当膜片下行时其上方形成真空吸力，空气从破裂处进入输油泵。

（7）活塞式输油泵推杆与推杆孔磨损，配合间隙增大。当柴油机负荷增大时，输油泵出口处的油压降低，空气从推杆处进入油道。

（8）手油泵上的活塞密封胶圈严重磨损或老化膨胀失效。当手油泵工作时，空气从密封胶圈处进入油道；使用手油泵后，手柄没有拧紧，空气进入油道。

（9）若喷油器调压弹簧弹力不足或调整过松，针阀与针阀体磨损及拉伤，特别是针阀偶件咬死在开启位置时，气缸内的高压气体便会反流进入喷油泵（若出油阀密封严密，高压气体就会从喷油器经回油管再进入喷油泵）。

2. 各缸供油不均匀

当柴油机各缸供油量不均匀，偏差超出一定范围（在标定工况大于3%，部分负荷超过10%，怠速时超过15%）时，柴油机就会出现运转不稳、工作粗暴、排气冒烟、缸内积炭、功率下降和油耗增加等现象。

导致各缸供油不均匀的原因如下：

（1）各缸柱塞磨损程度不同，个别缸的柱塞偶件磨损较严重，密封性下降，从而使

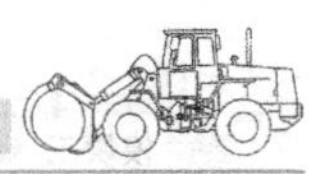

该缸供油量减少。检修时应对柱塞偶件进行密封性检查，更换磨损超限的零件；装复后，必须在喷油泵试验台上对喷油泵各缸油量均匀性进行调校。

（2）个别缸出油阀密封不严，出油阀弹簧弹力减弱或折断，造成该缸的供油量减少。检查方法是拆开高压油管，用手油泵泵油，若有柴油从出油阀接头溢出，可认为该缸出油阀密封不严或出油阀弹簧故障。

（3）油量调节机构的构件因磨损或固定螺钉松动，出现不一致的松旷或配合位置发生变化，而使各柱塞斜槽与回油孔相对位置发生不同的变化，导致柱塞有效行程出现差异。检查配合间隙，如超过规定，应进行修理或更换。

（4）针阀偶件磨损或喷油器调压弹簧弹力不一致，使各缸喷射油量不一样。应定期对喷油器进行检查及调整，更换磨损和损坏的零件，使各缸的各项技术指标尽量一致。

（5）喷油泵驱动机构如正时齿轮磨损严重、凸轮轴轴承配合松动等原因，均会影响各缸的供油均匀度。对柴油机进行维修时，应注意喷油泵的驱动齿轮、凸轮轴、轴承等传动件的检查和维修，若磨损超限，应予以修理或更换。

（6）输油泵输油量和输油压力不稳定，导致供油不均匀。排除低压油路供油不畅故障，对输油泵的输油压力进行检查。

3. 供油提前角不准

供油提前角是指喷油泵第一缸柱塞开始供油时，该缸活塞距压缩上止点的曲轴转角。供油提前角过小即供油时间过晚，气缸内的速燃期在压缩上止点以后较远处发生，气缸内的最高压力将降低，造成柴油机功率下降、油耗增加、起动困难、冒黑烟等现象并引起柴油机过热。如果供油提前角过大即供油时间过早，气缸内的速燃期在压缩上止点以前发生，气缸内的最高压力很高，工作粗暴，造成柴油机功率下降、油耗增加、敲缸、起动困难、冒白烟等现象。只有供油时间恰当，才能保证气缸内的压力升高速度和最高压力都比较适中，使柴油机获得最大功率、最小耗油率。

供油提前角不准的原因如下：

（1）柱塞偶件、出油阀偶件磨损严重，配合间隙增大，压油过程中燃油回漏严重，造成供油提前角变小。检修时应更换磨损严重的柱塞偶件或出油阀偶件。

（2）喷油泵出油阀弹簧太松或太紧，影响出油阀的开启时间，使供油提前角变大或变小。检修时对出油阀弹簧进行弹力检查。若不满足要求，应予更换，并将出油阀紧帽拧紧至规定的力矩。

（3）凸轮轴凸轮磨损严重，挺柱、滚轮、衬套、滚轮销和柱塞尾部等磨损，导致供油提前角变小。凸轮轴凸轮外形尺寸磨损超过规定范围，即不允许继续使用。若磨损不严重，可通过调整垫块厚度来弥补传动件的磨损，使各缸供油时间相同。

（4）喷油泵凸轮轴弯曲变形，导致柱塞滚轮体接触凸轮的时间发生变化，供油提前角变大或变小。检查凸轮轴是否弯曲，若直线度超过规定范围，应冷压校正或更换新件。

（5）凸轮轴轴承磨损严重，凸轮轴径向圆跳动过大，造成供油提前角变小。更换磨损过大或损坏的轴承。

（6）正时齿轮齿面磨损导致啮合间隙增大，造成供油提前角减小。检查正时齿轮的啮合间隙，若间隙过大应更换正时齿轮。

（7）传动件中如正时齿轮、键或键槽损坏，固定螺母松动，都会使高压泵凸轮轴的左右活动量增大，供油提前角改变。

（8）高压油泵卡滞、高压油管堵塞或喷油器故障。高压油泵总成发生卡滞，工作时阻力增大；高压油管堵塞，柴油机工作时该高压分泵每次供给的柴油不能供给喷油器，此时该柱塞向上运动时柴油压力逐渐增大，同时柱塞尾部向上的作用力也越来越大，凸轮轴转动的阻力也随之增大，转速越高，此阻力越大；喷油器进口处的滤芯堵塞和针阀卡死，柱塞供来的高压柴油既不能喷射进气缸，又不能从喷油器上部的回油管回油，使高压油泵工作阻力增大。这些原因可能造成凸轮轴产生相对位移，供油提前角发生变化。

4. 供油系统不供油

若供油系统不供油，则喷油器喷油中断，运转中的柴油机自行熄火，再也无法起动。常见的故障原因如下：

（1）低压油路不供油，如油箱中无油或出油口堵塞，柴油滤清器堵塞，油路漏油，有空气进入形成气阻等。

（2）输油泵失效而不输油。应对输油泵进行检修。

（3）柱塞弹簧折断，使柱塞无法回位吸油，从而导致油泵不能泵油。检修时更换柱塞弹簧。

（4）柱塞因燃油有杂质或表面被拉伤而卡死在柱塞套内，挺柱体卡死，导致油泵不能泵油。更换柱塞偶件，修复或更换挺柱。

5. 喷油器故障

喷油器是柴油机的主要部件，属精密件之一。喷油器故障多数是因为柴油不清洁，使用、维护与装配、调整不当引起的。实际使用过程中常见的故障原因包括喷油压力不稳，针阀卡住，密封失效等，其表现为柴油燃烧不完全，从而导致柴油机油耗上升，功率下降，缸内积炭增多，磨损加剧等。

（1）喷油器与缸盖结合孔漏气、窜油

若喷油器在缸盖上的安装孔内有积炭，铜垫圈不完好，以及用石棉板或其他材质代替纯铜材质垫圈或垫圈的厚度不符合要求，都可能造成密封不良，导致喷油器与缸盖的

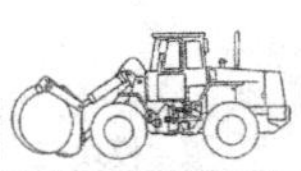

结合孔处漏气、窜油。

安装喷油器时，应仔细清除安装孔内的积炭，且铜垫圈必须平整，不得用石棉板或其他材质代替。应按规定安装喷油器压板，按规定力矩均匀拧紧，紧固时切忌单边偏压；否则，喷油器头部会因变形而产生漏气、窜油。

（2）针阀卡住

针阀卡住的主要原因如下：喷油器安装不当，导致喷油嘴局部温度过高而烧坏；喷油器没有进行定期保养和调整喷油压力；柴油中含有杂质或过多的水分；喷油嘴针阀锥面密封不严，渗漏到喷油嘴端面的柴油燃烧时导致喷油嘴烧坏；柴油机的工作温度过高。

针阀如果在开启状态时卡住，则喷油嘴喷出的柴油不能雾化，造成不完全燃烧，同时产生大量黑烟现象。此外，未燃烧的柴油还会冲刷到气缸壁上稀释机油，加速活塞环及气缸套的磨损。如果针阀在关闭状态时卡住，不管喷油泵的供油压力多大，都不能使针阀打开，并且还会在燃烧系统中产生高压振声，甚至损坏喷油泵部件和高压油管。

喷油器卡住后不一定全部报废。用较软的工具除去针阀上的积炭，并用润滑油进行适当的研磨后，可继续使用；若卡滞后拔不出来，可将喷油器放入盛有柴油的容器中，加热至柴油沸腾再取出夹在台虎钳上，用一把鲤鱼钳（钳口应包铜皮等软物）夹住针阀用力往外拔，一面拔一面旋转，反复多次即可将喷油器的针阀拔出。

如果针阀无法用上述方法拔出或拔出过程中损坏，则必须更换新的喷油嘴偶件。为溶解新的喷油嘴偶件上的防锈油，应把新的喷油嘴偶件放在 70～80℃的柴油里煮 10 min，然后在干净的柴油中将针阀在阀体内来回抽动，将防锈油彻底清洗干净。如果只清洗而不煮，就不能完全洗净喷油器偶件内的防锈油，工作时容易使针阀积炭、胶结甚至卡住。另外，清洗针阀偶件时不得与其他硬物相碰，以防止刮伤针阀导向面。

（3）喷油器磨损

对轴针式喷油器而言，密封锥面（针阀锥面与针阀体锥面）的磨损是由于喷油器弹簧的冲击与柴油中杂质的作用所致。密封锥面磨损后会使锥面密封环带接触面加宽，锥面变形，表面粗糙度值升高。其结果造成喷油嘴滴油，喷孔附近形成积炭，甚至堵塞喷孔。喷油嘴滴油，当机油温度低时，排气管会冒出股股白烟，机油温度上升后则变成黑烟，有时排气管还会发出不规则的放炮声。若停止向该缸供油，排烟和放炮声即消失。可用少许氧化铬细研磨膏、牙膏或润滑油对锥面进行研磨，或更换针阀偶件，研磨后应注意清洁。

喷孔扩大是因喷油器工作时高压油流不断喷射、冲刷喷孔所致。喷孔扩大导致喷油压力下降，喷射距离缩短，柴油雾化不良，缸内积炭增多。对于多孔直喷式喷油器，由于孔数多，孔径小，喷孔扩大的维修难度较大。一般情况下采取更换针阀偶件的办法来修复喷油器。

针阀与针阀孔导向面磨损是由于柴油中含有杂质所致。磨损后间隙增大，结果使喷油嘴的回油量增多，供油量减少，喷油压力降低，喷油时间延迟。这种状态下，柴油机既不能全负荷工作，又会造成起动困难。为防止针阀及针阀孔导向面磨损，应按时保养柴油滤清器，经常排放滤清器和油箱内的沉淀油，以防止因灰沙、杂质的侵入而加速针阀偶件的磨损。对于磨损严重的针阀，应及时更换新的针阀偶件。

（4）喷孔堵塞

1）喷孔堵塞的主要原因

①柴油机长期放置，喷嘴锈蚀，导致喷孔半堵塞或完全堵塞。

②如果燃油中混进了固体杂质微粒，或因燃烧不良产生积炭，工作时间稍长就会积结在喷油器的喷孔周围，使喷孔成半堵塞状态。喷孔一旦被堵塞，喷油泵的供油压力就会上升并伴有敲击的声音发出。

2）防止喷油孔堵塞的方法。一方面是对进入喷油器的燃油经过严格的多道过滤；另一方面通过改进燃烧的办法，防止因积炭过多而堵塞喷孔。

3）喷孔堵塞的排除方法。先将喷油器拆下，用机械方法或弱腐蚀溶液清除喷嘴上的积炭或铁锈。在保护好密封座面不受损伤的情况下，用钢丝或加工喷孔时使用的钻头清理喷孔内的积炭或铁锈。使用钢丝清除喷孔内的积炭或铁锈时，必须将钢丝装在夹头中，并且钢丝露出喷孔的长度应不超过 2 mm，以便得到较大的弯曲强度，防止钢丝折断在喷孔中。

（5）喷油压力过高或过低

喷油压力过高的原因如下：针阀粘住或卡死在针阀体内；调压弹簧压力过大；喷孔堵塞。

喷油压力过低的原因如下：针阀导向部分与针阀体间隙过大或针阀锥面密封不严；喷油嘴与喷油器体接触面密封不严；调压螺钉松动；调压弹簧压力太小或折断。

出现喷油压力过高或过低现象时，应将喷油器拆开清洗，并进行相应的调试和修理。喷油压力调整得过高或过低都会导致柴油机工作不稳定和功率不足，甚至导致燃烧室及活塞等零件的早期磨损。一般来说，如果喷油压力调整得过低，将使喷油的雾化质量大大降低，柴油消耗量增加，且不易起动柴油机。即使能起动，因柴油机燃烧不完全，排气管会一直冒黑烟，喷油嘴针阀也容易积炭。如果喷油压力调整得过高，则易引起柴油机在工作时产生敲击声，并使功率下降；同时，也容易使喷油泵柱塞偶件及喷油器早期磨损，有时还会把高压管胀裂。

通过加强柴油机喷油器的故障分析及排除工作，能有效降低柴油机的故障率。喷油器的故障会直接导致柴油机的工作不正常，但柴油机的故障并非都由喷油器引起。因此，对喷油器故障的判断应仔细，不可贸然对喷油器进行拆检，从而破坏其加工与装配精度。此外，为减少喷油器故障，延长喷油器的使用寿命，应定期做好对喷油器的维修、保养

工作，进行油密试验，装配时针阀偶件必须成对更换。注意不同机型使用不同规格的喷油器针阀偶件，同时注重柴油机燃料系统的整体维护工作。

6. 调速器故障

若调速系统出现故障，柴油机就不能保持稳定的转速，导致柴油机动力性与经济性显著下降。严重时转速迅速升高，易发生飞车故障，若不及时采取紧急措施，就会发生严重的事故。因此，减少调速系统的故障对保证柴油机正常工作极为重要。

（1）运转不稳或“游车”

柴油机转速不稳的主要原因如下：

1）供油齿杆移动阻滞。

2）调速器内部杠杆系统的连接销及销孔、飞锤组件等因磨损松旷而使自由行程增大、调节灵敏度下降。

3）调速器内部各种调速弹簧卡滞、折断、调整不当或因长期使用疲劳而变软。

4）润滑油不足、变质或过脏，使调速器部件运动阻力增大而降低动作灵敏度。

（2）柴油机飞车

凡是导致调速不灵敏的原因严重时都会造成飞车。包括调速器转速过高，调速部件因生锈而卡滞，调速器内各杠杆销子装配过紧，各杠杆虽可以移动但不灵活，调速器壳体内的机油油面过高或黏度过高，使飞锤旋转甩开困难等。

（3）柴油机起动困难

有关调速器部分造成起动困难的主要原因包括起动弹簧脱钩或损坏，供油齿杆前移阻滞，供油齿杆装配位置不当等，导致柴油机起动时供油量不足而难以起动；供油齿杆导动销脱落，供油齿杆将不受控制等。

四、柱塞式喷油泵燃油系统故障案例分析

1. 油水分离器密封不严导致油路进空气

（1）故障现象

一辆某型号挖掘机，柴油机正常起动后不久自行熄火。

（2）故障查找及分析

检查油箱的油量，发现油箱中油位正常。打开低压油路中的放气螺塞，用手油泵供油，发现供油系统中有空气。排出空气后，柴油机顺利起动，但工作不久，柴油机又渐渐自动熄火，同时发现燃油回油管三通接头处有泡沫状柴油溢出。拆下接头紧固螺母后，发现接头内密封圈有裂纹，但更换此接头后起动柴油机，故障现象仍然相同。再次打开

柴油滤清器上的放气螺塞时，有大量泡沫渗出，表明供油系统再次进入空气。

仔细检查油箱至输油泵进油口处，用手油泵泵油时，发现油水分离器上的旋塞处有“滋滋”的漏气现象。拆除油水分离器上的旋塞检查，发现旋塞橡胶密封垫破裂。

在日常维护中，由于油水分离器旋塞被反复拧动，造成密封垫损坏漏气，空气进入燃油系统，在油路中形成气阻，使喷油泵供油中断，柴油机便自动熄火。

（3）故障排除

更换损坏的油水分离器密封垫，排出供油系统的空气后，柴油机工作正常。

2. 高压油路有空气导致柴油机运转中突然熄火，无法再次起动

（1）故障现象

一辆采用康明斯 6BT 柴油机的挖掘机，在正常运转中柴油机突然熄火，无法再次起动。

（2）故障查找及分析

对柴油机燃油系统外观及管路进行检查，油路无漏油现象，油箱存油充足，断油电磁阀工作正常。松开油路中排空气螺栓，发现油路中有空气，用输油泵泵油，来油顺畅且很快能将空气排净。排净空气后还是无法起动柴油机。再次进行检查，发现油路中又有空气了。对上述检查结果进行分析，认为输油泵来油顺畅，证明低压油路正常，空气可能来自高压油路。

因康明斯 6BT 柴油机不像其他柴油发动机，只要排空低压油路的空气，柴油机就可起动，该柴油机还要对高压油路进行一次排空气。接着逐缸对高压油管进行排空气，当拆下第 3 缸高压油管时，发现喷出的不仅有柴油而且还有空气。于是立即拆检第 3 缸喷油器，发现喷油器针阀卡死在开启位置。可知故障原因是第 3 缸喷油器针阀卡死，使得气缸内气体反冲到回油管，从而进入喷油泵，致使柴油机熄火，无法再次起动。

（3）故障排除

根据检查找到的故障原因，维修人员更换第 3 缸的喷油器，故障消失。

3. 康明斯 6BT 柴油机出油阀偶件关闭不严导致起动困难

（1）故障现象

一辆装有康明斯 6BT 柴油机的东风汽车在正常熄火后常常不能顺利起动，特别是停放一夜后的首次起动，需连续起动多次才能使柴油机运转，而且起动后怠速不稳，加速时容易熄火。

（2）故障查找及分析

根据故障现象，初步判断可能是喷油泵中的出油阀偶件关闭不严导致高压油管燃油回流所致。拆下喷油泵端的高压油管，将油量调节杆置于停止供油位置，用手油泵将油

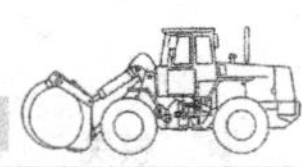

送至喷油泵油腔，此时发现第 2、第 4 缸喷油泵高压油管接头处有油溢出，证实故障是第 2、第 4 缸出油阀偶件关闭不严所致。

当油量调节杆位于停止供油位置时，柱塞的直槽与柱塞套筒的油孔相对，此时手油泵泵入的低压燃油可直接经过直槽进入柱塞的上方作用在出油阀上。由于出油阀被出油阀弹簧压紧在阀座上，要使其开启必须有很大的油压，在正常情况下用手油泵泵油时，由于回油油路中溢流阀的作用，其最高油压要比出油阀的开启压力小，因此出油阀不能升起。而在出油阀不能升起的情况下，高压油管接头处有油溢出证明出油阀偶件锥形密封面密封不严。停车熄火后，特别是停放一夜后高压油管内的燃油倒流回喷油泵低压油腔，下次起动时首先需补足从高压油管回流的那部分燃油，故需连续多次才能起动柴油机。同时，由于部分出油阀关闭不严，使部分缸的实际循环供油量相应减少，造成怠速不良。

（3）故障排除

更换喷油泵出油阀后再试，故障现象消失，柴油机工作恢复正常。

4. 柱塞弹簧规格不当导致柴油车排气冒白烟

（1）故障现象

一辆柴油汽车装配 A 型喷油泵，在运营过程中，排气管突然出现冒白烟的现象，并且日益严重。

（2）故障查找及分析

长期的修理经验表明，柴油机排气冒白烟一般是燃油燃烧不充分所致，因此，怀疑是某缸喷油器出现问题。采用断缸法检查，发现第 3 缸工作不良，其余各缸正常。拆下该缸喷油器在喷油器试验台上进行测试，该喷油器喷油雾化良好，无油束和油滴产生。随后检查喷油泵，发现凸轮上第 3 缸凸轮轴和挺柱体上的滚轮磨损严重，而其余各缸的凸轮轴和挺柱体上的滚轮完好无损。

经询问得知，在修理该柴油机所用 A 型柱塞式喷油泵时，曾因第 3 缸的分泵柱塞弹簧过软而更换过。为了彻底查清故障的根源，将 6 个缸的柱塞弹簧全部拆下进行比较。发现各弹簧的高度一致，但第 3 缸的柱塞弹簧弹力过大，说明第 3 缸柱塞弹簧的规格性能不符合使用要求。因为弹力过大，极易使凸轮轴变形并使凸轮和滚轮加快磨损，当磨损严重时，造成第 3 缸供油时间太晚，导致进入气缸的燃油未充分燃烧，没有燃烧的混合气经过压缩后变成白色油雾从排气管排出，从而出现排气冒白烟的现象。

（3）故障排除

更换第 3 缸柱塞弹簧及凸轮轴、挺柱体上的滚轮等零部件，按标准调试喷油泵后，装机试车，柴油机正常工作，冒白烟的现象消失。

课题 3 发动机润滑与冷却系统典型故障维修

学习目标

1. 熟悉进排气系统及燃油供给系统故障的主要原因。
2. 熟悉进排气系统及燃油供给系统故障案例的诊断与排除方法。

一、润滑系统故障的主要原因分析

1. 润滑油压力过低原因分析

（1）润滑油牌号选错或质量不合格

由于低黏度的润滑油挥发性高，同时密封性也较差，使用中会造成大量的消耗及泄漏。同时，由于黏度过低的润滑油承载能力低，易使油膜破裂，从而引起润滑油压力明显下降。而润滑油牌号选错或质量不合格均可能导致润滑油黏度过低。因此，应正确地选用润滑油，而且应随着季节变化或地域不同来合理地选用润滑油。同时，柴油机必须采用柴油机润滑油，不能以汽油机润滑油代替。

（2）润滑油油量不足

若油底壳内的润滑油油量不足，机油泵的泵油量就会减少或者泵不上润滑油，致使润滑油压力过低，从而导致曲轴与轴承、缸套与活塞等部件润滑不良而加剧磨损。因此，应在开机前检查油底壳中的润滑油量，保证润滑油在规定的范围内。

（3）润滑油中渗入柴油或水

如果燃油输油泵、喷油泵磨损过大，燃油就会漏入油底壳内，导致润滑油黏度降低，润滑性能变差，造成润滑油压力降低。另外由于气缸盖、气缸套破裂，气缸套下部水封圈密封不良，使冷却液漏入油底壳内，不仅使润滑油黏度降低，还会形成大量泡沫，导致润滑油不能连续输送，也会造成润滑油压力过低。因此，开机前应检查润滑油的质量，若润滑油黏度低，油平面升高，则是润滑油中混入了燃油；若润滑油颜色呈乳白色，则是润滑油中混入了水分，必要时应按规定更换润滑油。

（4）润滑油温度过高

如果润滑油温度过高，不但加速润滑油的变质，也容易使润滑油被稀释，导致黏度

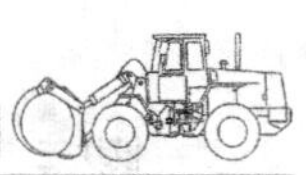

过低，从曲轴与连杆轴瓦等部位的配合间隙中大量流失而导致润滑油压力下降。柴油机长时间超负荷工作，喷油泵的供油时间过迟，冷却系统水垢严重时，均会导致润滑油温度过高。因此，应让柴油机在额定负荷下工作，调整供油时间并及时清除冷却系统水道中的水垢。

（5）旁通阀不密封或弹力过低

由旁通阀原理可知，旁通阀开启后，润滑油不经过机油滤清器直接进入主油道，此时，流通阻力减小，压力就会下降。如果旁通阀不密封或者弹簧失效、折断，旁通阀的开启压力很小或者一直处于开启状态，润滑油压力就会过低。因此，要定期检查旁通阀是否正常工作。

（6）压力调节阀损坏或开启压力过低

由压力调节阀工作原理可知，当润滑油压力大于压力调节阀的开启压力时，调节阀打开，通过将部分润滑油直接回流到油底壳的方式调节机油压力。如果因压力调节阀的弹簧疲劳软化、折断或调整不当而导致弹力不足，以及阀座与钢珠（或柱塞）的配合面磨损或者被脏物卡住而关闭不严时，回油量便明显增加，主油道的油压随之下降。此时，应检修或者更换压力调节阀，将其开启压力调整至规定值。

（7）机油冷却器堵塞

机油泵泵出的润滑油经机油冷却器冷却，再经过机油滤清器后送入主油道。当机油冷却器堵塞时，润滑油的流通阻力增大而使润滑油的流量减少，导致油压过低，此时，应清洗或更换冷却器。

（8）集滤器堵塞

当润滑油过脏、过黏而导致集滤器堵塞时，如果柴油机低速运转，由于机油泵吸油量不大，主油道尚能建立起一定的压力，因而油压正常；但是柴油机高速运转时，机油泵的吸油量会因集滤器的阻力过大而明显地减少，导致主油道供油不足，产生润滑油压力过低的现象。此时，应清洗集滤器，必要时应更换润滑油并清洗油道。

（9）机油泵泵出油量不够

无论是转子式机油泵还是齿轮式机油泵，当机油泵转子（齿轮）间、泵盖平面与转子（齿轮）间等部位的间隙因磨损而超过允许值时，都会导致机油泵的泵油量减少，造成润滑油压力过低。应及时更换间隙超过规定值的机件，或者研磨泵盖平面，并且调整泵盖与转子（齿轮）端面的垫片，使间隙符合要求，必要时应更换机油泵总成。

（10）润滑系统油道堵塞

在柴油机润滑系统中，当主油道以外的油道，如机油泵至机油冷却器或机油滤清器至主油道等润滑油道堵塞时，会导致润滑油的流通阻力增大，从而使润滑油的流量减少，致使润滑油压力过低，此时应对油道进行清洗。

（11）润滑系统油道漏油

当润滑系统的油道有漏油现象时，润滑油压力便明显地下降。可在柴油机低速空载运转时，观察各油管、接头和其他泄漏点，根据涌出润滑油的情况确定故障部位。发现故障点后，应焊补并且进行压力试验，确保不再泄漏时才能使用。

（12）机油压力传感器失效

正常情况下，机油压力传感器的阻值随着压力的变化而有规律地变化，但是当机油压力传感器失效后阻值过大时，机油压力表的指示值就会过低。此时可将传感器的接线断开，然后用万用表进行测量，若阻值过大则说明传感器失效。

（13）机油压力表失效

机油压力表指示值过低时，经过测量机油压力传感器没有损坏后，可用万用表测量压力表的阻值，若阻值过高，则说明机油压力表失效。也可在柴油机低速空载运转时，慢慢地松开机油压力传感器，若润滑油涌出量正常，则说明机油压力表失效。

（14）曲轴与轴瓦配合间隙过大

当柴油机长期使用后，或者由于修配不当而导致曲轴连杆轴颈与连杆轴瓦的配合间隙增大时，曲轴轴颈和轴瓦间无法形成油膜，润滑油的泄漏量增大，致使润滑油压力过低。由试验结果可知，该间隙每增加 0.01 mm 时，油压就下降 10 kPa。此时，可通过修磨曲轴及选配相应尺寸的连杆轴瓦，使配合间隙恢复到规定值，必要时应更换曲轴。

（15）曲轴油封泄漏

曲轴前、后油封主要用来密封，在装配过程中如果方法不当，或者在柴油机的使用过程中造成油封磨损严重时，都会出现润滑油泄漏而导致润滑油压力过低的故障。因此，拆装曲轴后应及时更换油封，而且在装配过程中要小心谨慎，保证密封性良好。

（16）摇臂轴与摇臂的间隙过大

康明斯柴油机的润滑油从主油道通过垂直油道进入配气机构摇臂轴进行润滑，然后回到油底壳。如果配气机构中的摇臂轴与摇臂的间隙过大，会造成较多的润滑油直接流回油底壳，就会导致润滑油压力过低。为判断该间隙是否过大，可在起动柴油机后打开气门室罩盖，观察摇臂架上润滑油的流量。

2. 润滑油压力过高原因分析

柴油机的润滑油压力过高时，会影响柴油机的起动性能和经济性，严重时会出现撑破机油滤清器等部件的事故。需要注意的是，在冬季，刚起动柴油机后会发现润滑油压力偏高，待温度升高时油压会降至正常值。

（1）润滑油黏度过高

柴油机润滑油的黏度牌号应根据使用的环境温度和零件的最大温度来选择。如果用错或牌号不对，柴油机运转时会因润滑油黏度过高而导致流动性能变差，从而出现润滑

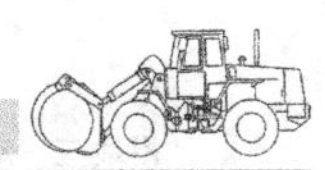

油压力过高的故障。因此，应正确地选用润滑油，随着季节变化或地域不同来合理地选用润滑油。

（2）柴油机的工作温度过低

柴油机工作正常时，温度会逐渐升高，最终稳定在一个正常的范围内。由于润滑油的黏度随着温度的升高而降低，所以，如果柴油机工作时温度一直过低，润滑油的黏度就会过大而导致流动性能变差，从而出现润滑油压力过高的故障。

（3）压力调节阀弹簧压力调整不当或卡死

压力调节阀通过顶开阀门使部分润滑油回流到油底壳来保持润滑油的压力在正常范围内。若压力调节阀的弹簧预压力调整过大或卡死，当柴油机的油压过大时，阀门不能及时打开，就会导致柴油机的润滑油压力过高。此时，应将其开启压力调整至规定值。

（4）机油滤清器滤芯堵塞，且旁通阀开启困难

旁通阀的作用是当机油滤清器过脏而堵塞时，润滑油压力升高，顶开旁通阀阀门而使润滑油直接进入主油道。如果旁通阀出现卡滞或者开启压力调得过高，滤清器被堵塞时就不能及时顶开，润滑油的流通阻力增大，油压就会过高。因此，一方面应按规定及时更换机油滤清器；另一方面要正确地调整旁通阀的开启压力，必要时应更换。

（5）机油压力传感器失效

正常情况下，机油压力传感器的阻值随着压力的变化而有规律地变化，但是当机油压力传感器失效后阻值过低时，机油压力表的指示值就会过高。此时可将传感器的接线断开，然后用万用表进行测量，若阻值过低则说明传感器失效。

（6）机油压力表失效

机油压力表指示值过高时，经过测量机油压力传感器没有损坏后，可用万用表测量压力表的阻值，若阻值过低，则说明机油压力表失效。

（7）润滑系统油道堵塞

长期不更换润滑油或者柴油机的工作环境较差时，油道会出现堵塞的现象。当主油道以后的油道堵塞时，润滑油的流通阻力变大，润滑油压力过高。可在柴油机低速空载运转时慢慢地松开各油管接头，根据涌出润滑油的情况确定故障部位，然后对堵塞的油道进行清洗。

（8）曲轴主轴承、连杆轴瓦等配合间隙过小

长期使用低级别或者低性能的柴油机润滑油时，会在柴油机内部形成较多的油泥和积炭，导致曲轴主轴承、连杆轴瓦等配合间隙过小，从而出现润滑油压力过高的现象。

（9）曲轴箱的通气孔堵塞

曲轴箱的通气孔主要用来排出燃烧室漏入的少量高压气体，从而保持压力平衡。如果通气孔堵塞，就会导致曲轴箱内的压力过高，特别是当活塞环与气缸的配合间隙过大时，进入曲轴箱的高压气体就会过多，从而导致润滑油压力过高。

3. 润滑油压力波动原因分析

柴油机在运转中，机油压力表有时会出现指针左右摆动的现象，说明主油道的润滑油压力不稳定，应立即停车检查。

（1）机油泵吸入空气

当油底壳润滑油油量不足，而且柴油机在高低不平的地面上运行时，集滤器可能会露在润滑油外，此时机油泵就会吸入空气，引起润滑油压力波动。另外，机油泵泵体与泵盖及缸体间的纸垫破损或未压紧时，以及集滤器与机油泵的连接处未压紧，也会使机油泵吸入空气。

（2）旁通阀频繁开启

当机油滤清器堵塞，而且旁通阀弹簧疲劳软化或者调整不当时，其开启压力较小，导致润滑油压力稍有上升时旁通阀就会开启，润滑油压力降低后，旁通阀又会关闭。此时，润滑油压力会由于旁通阀频繁开启和关闭而产生波动。

（3）机油压力调节阀频繁开启

当机油压力调节阀的滚珠（柱塞）锈蚀、阀座偏磨或者弹簧严重变形时，机油压力调节阀就会产生卡滞现象，即不能随着润滑油压力的变化灵敏地开启或关闭，而是间歇性地时开时关，此时会出现压力忽高忽低的现象。另外，当机油压力调节阀弹簧疲劳软化或者调整不当时，其开启压力较低。当润滑油压力上升时，阀门就会开启；而当润滑油压力降低后，阀门又关闭，压力又上升，从而导致润滑油压力波动。

（4）机油压力表或传感器故障

当机油压力表或传感器有故障时，会出现润滑油压力指示值波动的现象。

（5）机油压力表与传感器的接线接触不良

如果机油压力表与传感器的相关接线接触不良或者松动，会导致测量回路中的阻值不断发生变化，从而使机油压力表的指示值产生波动的现象。

4. 没有润滑油压力原因分析

柴油机在运行过程中，如果没有润滑油压力，应立即停机，查明原因后才能继续工作。

（1）机油泵停转

当机油泵损坏或者驱动齿轮与驱动轴的固定销剪断、连接键脱落及机油泵吸入异物而将机油泵齿轮卡死时，都会使机油泵停止转动，这时润滑油压力会随之降为零。

对于转子式机油泵，如果机油泵轴与内转子间的过盈量没有或者极小，在机油泵工作时，由于内转子与泵轴相互移动，固定销很容易被切断。所以，保养时应检查泵轴在内转子上是否晃动，若有少许晃动即应修复或者更换。

在安装机油泵总成时应检查转子平面与壳体的间隙，即将钢直尺平放在壳体上，用

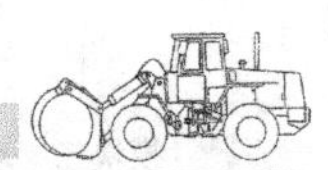

塞尺测量转子平面和钢直尺下面之间的间隙，不得大于0.15 mm，如果超过极限，应更换整套转子。

（2）润滑油管道破裂

机油油道破裂而导致润滑油大量泄漏时会造成没有润滑油压力。

（3）机油压力传感器损坏或导线开路

当机油压力传感器损坏或导线断开时，压力表与传感器相当于开路，机油压力表就没有指示。此时可将传感器的接线断开，然后用万用表进行测量，若阻值为无穷大，则说明传感器损坏。

（4）机油压力表损坏

机油压力表指示值为零时，经过测量机油压力传感器没有损坏后，可用万用表测量压力表的阻值，若阻值过大，则说明机油压力表损坏。也可在柴油机低速空载运转时慢慢地松开机油压力传感器，若润滑油涌出量正常，则说明机油压力表损坏。

5. 润滑油消耗量过大原因分析

柴油机运转时，机油有一定的消耗，并且随着其工作环境及负载的不同而有所变化。但当润滑油消耗量远大于额定消耗量时，则表明为过量消耗。润滑油过量消耗不仅不经济，而且还会导致柴油机各部件严重磨损和早期损坏等事故。因此，保持柴油机机油适量的消耗是持续发挥柴油机性能的必要条件，是延长其使用寿命的重要保障。

（1）润滑油性能不佳

如果机油的挥发性和抗泡性不佳，润滑油消耗量就会过大。试验表明，油的馏分范围越轻，挥发性越大，润滑油的消耗也越大。另外，油温、机体温度过高也会造成润滑油挥发过大，润滑油消耗增加。

润滑油的抗泡性是指润滑油在激烈的搅拌过程中抗泡沫形成的能力。如果抗泡性较差，在工作时就会产生较多泡沫，这样会导致润滑油的密封性和润滑效能下降，而且形成绝热层，使传热效果下降，从而加速缸壁、活塞和环壁的磨损，引起机油的上窜，增大润滑油的消耗。

（2）润滑油黏度等级选择不当

据调查资料显示，因润滑油黏度等级选用不当引起柴油机过度磨损是造成润滑油过量消耗的主要因素之一。

油的黏度过高时，其残炭含量较大，凝点较高，热氧化安定性、低温起动性、润滑性、洗消作用及泵送性也较差，极易引发活塞（环）与缸壁间产生半干（干）摩擦，从而导致活塞环（气缸）过度磨损、弹力减弱、粘环及油环回油孔被沉积物堵塞等，造成大量润滑油窜入燃烧室，引起过量消耗。润滑油黏度低，流动性、冷却性及洗消作用较好，但黏度低于一定值时，润滑油消耗会大大增加，见表3—3—1。因为低黏度润滑油挥发性高，同时密封性也较差，造成大量消耗及泄漏。同时，黏度过低的润滑油，由于承载能力低，易使油膜产生破裂，从而引起润滑油压力明显下降，使其不能有效输送到各工作部位，导致机件得不到正常的润滑，加速气缸、活塞环的磨损。

表 3—3—1　　润滑油黏度与消耗的关系

润滑油黏度 μ（98.9℃）（mm^2/s）	6	8	10	12	14
润滑油消耗（L/10h）	1.55	1.10	0.80	0.65	0.50

（3）润滑系统泄漏

润滑系统各油路接头、油管、衬垫、油封等处的漏油均会增大润滑油的消耗量。应加强对气缸垫、气门阀座、导管密封圈及喷油器等机件的密封性检查，并保持其良好的技术性能。

（4）油底壳润滑油油面过高

如果油底壳内的润滑油油面过高，曲轴旋转时，曲柄、平衡块和连杆大头会激溅过多的润滑油并飞落到气缸壁上，而且由于油环在高速滑动时的刮油性能下降，使油环刮不净气缸壁上多余的润滑油，造成部分润滑油窜入燃烧室中烧掉。这不仅增加了润滑油的消耗量，而且使燃烧室积炭增多，加速了活塞、活塞环和气缸套的磨损，增大了活塞环胶结和喷油器喷孔堵塞的可能性。

（5）润滑油压力过高

润滑油压力过高时，润滑油的挥发性等方面也发生相应变化。试验表明，润滑油压力越高，润滑油的消耗量也越大（图 3—3—1）。因此，在使用过程中应将润滑油压力调整至规定值。

（6）冷却液温度过高

如果柴油机工作时冷却液温度过高，就会引起润滑油的黏度降低，造成润滑油的挥发速度加快，从而增加润滑油的消耗量。冷却液温度与润滑油的消耗关系如图 3—3—2 所示。应定期清洁冷却系统，检查节温器等部件，使冷却液温度保持在正常范围内。

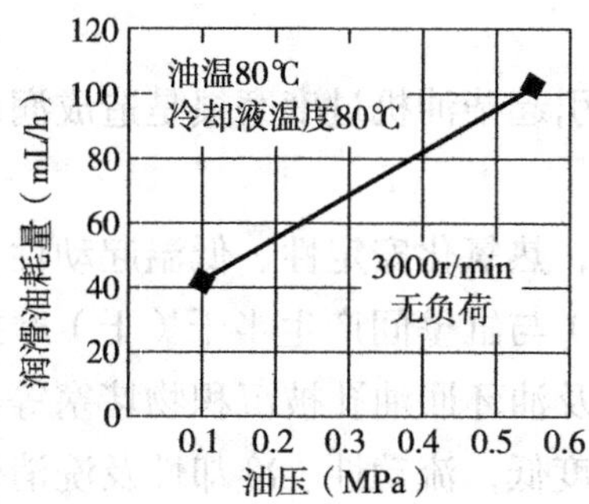

图 3—3—1　润滑油压力与润滑油的消耗关系

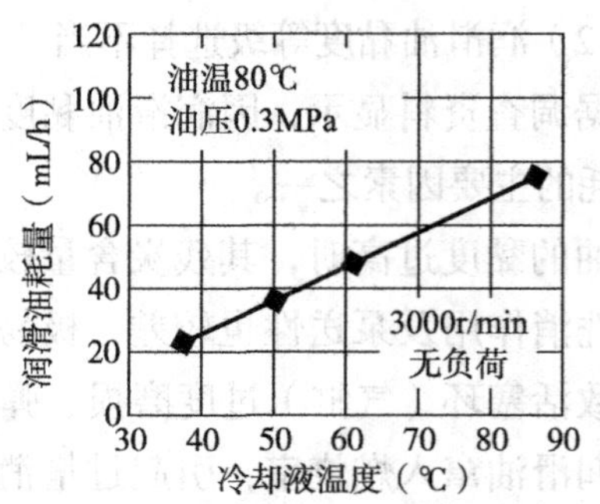

图 3—3—2　冷却液温度与润滑油的消耗关系

（7）气环过度磨损

柴油机工作时，气环随活塞做高速往复运动，存在气环泵油作用。当活塞环端面间隙正常时，气环的泵油量是有限的；当气环端面因磨损使间隙过大或者破裂时，活塞环的泵油作用会大大增强，使得润滑油从开口间隙进入燃烧室燃烧，润滑油的消耗量明显增多。

（8）油环过度磨损或断裂

油环的功用是将气缸表面多余的机油刮下，不让它窜入燃烧室，同时使气缸壁上的油膜均匀分布，从而改善活塞的润滑条件。当油环过度磨损或断裂时，油环刮油作用减弱或消失，致使气缸壁上的润滑油窜入燃烧室，增大润滑油的消耗量。另外，若油环胶结咬死在环槽中，也会使其失去刮油作用。

（9）气缸套与活塞配合间隙过大

由于磨损使气缸套与活塞的配合间隙过大，将导致活塞在气缸内上下运动时产生偏摆，活塞下行时，大量的润滑油进入活塞环与环槽；活塞上行时，将过量的润滑油压入燃烧室造成消耗。当空气滤清器失效，润滑油选用不当或污染变质，燃油的品质差或燃烧不良时均会引起过度磨损。

柴油机运转过程中，当气缸热变形超过某一限度时，活塞、活塞环不能充分适应气缸的变形量，在局部也会出现较大的间隙，造成大量的润滑油窜入燃烧室。同时，气缸变形还将导致活塞环在气缸内高速滑动时的运动状态发生变化，产生轴向和径向的扭曲及变形，增大磨损量，更加速了润滑油的消耗。造成气缸变形的原因主要有以下几点：缸套壁厚不均匀或装配过盈量大；缸套装入缸体后上平面凸出量过大（湿式缸套）；气缸盖螺栓松动或紧固时扭力不均匀；柴油机爆燃以及气缸套加工精度低，材质不良或壁厚不均匀。因此，在维修和装配时要加强对气缸及其他配合间隙的检查。

（10）气门导管过度磨损或油封损坏

柴油机工作时，如果气门导管过度磨损或油封损坏，将导致气缸盖顶部大量的润滑油漏入进气腔和排气腔及滞留在气门导管和气门杆间隙内。在进气、排气过程中，由于气体流速较大，产生很大的负压，使漏入进气腔和排气腔及滞留在气门导管内的润滑油被吸入气缸内或排到大气中，造成润滑油过量消耗。

（11）涡轮增压器损坏

涡轮增压器的压气机叶轮与中间壳之间的O形密封圈和密封环损坏时，会导致润滑油从涡轮增压器中间壳经压气机叶轮室进入气缸。另外，当增压器回油管堵塞、变形或其他原因造成回油不畅时，增压器中间壳内的润滑油压力增大，以致润滑油从增压器两端密封环处漏出。以上两种情况都会导致润滑油消耗量过大。

（12）其他原因

柴油机的运行方式不同，润滑油消耗量也有较大差异。试验表明，起动、停机频繁；

反复多次加速、减速及经常在制动状态下运转的柴油机，其润滑油消耗量比稳定转速下的消耗量增加 10%～30%。

6. 油底壳内润滑油油面升高原因分析

（1）空气滤清器堵塞

空气滤清器堵塞时，柴油机进气不足，燃烧不完全，多余的柴油一部分随废气排出，另一部分会沿着缸壁流进油底壳，导致润滑油油面升高。

（2）喷油器喷油压力过低

当喷油器的压力调整不当造成喷油压力过低时，柴油机运转中由于油量过多导致燃烧不完全的柴油会沿气缸壁流入油底壳中，从而抬高润滑油油面。

若喷油嘴偶件严重磨损或卡死，也会造成喷油压力过低或者滴油，燃烧不完全的柴油会沿气缸壁流入油底壳中，从而抬高润滑油油面。

（3）柱塞偶件磨损严重

柱塞偶件磨损严重时，柴油渗入高压油泵后流入油底壳。

（4）气门间隙过大

如果气门间隙调整不当或者其他原因导致气门间隙过大，喷入气缸内的柴油得不到充分燃烧，未燃烧完的燃油就会顺缸壁流入油底壳。

（5）PT 泵主轴油封失效

如果 PT 泵主轴油封由于磨损过度而失效，柴油就会由此进入正时齿轮箱，然后到达油底壳。

（6）机油冷却器损坏

机油冷却器滤芯损坏或密封不严均会导致冷却液混入机油中，导致油底壳润滑油油面升高。

（7）气缸垫损坏

气缸盖与柴油机缸体间是靠气缸垫密封的，缸体水道在气缸垫上有相应的密封圈，以保证冷却液不泄漏。如果柴油机缸盖或缸体平面的平面度误差超出允许范围，势必造成气缸垫密封不严，冷却液就可能漏进油底壳内。另外，如果柴油机缸盖螺栓未按规定拧紧或在清洗过程中表面未处理干净，造成气缸垫未压紧，此时也会造成冷却液泄漏。

（8）气缸套封水圈损坏、缸套穿孔或缸体等有裂纹

如果气缸套封水圈变形、损坏而导致密封不严或缸套穿孔，冷却液就会流入油底壳。缸体等有裂纹时也会出现该故障。

（9）水泵水封失效

康明斯柴油机的水泵组合在缸体内，并且通过正时齿轮室的齿轮来传动。如果安装在主动轴的水封损坏，冷却液就会从主动轴进入齿轮室后再流入油底壳。

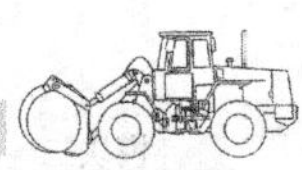

7. 润滑油变质原因分析

润滑油在使用过程中，由于来自外界的灰尘或者运转机件过度磨损产生的金属屑及零件受侵蚀而形成的金属盐等会使润滑油变质。润滑油变质后呈深黑色，泡沫多，用手指研磨无黏稠感，滴在白试纸上呈深褐色。被污染、氧化变质的润滑油在使用过程中会产生可溶性酸性物质和不可溶性胶状沉淀物而沉积在油道孔口、滤清器及各零件间隙内，造成各零部件运动副表面供油不足，使之发生金属之间的直接干摩擦和磨料磨损，从而造成柴油机抱轴、拉缸等严重事故，使柴油机的使用可靠性严重下降。主要原因包括以下几点：

（1）杂质混入润滑油

杂质侵入润滑油后会像磨料那样渗进各运动件的配合面，将大大缩短机件的使用寿命。因此，加注润滑油时一定要确保清洁，防止灰沙、尘土侵入。另外，应按时保养空气滤清器和柴油滤清器，以免杂质从气缸进入油底壳。

（2）新、旧机油相互混合

在旧润滑油仍在使用的情况下，加入不同成分和特性的新润滑油，使得新、旧润滑油因特性不同而发生化学反应，造成润滑油颜色变黑。

（3）人造润滑油与矿物润滑油相互混合

润滑油可分为人造润滑油和矿物润滑油两大类。人造润滑油中含有一定数量的胶状石墨，如果与矿物质润滑油混合，就会发生化学反应，使胶状石墨分解，不仅使润滑油颜色变黑，同时破坏了润滑油的润滑性能。

（4）缸套活塞不密封

当缸套磨损过大时，缸套和活塞就会不密封，从而导致严重漏气或废气进入曲轴箱，使机油过早变黑。

（5）机油滤清器过脏

柴油机工作时磨损下来的金属屑、尘土和燃烧杂质等与润滑油掺和，润滑油经过机油滤清器过滤后，进入下一个循环。如果滤清器过脏而被堵后，未经过滤的润滑油就会从旁通阀直接进入主油道，将大大加剧机件的磨损，因此必须按时保养机油滤清器。有些进口柴油机上采用一次性机油滤清器，即到期必须更换，不准清洗后再用。

（6）曲轴箱通风不畅

柴油机在速燃期的过程中，总有一些高压废气从燃烧室窜入曲轴箱，如果通风管被堵住，废气就排不出去，从而会与油底壳里的润滑油发生化学反应，加速润滑油的氧化变质，并形成胶质、积炭、水分或酸性有害物质。废气既腐蚀了柴油机的零部件，又降低了润滑油的润滑效果，因此，一定要保持曲轴箱通风管的畅通。另外，当活塞与缸套、气门与气门导管的配合间隙过大时，高温、高压废气也会由此处大量地窜入曲轴箱，加速润滑油的氧化变质，因此，要及时更换被磨损的活塞、缸套或气门导管组件。

（7）柴油机工作时温度过高或过低

水冷式柴油机的正常工作温度应保持在 80～95℃。温度过高，会使机油变稀，加速润滑油的氧化变质，降低润滑油的作用。温度太低，则会使喷入燃烧室内的柴油得不到充分燃烧，一部分油气就会冷凝成液态顺着缸套流入油底壳，使机油稀释。寒冷地区工作的柴油机在起动后应怠速运转几分钟，待机体温度升高后再加负荷作业。

（8）燃油混入润滑油

如果柴油机高压油泵供油压力低，供油过多，或者喷油器雾化不良，都会使喷入气缸内的柴油得不到充分燃烧。未燃烧完的燃油就会顺缸壁流入油底壳，使润滑油变稀，黏度下降，过早地失去润滑作用。因此，要及时调整喷油器，更换已磨损失效的柱塞、喷油嘴等偶件。

（9）冷却液混入润滑油

润滑油混入冷却液后就变成乳白色，并迅速变质，失去润滑作用。因此，加油时要防止水分混入润滑油中。若发现润滑油油面上升很快，应立即找出原因并排除故障，以免润滑油中混入冷却液。

二、润滑系统故障维修案例分析

1. 机油泵安装不当导致润滑油压力过低

（1）故障现象

一辆康明斯 6CTA 型柴油机，维修后发现润滑油压力过低，调整机油压力调节阀时，压力有所上升，但无法恢复正常状态。测量时发现机油压力表和传感器无故障，润滑油的质量和数量均符合规定。

（2）故障查找及分析

由于该型柴油机自运行以来严格按照维护规程更换润滑油和滤清器，工作环境较好，而且检查时也发现机油较干净，集滤器网也完好，因此，不存在油道堵塞的现象。由于调整机油压力调节阀时压力有所变化，因此，初步判定故障可能是机油泵泵油不足或者是润滑油油道严重漏油及曲轴和轴瓦等配合间隙过大。为了进一步缩小故障范围，开机进行检查。发现机油压力传感器松开后润滑油涌出量较小，因此，基本可以排除曲轴和轴瓦等配合间隙过大的故障。

根据以上分析，首先对机油泵进行检查，发现盖板与壳体之间有两层纸垫，经询问得知，维修人员怕密封不严，所以在原有垫子的基础上又安装了一层纸垫，这显然就是故障原因。转子式机油泵的壳体与泵盖之间有起密封作用及控制转子两侧端面间隙的耐

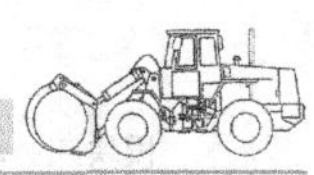

油纸质调整垫片，转子式润滑油依靠内、外转子及壳体端面间形成的工作腔来产生真空而将润滑油吸入，当内、外转子与壳体端面的间隙超过规定值时，机油泵会因内漏严重而使产生的真空度较小，吸入的润滑油量也随之减小，供油压力和供油量明显下降。因此，如果内、外转子与壳体端面纸垫过厚，就会严重影响机油泵的泵油量，导致润滑油压力过低。

检修时，通常按以下方法检查机油泵：将机油泵的进油孔浸入干净的润滑油中，用工具使泵轴按顺时针方向旋转，润滑油应从出油孔溢出。然后堵住出油孔，继续转动泵轴，转动阻力应明显增大；反之，则为压力不足，应成套更换转子。

（3）故障排除

将多余的纸垫卸下，装复机油泵后试车，故障排除。

2. 机油冷却器堵塞导致机油压力过低

（1）故障现象

一辆某型挖掘机装用康明斯 B 系列柴油机，由于润滑油压力低送修未果后，带故障作业，结果造成连杆瓦烧结，曲轴报废。更换曲轴、机油泵等部件后，故障仍未排除。

（2）故障查找及分析

确认润滑油的质量和数量正常后，将压力表接于机油滤清器的出油管处，开机检查发现润滑油压力远远低于正常情况，而且怠速和高速时的压力变化不大，根据以上测量结果和现象分析，可先排除机油泵至机油滤清器油道之间的故障。

在对机油冷却器进行加压试验时，发现其润滑油通路堵塞严重，而且发现机油冷却器盖板内的润滑油油道有结胶现象，即机油冷却器堵塞是本例故障的主要原因。经了解得知，该用户在车辆行驶了 2 000 h 时发现动力有所下降，便给柴油机使用了润滑油添加剂。使用初期动力有所提高，但几个月后，润滑油压力就开始逐步减小，最终导致烧瓦抱轴的故障。显然，这是因为润滑油添加剂在高温下结胶，从而附着在部件和油道上，最终导致机油冷却器及油道部分堵塞，引起润滑油压力下降。

（3）故障排除

采用醋酸溶液浸泡等方法清除冷却器导热芯表面的水垢，然后用汽油注入冷却器导热芯内，反复浸泡、清洗机油冷却器并且清洗油道后故障排除。

3. 集滤器滤网破损引起机油泵故障

（1）故障现象

一辆装配康明斯 B 系列柴油机的挖掘机在施工时，驾驶员感到机器装载逐渐无力，观察仪表时发现水温高、润滑油无压力。检查时发现机油泵主动齿轮断裂，连杆轴瓦刮伤严重。维修人员没有找出故障点就现场更换了机油泵和连杆轴瓦，继续工作时又发现机油压力过低，新换的机油泵主动齿轮再次断裂。

（2）故障查找及分析

机油泵损坏的原因主要有以下四个方面：

1）机油泵惰性齿轮与曲轴齿轮的间隙过小时，机油泵齿轮作用力较大而损坏。

2）当机油泵出口油路堵塞，润滑油压力过高时会导致主动齿轮断裂。

3）由于机油泵齿轮间的间隙较小，若润滑油中有金属杂质时机油泵也可能损坏。

4）机油泵质量有问题。

在本例中，更换新机油泵时，维修人员对机油泵惰性齿轮与曲轴齿轮的间隙进行了测量，在正常范围内。因此，故障点在润滑油和油道上。停机后放出油底壳的润滑油时发现机油太脏，而且含有铁屑和轴瓦的抗摩合金屑，同时机油集滤器的滤网有一个小洞。显然，润滑油中的金属屑不断地进入机油泵，从而导致机油泵主动齿轮断裂。

（3）故障排除

更换相应部件后，对油道和机油冷却器等进行了清洗，挖掘机工作正常，故障排除。需要维修人员注意的是，机油泵损坏会造成烧瓦抱轴等严重事故，因此，必须在查明故障原因后才能继续工作。

4. 气门导管内壁磨损严重导致润滑油消耗量过大

（1）故障现象

某型挖掘机装配康明斯N系列柴油机，工作过程中出现过热和润滑油消耗过快的故障。起动柴油机，发现稳定运转时排气管冒蓝烟。

（2）故障查找及分析

首先拆下空气滤清器滤芯后起动柴油机，发现排烟现象并未发生变化，说明冒蓝烟现象不是由于进气不充分引起的。初步判断柴油机存在烧润滑油的现象。考虑到该挖掘机已经使用了较长时间，可能是由于缸套过度磨损或活塞环损坏引起的烧机油。因此，拆下柴油机缸盖，发现活塞顶部有未燃烧完的润滑油，并且燃烧室内积炭较多。然后观察缸壁磨损情况，发现缸壁磨损并不严重。拿出活塞后，活塞环也没有装反，检查活塞环槽、活塞裙部、缸壁及活塞环的状况，并没有发现异常。因此，排除了润滑油从活塞与缸套间进入燃烧室的可能性。进一步判断，燃烧的润滑油极有可能是沿气门导管进入燃烧室的。拆下进气门和排气门，检查发现气门在导管内上下移动的同时径向也可微量晃动，气门杆和气门倒角锥面上有残留润滑油。

经过测量，发现有的气门导管管径过大。用棉纱将气门导管内壁擦干净，通过仔细观察，发现气门导管内壁磨损严重，由此可以判断烧润滑油的现象就是由于气门导管过度磨损引起的。推断可能是维修及更换新气门导管时，有的气门杆穿过气门导管时发紧、发涩，修理工对其进行了修磨，导致管径偏大。而且损坏了存油的螺纹线，这样造成柴

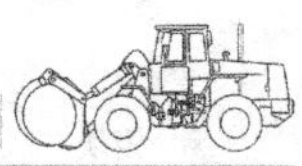

油机运转时，摇臂室里的润滑油就容易沿气门导管内壁或气门杆经气门头部流进燃烧室，导致润滑油消耗异常，排气管排烟不正常。

(3）故障排除

更换一组新的气门导管。在装配时，使用锤子和胎具镶装导管，敲击的同时应不断旋转胎具，这样能保证导管镶装不偏斜。气门杆在装配后的导管内上下运动时应不发涩，气门落座应迅速、准确并与气门座接触良好，从而起到良好的密封作用。装复后试机，排烟和润滑油消耗均正常。

三、冷却系统故障的主要原因分析

柴油机工作时，与高温燃气相接触的活塞、气缸套、气门等零部件从燃气中吸收了大量的热量，具有很高的温度。因此，柴油机通常采用水冷方式，因为水冷系统更便于调控温度，有利于延长柴油机的使用寿命及降低燃油油耗，而且还可利用冷却液的热量来提高驾驶室与车内的温度，用作暖风装置的热源。但如果冷却系统失效，也会导致一系列不利的后果，因此，应及时排除冷却系统故障。冷却系统典型故障主要包括过热和过冷。

1. 柴油机过热

柴油机工作时，如果冷却液温度过高，会降低活塞、气缸套等零部件的强度，并过早地发生磨损，甚至变形。同时，过高的温度将使零部件的膨胀量过大，零件之间的配合间隙过小，造成运动件表面拉伤，甚至卡死。此外，机体温度过高时，进入燃烧室内的气体温度也会升高，密度减小，实际进入燃烧室内的气体量减少，导致柴油机功率下降。

柴油机过热的主要原因有两个方面：一是冷却系统的散热能力下降；二是柴油机产生的热量增加。

(1）冷却液过少

如果冷却液在正常消耗中减少后没有及时补充，或者由于泄漏等原因造成冷却系统缺少冷却液，柴油机工作时产生的热量就不能被及时带走，从而导致冷却效率降低，冷却液温度过高。

因此，在日常工作中应定期检查液位，若发现冷却液缺少应及时补充。导致冷却液消耗量过大的原因如下：

1）气缸垫局部损坏或变形。若气缸垫在气缸套附近有局部损坏，或者由于未按规定顺序和拧紧力矩拧紧气缸盖螺栓而使气缸垫变形时，都会导致燃烧室周围出现极小的缝隙。柴油机工作时，冷却液在活塞下行吸力的作用下会被吸入气缸，再经高温、高压作用蒸发后，同废气一起排入大气，造成冷却液消耗过大。

2）气缸盖有裂纹。若龟裂发生在进、排气门座鼻梁处，当柴油机工作一段时间后，机器温度升高，水压增大，裂纹处的缝隙就会增大，于是冷却液便从裂纹缝隙处漏出，直接沿排气歧管排入大气。这种原因引发的故障多发生在冬季，如起动机器时，先起动后加冷却液，就会使高温气缸盖急剧降温而产生应力，出现裂纹；冬季放冷却液时，应先让柴油机怠速运转几分钟，待水温下降后再放尽，否则也会使高温机件急剧降温而出现裂纹。

3）缸盖上喷油嘴铜套泄漏。柴油机工作过程中，如果缸盖上喷油嘴铜套漏水，冷却液就会进入气缸中，最终经排气管排入大气，导致冷却液消耗过量。如果泄漏严重，会导致冷却液混入润滑油中。

4）其他原因。当冷却系统连接部位出现泄漏现象时，冷却液会消耗过量。

（2）冷却系统水垢过多

由于水垢的热导率很小，如果冷却系统的水垢过多，势必严重影响冷却系统的散热效果，致使冷却液温度过高。水垢过多使水道堵塞，分水不畅也会导致过热。

如果柴油机冷却系统加注的是含矿物质较多的井水或泉水等硬水，柴油机工作时，由于冷却液吸收热量，蒸发后使水中的矿物盐浓度逐渐增加，达到饱和状态时，矿物盐析出后沉积在冷却系统的管壁或水套内，导致温度过高。因此，在实际工作中应添加自来水、雨水或雪水等清洁软水，最好采用纯净水。

对于长期未清洗水垢的柴油机，若出现过热现象又无法排除时，应考虑是否水套内水垢太多。检查时，可先把冷却液放空，再加满冷却液，并计量注入的体积，若比规定值明显减少，则减少的体积即被水垢所占据，可采用化学溶剂法清洗水垢。

（3）风扇传动带松弛、断裂或张紧轮调节不当

风扇传动带过松或因油污而打滑时，动力难以传递，致使风扇转速低，冷却液流量减小，引起冷却液温度过高。对于车用柴油机，如果风扇的控制电路出现故障，也会导致转速不够或者停止转动，而使冷却液温度过高。

出现故障时应先检查风扇的转动情况及风扇传动带是否打滑。如风扇不转或转速太低，可检查风扇传动带的松紧度。若过松，应检查传动带张紧器是否损坏，若损坏应更换新件。检查风扇传动带的张力是否合适，采用的方法一般是在传动带的最长跨度处用 30 ~ 40 N 的力按压传动带，其挠度为 9.5 ~ 12.7 mm 即可，如图 3—3—3 所示。

对于车用柴油机来说，还应观察工作时风扇的转速是否随着冷却液温度的变化而变化。

冷却风扇装反、扇叶角度变小或新换的风扇规格不符合要求等也会导致柴油机过热。

（4）水泵故障

水泵主要用来对冷却液加压，使其在冷却系统中加速循环流动。在使用中，水泵可能出现漏水、工作不良甚至停止工作等故障。

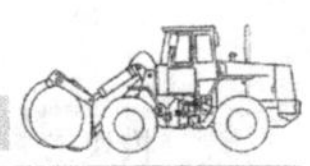

图3—3—3　风扇传动带张力的检查

1）水泵叶轮松脱。如果叶轮与水泵轴连接处的配合松动或松脱，会引起水泵轴不能带动叶轮旋转，水泵停止工作，导致冷却液温度过高。

2）水泵轴折断或磨损。水泵轴折断或磨损后，会导致水泵轴不能带动叶轮旋转，水泵停止工作。

3）水泵叶轮与泵壳及泵盖端面间隙过大。如果叶轮与泵壳及泵盖端面的间隙过大，叶轮旋转时，一部分冷却液会从间隙处泄漏，导致压力不高，冷却液的流量不足，致使温度过高。

4）水泵水封损坏。离心式水泵的轴承处安装有水封，用来防止冷却液泄漏。检查时如果发现水泵泄水孔漏水，说明水封已经破损，应及时拆卸后检查。

（5）节温器故障

一般情况下，柴油机起动后，冷却液温度低于节温器的开启温度时，冷却液做小循环，只吸热而不经散热器散热，冷却液温度升高较快。如果节温器失灵，主阀门无法开启或者开启温度过高，则散热器和柴油机之间的冷却液无法流动，造成冷却液散热不良，导致其温度过高。

拆松散热器进水管，进行起动试验，冷却液应能有力排出；否则，若故障不在散热器出水管，则说明水泵或节温器有故障。进一步拆下节温器进行起动试验，若散热器的进水管仍不排水，则说明水泵有故障。若拆下节温器后散热器的进水管变得排水有力了，则故障出在节温器，应换新件。

（6）水温传感器故障

正常情况下，冷却液温度变化时，水温传感器的阻值也随之相应变化，但当水温传感器的失效阻值过小时，水温表的指示值就会过高。此时可将传感器的接线断开，然后用万用表进行测量，若阻值过小，则说明传感器失效。

（7）水温表故障

水温表指示值过高时，经过测量水温传感器没有损坏后，可用万用表测量水温表的阻值，若阻值过低，则说明水温表失效，应更换新表。

（8）散热器故障

1）散热器芯表面堵塞。柴油机在工作过程中，散热片间有油泥、杂物等堵塞，造成散热不良。遇到此类情况，可在柴油机熄火后，从散热器后面用压缩空气吹或用低压水流冲洗，除去杂物，然后再用软毛刷清理芯部。

2）散热器芯内部堵塞。由于柴油机工作后冷却液温度升高时水中的矿物盐沉积在散热器芯内壁，形成水垢，导致芯管不通畅或被堵塞，散热效果不好，冷却液温度过高。可采用以下方法检查：首先将散热器内原冷却液放掉，然后关闭放水开关，用量器将水加入散热器，比较加入的水量与标准容量之差，即可判断散热器是否堵塞。如果芯管有堵塞现象，应对其进行除垢、清洗。若散热器堵塞较轻时，一般可用具有一定压力的自来水沿冷却液循环的相反方向清洗冷却芯管。若散热器水垢堵塞严重时，可选择除垢、除锈清理剂来清除水垢。

散热器出水胶管老化吸瘪或内壁脱层堵塞等，也会导致水温过高。若散热器温度低，而柴油机温度高，说明冷却液循环不良。检查散热器出水胶管是否被吸瘪，或胶管内壁是否脱层堵塞，若胶管被吸瘪应更换新管。应急处理时，可在吸瘪的胶管内放适当的弹簧进行支承。

3）散热器芯变形或破裂。由于机械损伤等原因，造成散热器芯变形或散热片大面积倒伏，使气流不能通畅穿过散热器芯，散热面积减少，造成散热不良。此时，应将散热器翅片拨至原位，恢复散热器芯的平直形状，并且检查是否有破损现象而导致漏水。

检查散热器各部位温度是否均匀。如果散热器冷热不均匀，说明内部芯管有堵塞或散热片倾倒过多。

（9）散热器冒气泡

1）气缸垫损坏。气缸垫损坏俗称“冲缸垫”。当气缸垫被燃烧产生的高温、高压气体损坏后，气体就会冲入冷却系统，导致水温过高。一方面可通过观察缸体和缸盖结合处是否有气泡；另一方面可起动柴油机并升高转速，观察散热器中是否有大量气泡冒出。若有气泡，则说明气缸垫可能损坏；若确认缸垫损坏，应更换新件。

2）气缸、气缸盖有裂纹或缸套穿孔。如果气缸、气缸盖有裂纹或缸套穿孔，柴油机工作时的高压气体就会从裂纹或破损处进入冷却液通道，造成水温迅速升高。这种故障的主要特征是打开散热器盖时有气泡冒出，而且冷却液表面有一层油渍，如果发现这种现象，应及时查明原因，然后根据故障情况进行焊补或更换。

3）缸盖螺母未拧紧。未按规定力矩拧紧缸盖螺母。若力矩太小，缸盖没有压紧，高压燃气就会窜入水道。应按规定力矩拧紧缸盖螺母，并定期重新拧紧。

4）缸盖平面变形。缸盖平面加工不平或变形，造成漏气。应磨削缸盖平面或更换缸盖。

（10）柴油机长时间超负荷运行

若柴油机超负荷运行，会造成供油量过多。当产生的热量超过柴油机冷却系统的散热能力时，也会使冷却液温度升高。此时，柴油机大多有冒黑烟、耗油量增加、声音异常等现象。

（11）供油时间过迟

供油时间是决定燃烧过程的重要因素，如果供油提前角过迟，就会产生强烈的后燃，使冷却液接触高温气缸壁的时间相对延长，传递给冷却液的热量增加，导致冷却液温度过高。

（12）喷油器滴油、漏油、雾化不良

喷油器工作正常时，雾状的柴油在气缸内气体涡流的作用下形成混合气，着火滞后期短且燃烧过程正常。喷油压力低，雾化质量差；喷油压力高，有利于雾化，但喷油压力过高时，会导致大量燃油喷在燃烧室壁上，形成油膜，不能良好地燃烧，导致排气管冒黑烟或者白烟。可采用逐缸断油法进行检查。

（13）气门间隙过大或过小

气门间隙过大或过小时，会导致配气相位失准，从而使压缩终了时压缩压力降低。进气不充分，排气不彻底，使缓燃期和后燃期延长而产生水温过高的现象。因此，首先应正确调整气门间隙和凸轮轴的轴向间隙，并且在更换凸轮轴、正时齿轮时，应注意新、旧零件的对比，装配时应使各标记点按要求对准。试验测得气门间隙增大或减小 0.1 ~ 0.2 mm 时，配气相位可能提前或滞后 4°~ 6°。

（14）气门、活塞和气缸过度磨损

气门与气门座圈或活塞与气缸磨损过度时，会导致气缸漏气，致使压力下降，燃烧不良，从而引起缓燃期、后燃期过长，出现冷却液温度过高、动力下降、燃油消耗量增加等现象。

气门与气门导管、活塞与气缸磨损过度时，排气管冒蓝烟，这是由于大量润滑油进入燃烧室，蒸发后未能燃烧的结果。因此，在维修或者安装时，应仔细检查气门与气门导管、活塞与气缸的配合间隙，如不符合规定，应更换或者修配。

（15）空气滤清器堵塞

空气滤清器堵塞，会使混合气浓度过高，柴油机工作时排气管冒黑烟，动力下降，且冷却液温度过高。特别是在工程机械上使用的柴油机，由于工作条件恶劣，要特别注意加强空气滤清器滤芯的保养和维护。

康明斯柴油机通常采用机械式空气阻力指示器来检测空气滤清器的空气阻力，以此判断空气滤清器的清洁程度。当滤芯严重堵塞时，空气阻力指示器衔铁会被磁铁吸住，从而一直显示红色，此时应清洁或者更换滤芯。滤芯清洁或更换后，按下复位按钮，指示器恢复正常。

（16）柴油机在 2 500 m 以上的高原地区使用

一方面，高原地区的气压低，所以冷却液的沸点降低，柴油机工作时冷却液挥发加快，导致冷却液减少而使冷却液温度过高；另一方面，高原空气中含氧量少，燃烧过程恶化，随着排气温度的升高而产生后燃现象，导致冷却液温度过高。

此时，可以适当增加散热器盖蒸气阀弹簧的张力，即增大蒸气阀的开启压力，使冷却系统内的绝对压力与普通条件下的压力相当，既能减少冷却液的蒸发损失，又能提高冷却液的沸点。

（17）其他可能导致冷却液温度过高的原因

1）炎热季节在闹市区行车，因频繁起动和长时间怠速运转，散热不良，造成高温。

2）在超载情况下高速行驶容易造成高温。

3）在长距离的上坡路上连续行驶会导致高温。

2. 冷却液温度过低

如果柴油机过冷，散发的热量过多，柴油机燃烧转化成的有效功就会减少，柴油机的燃油消耗率就会增加；零部件温度过低时，膨胀量不足，相互间的配合间隙过大，在运动中发生相互撞击，磨损也会增加。由此可见，冷却过度对柴油机的工作也是十分有害的。

（1）节温器故障

正常情况下，节温器的主阀门应处于关闭状态。只有当冷却液温度高于开启温度时，节温器才开始开启，冷却液进入散热器进行散热。

如果节温器失灵，阀门无法关闭或者卡滞，则柴油机起动后部分或全部冷却液直接进入大循环，造成散热过度，从而导致其温度过低。

（2）水温传感器故障

正常情况下，水温传感器的阻值是随着冷却液温度的变化而有规律地变化，但是当水温传感器失效后阻值过大时，水温表的指示值就会过低。此时可将传感器的接线断开，然后用万用表进行测量，若阻值过大，则说明传感器失效。

（3）水温表故障

水温表指示值过低时，经过测量水温传感器没有损坏后，可用万用表测量水温表的阻值，若阻值过高，则说明水温表失效，应更换新表。也可在柴油机起动时用手触摸散热器，如果感觉冷却液温度并不低，则水温表或传感器及线路有故障。

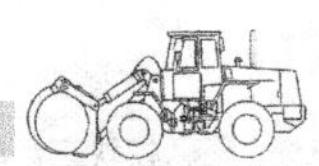

四、冷却系统故障案例分析

1. 节温器故障导致冷却液温度过高

（1）故障现象

某挖掘机用康明斯 C 系列增压型柴油机，空载运转时，冷却液温度达到正常值后逐渐缓慢上升，但是加负载后，冷却液温度上升幅度较快，直至“开锅”，但卸掉负载后温度又缓慢下降。

（2）故障查找及分析

由于该挖掘机使用时间不长，而且是按标准加注的冷却液，因此，可能是冷却液有泄漏或者节温器有故障。在确保冷却液的数量符合规定后开机并且带负载进行检查，发现冷却系统外部无泄漏现象，而且排烟无明显异常。将两个节温器拆卸后进行试验，即将节温器放入带温度计的盛水容器内，然后缓慢加热到节温器的开启温度，发现右侧的节温器不能正常开启。

C 系列康明斯柴油机有两个节温器，温度较低时，两个节温器处于关闭状态，即主阀门均关闭，而副阀门打开，冷却液流向旁通水道，进行小循环；当温度达到节温器主阀门开启温度时，两个节温器主阀门开始开启，处于中间状态，此时主、副阀门均打开，部分冷却液流向散热器，大、小循环同时进行；当温度达到节温器主阀门的全开温度时，两个节温器主阀门全开，而副阀门全关。

冷却液全部流向散热器进行大循环，此时左边节温器的副阀门将旁通通道关闭。可知两个节温器中右侧的节温器不能正常开启，将使大循环的水流量减少，导致带负载后的水温过高。由于大循环仍能部分进行，因而空载时水温正常。

检查节温器工作是否正常的方法如下：将节温器放入带温度计的盛水容器内，缓慢加热到节温器开启温度，保持 5 min，检查节温器是否开启；继续加热使水温达到节温器阀门全开的温度，保持 5 min，测量节温器的升程；另外，当温度下降时，检查节温器阀门是否紧贴阀座。上述检查中若有一项不良，则应更换节温器。

（3）故障排除

更换节温器后故障排除。

2. 膨胀水箱喷水

（1）故障现象

一辆某型挖掘机，柴油机的散热器在使用过程中经常有喷水现象，使冷却液迅速减少，并产生高温，无法正常工作。

（2）故障查找及分析

对该机进行大修时，曾更换了缸套、气缸垫、风扇传动带、水泵易损件和节温器，并对散热器内部进行了彻底的清洗，对缸盖进行了水压密封试验，均未发现异常现象，但在试机时仍出现喷水现象。针对上述故障，对该机的冷却系统进行了认真分析。

该机所用康明斯 NT 型柴油机的冷却系统采用独特的膨胀水箱，膨胀水箱的结构如图 3—3—4 所示。散热器的上水室被隔板 5 分成两部分，其中一部分为膨胀水箱。膨胀水箱由两根细中心气管（除气管）2 与散热器上水室相连通。膨胀水箱顶部设有加水管口，管下部有一小孔，该孔限制了冷却液的膨胀高度。膨胀室的右上方装有空气—蒸气阀，它可以使膨胀水箱内的压力保持在 49 kPa，冷却液沸点为 111.7℃。当膨胀水箱内的压力高于 49 kPa 时，空气—蒸气阀开启并排气；当箱内的压力低于大气压时，空气—蒸气阀也能开启并吸气。

如图 3—3—5 所示为装有上述膨胀箱的 NT 型柴油机冷却系统示意图。由图可见，膨胀水箱 9 与水泵吸水侧通过平衡管 8 相连通，可以防止该处的冷却液产生较大的负压，防止气蚀现象。缸盖出水管的一端有除气管 1 与膨胀水箱 9 相连接。

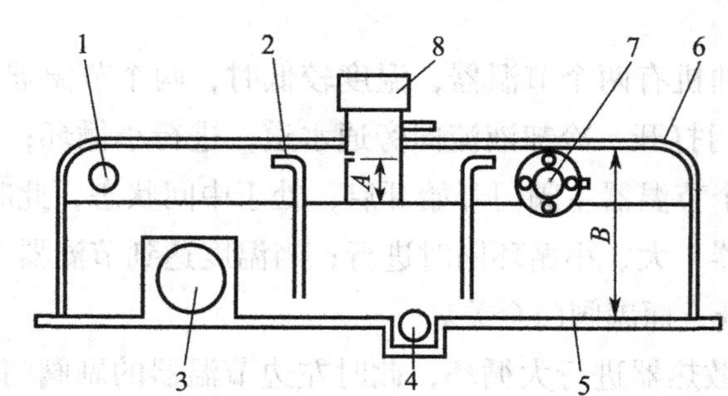

图 3—3—4　膨胀水箱的结构

1—除气管口　2—中心气管　3—进水管　4—平衡管口　5—隔板　6—上水室
7—空气—蒸气阀　8—加水口盖　A—膨胀高度　B—驱气高度

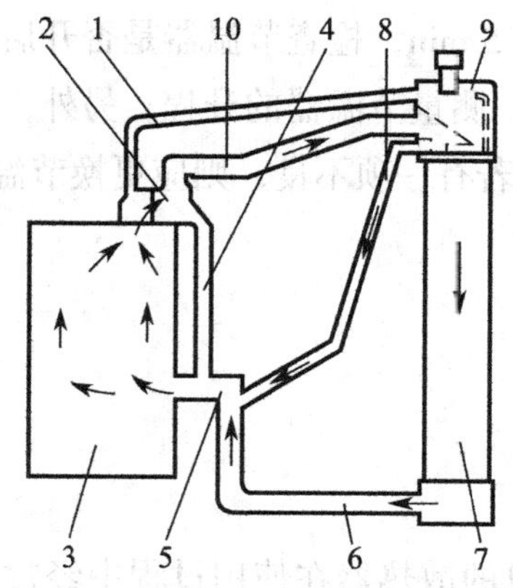

图 3—3—5　柴油机冷却系统示意图

1—除气管　2—节温器　3—气缸体　4—旁通水管　5—水泵　6—水泵进水管
7—散热器　8—平衡管　9—膨胀水箱　10—散热器进水管

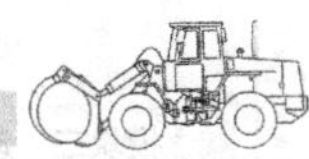

除气管和两根细中心管能有效地分离水中的蒸汽和空气。在系统压力的作用下，气（或蒸汽）水混合物从膨胀水箱上部的除气口进入。在正常情况下，除气口与膨胀水箱中储备的冷却液的液面总保持一定的距离。气（或蒸汽）水混合物在降落过程中，大的气泡膨胀破裂；另外，小的气泡随冷却液落入储备的冷却液中，由于气泡比水轻，会自行向上运动，最终越出液面，进入膨胀空间，实现气水分离，并产生使系统释压的作用。膨胀空间中的蒸汽在适当的强度下冷凝，重新进到冷却液中参加循环。

针对该机出现的故障现象，先排除了缸盖与缸体之间漏气、缸套断裂、传动带打滑、水泵性能不良等可能引起故障的因素，重点对水箱上部的膨胀水箱进行了充气密封试验。试验结果发现，隔板上有许多针眼状的气孔，因此造成了漏气现象，破坏膨胀水箱独特的气水分离作用。这样，就加剧了冷却系统的气阻现象，减少了水泵的出水量，造成冷却系统的高温。

（3）故障排除

更换散热器中的隔板后，装配试机，此故障排除。

3. 缸盖裂纹导致冷却液消耗过度

（1）故障现象

某挖掘机配置的是 C 系列康明斯柴油机，工作过程中出现冷却液温度过高的故障。停机检查，发现散热器中冷却液不足，加足冷却液后，故障消除。但运转一段时间后，故障再次出现并停机检查，发现散热器中冷却液又少了很多。

（2）故障查找及分析

拆下气门室罩盖检查时，发现缸盖上面有少量的白色泡沫，而机油无明显增加，说明有少量冷却液泄漏到润滑油中，以上现象说明冷却液是蒸发掉了，即可能是气缸盖或者缸套等部件有裂纹，导致在进气行程中气缸内形成负压，冷却液由裂纹进入气缸，而压缩和做功行程中，部分冷却液在高温的作用下汽化。在排气行程中，大量汽化的冷却液排入大气，致使冷却液消耗过量，而残留的少量冷却液沿气缸壁流入油底壳，导致润滑油中有少量的冷却液而产生白色泡沫。

对缸盖和缸套进行检查。拆下气缸盖后，发现第 1 缸积炭严重，活塞顶部有水，说明该缸有冷却液泄漏现象，但是检查缸套时却没有发现裂纹。对缸盖进行水压试验，结果发现有水从第 1 缸排气门处流出，拆下排气门时，发现缸盖上的气门座附近有一条清晰可见的裂纹，表明冷却液就是从这里泄漏的。检查缸盖时，发现水套内壁有厚厚的一层水垢。分析认为，由于排气门座附近的温度高，散热条件差，结构单薄，而水垢的隔热作用使散热条件进一步恶化，因而在应力集中的作用下产生了裂纹。

（3）故障排除

更换缸盖，并清洗水套后装机试车后，故障排除。

课题 4　发动机综合故障分析

学习目标

1. 熟悉柴油机功率不足、冒烟异常、常见异响、起动困难及转速异常的故障原因。

2. 掌握发动机综合故障的诊断流程。

一、功率不足的主要原因分析

1. 进排气系统故障

（1）空气滤清器堵塞

柴油机空气滤清器脏污或堵塞会造成阻力增大，空气流量减少，充气效率下降，排气管冒黑烟，排气声音发闷和动力不足。应根据要求清洁及保养空气滤清器滤芯，必要时更换滤芯。

（2）排气管阻塞

排气管阻塞会造成排气不畅，影响下一循环的进气和柴油的充分燃烧而使动力下降。应检查排气管内是否积炭太多，一般排气背压不宜超过 3.3 kPa，平时应经常清除排气管壁，以防止积炭。

柴油机熄火后，可卸下其排气管，检查排气口积炭情况，能够据此判断柴油机的工况。积炭呈黑灰色，表面像覆盖一层白霜，积炭层极薄，说明柴油机工况良好；积炭色泽黑亮，但不湿，说明柴油机轻微烧润滑油；个别排气口湿润或有润滑油的，说明该缸大量排润滑油；若某缸排气口积炭厚度明显高于其他缸排气口的，说明该缸喷油器工作不良或气缸密封性变差；各缸排气口积炭层均较厚，且色泽较深的，多因工作温度过低或喷油过晚，柴油后燃严重所致。

（3）增压器故障

如果增压器轴承磨损，压气机及涡轮管路被污物堵塞或漏气，可使增压器转速下降或增压不足，从而导致柴油机功率下降。当增压器出现上述情况时，应检修或更换轴承，清洁管路、外壳、叶轮，拧紧结合面螺母和卡箍等。

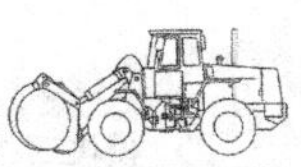

2. 燃料系统故障

（1）柴油滤清器堵塞或输油管路泄漏

当柴油滤清器堵塞或输油管路泄漏时，柴油机会因供油量减少而转速下降，功率不足，还容易引起自动熄火。解决方法是及时保养柴油滤清器，排除输油管路的泄漏故障。

（2）使用的柴油牌号不对

车用柴油机以轻柴油作为燃料，若柴油牌号不对或质量不合格，则燃油燃烧不完全，其功率也随之下降。

（3）喷油泵磨损严重

当柱塞或出油阀磨损严重时，会出现喷油泵供油量下降、各缸供油量不均匀、供油压力下降或供油时间延迟的故障，柴油机功率也随之下降。解决方法是拆下喷油泵在试验台上重新调整。

（4）喷油器工作不良

当针阀偶件咬死，磨损严重，喷孔被积炭堵塞或压力调整不当，喷油器铜垫损坏或气缸盖封闭不严时，喷入缸内的柴油就不能充分雾化与燃烧，因而气缸内积炭增加，功率下降。解决方法是重新清洗、研磨或更换喷油器，并重新校正喷油器。

（5）调速器磨损失灵

当调速器磨损、卡滞或安装不当时，调速器不能随车辆负荷变化而正确调整喷油泵的供油量，除功率下降外，还容易使柴油机熄火或引发飞车事故。解决方法是将调速器在试验台上进行调整、修复或更换个别零件。

（6）供油提前角过大或过小

供油提前角过大或过小均会造成功率不足。喷油过早，活塞上行功率消耗大，振动加剧；喷油过晚，则后燃严重，燃油消耗上升，使燃烧过程不是处于最佳状态。此时应按要求重新调整供油提前角。

3. 曲轴连杆机构故障

（1）活塞与缸套故障

由于活塞与缸套拉伤严重或磨损过大，以及活塞环结胶，各环口处于同一直线上等原因，造成摩擦损失增大或漏气严重，导致动力下降。当柴油机工作时，打开加机油的口盖，如有一股股浓烟从口盖冒出，说明缸壁活塞环各间隙过大或超限，燃气下泄到曲轴箱，并从加机油口中冒出（称为下冒烟）。

处理时可更换缸套、活塞和活塞环。

（2）缸盖组有故障

若缸盖与机体的结合面密封不严，会使缸内燃气、冷却液、润滑油泄漏或交互接触，使柴油机动力不足，并导致一系列的故障。此时应按规定力矩拧紧气缸盖螺母或更换气缸盖垫片。若柴油机行驶不久又磨损缸垫，则应检查缸体与气缸盖结合面的不平度和缸套台肩的凸出量是否在技术规定范围内，必要时予以修磨或重装。

（3）连杆轴瓦与曲轴连杆轴颈拉伤烧蚀

这种情况多由于润滑油不足等原因造成，应检查及调整润滑状态或更换连杆轴瓦。

4. 配气机构故障

（1）气门漏气

若气门弹簧折断或弹力不足，气门烧蚀或配气正时不正确，都会使柴油机因气门漏气而引起进气量不足或进气中混有废气，继而导致燃油燃烧不充分，功率下降。解决方法是更换气门弹簧，研磨气门，重新检查并正确调整配气正时。

气门漏气应修磨气门与气门座的配合面，必要时更换新件。

（2）气门间隙不正确

打开气门室盖，如有一丝青色、白色的烟从气门杆部冒出，说明气门或气门座磨损过大或烧蚀，或气门间隙过小甚至没有间隙，造成进气不足或缸内漏气，致使柴油机动力下降，甚至点火困难。在活塞压缩时，气缸内有混合气、混合物渗出（称上冒烟），从而可直接看出哪个气门漏气，应及时修理。

（3）配气相位不对

柴油机在长期工作中，曲轴、凸轮轴受到不正常的冲击力而产生扭曲变形，正时齿轮、凸轮表面、随动柱和推杆就会磨损，使进气门、排气门开闭时间向后推迟，从而偏离最佳配气相位，使充气效率降低，柴油机功率下降。因此，要定期检查柴油机配气相位，若不符合要求应及时调整。

5. 柴油机温度不正常

过热易引起柴油机爆燃，水温和油温过高还会导致拉缸或活塞环卡死，使柴油机功率下降。当柴油机温度升高时，应检查机油冷却器和散热器，清除水垢。若机体温度太低，会导致散热损失增大，喷入燃烧室的柴油不能完全燃烧，排气管冒白烟，柴油机无力。

6. 柴油机未经充分磨合

新机或大修后的柴油机必须经过充分的磨合后方可投入满载运行。磨合期内的负荷应以满负荷的 50% 为宜，车辆行驶速度不大于额定速度的 80% 为宜。若未经磨合就投入满负荷运行，不但其功率明显下降，而且还容易发生烧瓦、抱轴及拉缸等事故。

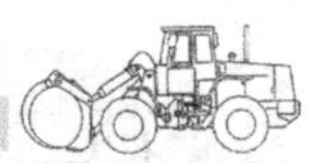

二、冒烟异常的主要原因分析

柴油机排气是燃烧室内燃料燃烧后向外排放的废气，能直接反映整个燃烧室内的工作状况。燃料的燃烧主要是燃料中碳、氢等元素和空气中的氧之间剧烈的氧化反应，分别生成 CO_2 和 H_2O。若完全燃烧，烟色正常，一般为淡灰色，负荷略重时为深灰色。若有杂质，则会出现排气冒黑烟、白烟或蓝烟等。

1. 排气冒黑烟

柴油机排气冒黑烟主要是由于燃烧不完全，即缺氧状态，使一些未燃烧完的碳元素形成游离碳悬浮在燃气中，随废气一起排出，成为黑烟，此时过量空气系数 $q<1$，排气中主要有大量的多孔性炭粒、CO 等。

（1）形成原因

1）空气滤清器严重堵塞或废气涡轮增压器损坏，造成进气不足。

2）排气背压太高或排气管道堵塞。

3）喷油泵供油量过多或各缸供油不均匀度太大。

4）冒烟限制器失效。

5）喷油器喷雾质量严重恶化（常伴有排柴油、排火、放炮等现象）。

6）供油正时太迟。

7）气缸工作温度太低或气缸压力不足。

8）柴油质量低劣。

9）在超负荷状态下工作。

10）润滑油窜入燃烧室过多。

（2）排除方法

首先，检查空气滤清器或排气管道是否堵塞。若空气滤清器堵塞严重，则用压缩空气吹空气滤清器或更换空气滤清器（干式），如是湿式滤清器则需换油清洗。

其次，检查废气涡轮增压器工作状态。若以上状况良好，怠速时冒黑烟说明怠速供油量过大，额定转速时冒黑烟说明额定循环供油量大，应在试验台上将喷油泵供油量调至规定值。同时可检查冒烟限制器连接进气歧管的气管接头是否严重漏气，冒烟限制器膜片是否破损漏气等。在调校喷油泵时，冒烟限制器的起作用点应正确。在供油量不大但柴油机运转不太平稳时，可采用断缸法检查。若发现断掉某缸供油后柴油机改变不大，但排出的黑烟消失，则说明该缸工作不良，可考虑喷雾不良、气缸压力不足等原因。

进一步查找：

1）在喷油泵试验台上检查及校正油量均匀度。

2）若各缸油量正常，检查供油正时是否太晚。

3）若供油时间正确，则应检查喷油器是否有滴油或喷雾不良等；若有，则应重新调校或更换针阀配件。

4）若上述情况都无异常，则应用气缸压力表测气缸压缩压力是否过低，如康明斯6BT气缸压缩压力要求大于2 413 kPa（250 r/min时）。检查柴油质量是否低劣，是否有太多的润滑油窜入燃烧室造成燃烧不良等原因而导致排气冒黑烟。

2. 排气冒白烟

柴油机排气冒白烟主要是柴油未着火形成蒸气或柴油中有水的表现，主要以H_2O为主。

（1）形成原因

1）气缸温度太低或气缸压缩压力不足。此时，白烟呈白色烟雾排出，是柴油不易燃烧所致。

2）柴油中有水或因气缸衬垫烧蚀，气缸套、气缸盖破裂漏水等原因造成气缸进水，在燃烧过程中受热后呈水蒸气状排出，引起排气冒白烟，且排气管出口处出现水滴。

3）喷油器喷雾质量不佳，喷油压力低或喷嘴有严重的滴油现象，造成柴油未着火燃烧完全形成蒸气。这种原因造成的排气冒白烟通常发生在柴油机起动阶段或起动运转初期，随着柴油机温度的升高，白烟会逐步减弱或消失，而在柴油机承受较大的负荷工作时，可能出现冒黑烟现象。

4）供油时间太迟。此时，白烟也呈白色油雾蒸气排出，是燃烧不良所致。

（2）排除方法

1）起动柴油机，旋松喷油泵放气螺钉，检查油流中是否有水珠。若有，则说明柴油中混有水，应将油管、柴油滤清器、低压油路中的水排除干净。

2）若喷油泵中无水，则打开散热器盖，倾听并观察散热器内有无气泡冒出。若有，则表明冷却系统的水由于气缸垫烧蚀或气缸盖、气缸套破裂而进入燃烧室，应拆检后更换相关损坏件。

3）若无水进入气缸，即散热器无气泡之类冒出，可考虑燃烧室燃油蒸气未燃烧而造成排气冒白烟。

3. 排气冒蓝烟

柴油机排气冒蓝烟主要是润滑油进入燃烧室受热蒸发成油气的结果。

（1）形成原因

1）柴油机油底壳内润滑油油面太高。

2）空气滤清器内润滑油平面太高。

3）由于气缸间隙太大、气缸漏光度太大、活塞环槽或活塞环磨损过大、活塞环弹力太低、活塞环用错或装反等原因造成润滑油窜入燃烧。

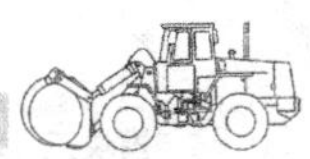

4）进气门与气门导管配合过松，造成润滑油窜入气缸内。

5）曲轴箱通风不畅。

6）气缸垫烧损。

7）废气涡轮增压器漏油。

（2）排除方法

1）检查油底壳内润滑油油面是否过高，空气滤清器内润滑油是否过多；若是，则应将其放至标准位置。

2）若油面正常，则可拆取喷油器，检查喷油器头是否严重积炭或有油污；若是，则必须拆下气缸盖检查。先看气门与气门导管之间配合是否松旷，如康明斯6BT型柴油机要求气门与气门导管的间隙为0.039～0.079 mm。若不松旷，则可拆卸活塞，检查活塞与缸套、活塞与活塞环及每个部件本身的质量，康明斯6BT型柴油机的配缸间隙要求为0.101～0.179 mm，第一环开口间隙要求为0.40～0.70 mm，二、三道环开口间隙要求为0.25～0.55 mm，气缸套的圆度要求为0.038 mm，圆锥度要求为0.076 mm。经测量后进行更换，修复至标准要求，则可将冒蓝烟故障排除。其他可考虑曲轴箱通风、涡轮增压器漏油等原因。

新装配的柴油机在试车阶段或运行初期（数十小时以内）有轻度的冒蓝烟是正常的。因为，经拆装和检修、更换的机件，如活塞环、气缸套等相对运动机件，需要经过一个磨合过程才能达到良好配合。所以，在试车或运行初始阶段比正常使用有更多的润滑油窜入燃烧室内，有的柴油机在排烟管口还出现油滴。但随着柴油机磨合的逐步完善，油滴或蓝烟应该消失。

三、柴油机常见异响的诊断

技术状况良好的柴油机，在各种工况下应运转平衡，响声纯正，没有明显的杂音。如果柴油机的某一部位出现故障，如机件松旷、配合间隙失调、燃烧不正常等，则柴油机在工作中的最初表现就是异响。

柴油机异响通常有下列规律：

柴油机振动异常主要是柴油机支承不牢所致。

柴油机转两圈（即柴油机的一个工作循环）异响出现一次，其故障原因多出现在与凸轮轴有关的零部件，如气门、推杆、气门弹簧及正时齿轮等。

柴油机转一圈异响出现一次，其故障原因多存在于与曲轴有关的零部件，如活塞、活塞销、活塞环及连杆轴承等。

异响连续发生，且有一定规律，则故障部位大都为旋转部件，如连续敲击声多发生在飞轮、正时齿轮等部件。

异响间歇发生，且没有规律，故障原因主要来自柴油机的附件，如发电机、水泵、空气压缩机、起动机等，原因是安装出现松动或其内部有刮碰等。

1. 整机振抖

柴油机起动后产生没有规律的振抖响声，且随着柴油机转速的增高而加剧。产生振抖异响的主要原因如下：柴油机支承螺栓松动或悬置、断裂；柴油机悬置位置不当，致使曲轴与第一节传动轴不同轴；柴油机悬置缓冲件损坏等。若发现柴油机有振抖现象，应根据上述原因直接进行检查、排除。

2. 活塞运动部位异响

活塞运动部位异响主要包括活塞敲击声、活塞销响、活塞环漏气响等。

（1）活塞敲击声

柴油机运转时在气缸的上部可以清楚地听到一种有节奏、清脆的“咚咚”的活塞敲击缸体声，就是常说的“敲缸”。这种现象一般是由于柴油机供油时间过早（喷油提前角过大）引起的，如喷油正时齿轮安装不当、喷油泵出油阀环带严重磨损或喷油时间过早等。喷油提前角过大，喷入气缸内的柴油在活塞上升阶段提前与吸入气缸内的空气形成可燃气体燃烧，从而导致燃烧不稳定，在活塞的上行阶段产生侧向偏移，与缸壁接触发生碰撞，敲击缸体产生敲缸的声音。出现该现象，应首先校验供油时间，供油时间正确，可检查零部件状况。

若柴油机怠速或低速运转时，在气缸的上部发出清晰而明显的“嗒嗒”的敲击声，随着转速的升高而逐渐减弱或消失。一般情况下，这种响声冷车时明显，热车时减弱或消失。造成活塞这种敲缸响声的主要原因是活塞与气缸套配合间隙太大、活塞与气缸套间润滑条件较差及活塞失圆等。可先在柴油机低温下判断，在怠速或低速下找出响声明显的转速，然后缓慢加速至中速以上，若响声减弱或消失，可断定为活塞敲缸。可采用断缸法逐缸检查，以便找出发生活塞敲缸的具体位置。

若活塞顶气缸盖，多系气门与活塞顶相撞，在气缸盖与机体结合处能听到金属撞击声。响声多在柴油机高速运转时出现，且响声严重。加大节气门时，在气缸上部可听到连续不断的“嗒嗒”声，响声清脆震耳。主要原因为气门弹簧折断、气门间隙失调、减压机构调整不当等。

（2）活塞销响

活塞销响的主要原因是活塞销与连杆衬套配合间隙过大，连杆衬套与连杆小头轴承孔配合松旷。

由于活塞销与连杆衬套间隙过大造成的活塞销响的主要特征如下：当柴油机在怠速或低速运转时，无异常响声；从怠速向中、低速使柴油机加速运转，直至响声出现，如

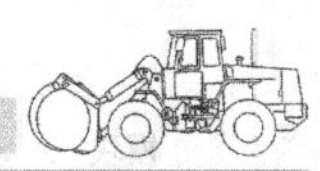

听到明显、清晰而尖脆的“当当”的金属敲击声，当转速突然变化时，此敲击声更为明显、强而有力。

活塞销与连杆衬套或活塞销与活塞的销座孔松旷时，活塞在运动过程中会发生摆头现象，与气缸套相撞，发出“空咚、空咚”的响声，当柴油机突然改变转速或低转速时，响声更为明显，此种响声在气缸套的全长上都可清晰地听到。

活塞销响与供油时间过早引起的敲击声相似，要注意区分。可用以下方法判断：将某缸供油时间适当调迟些，如敲击声消失，说明供油时间过早；如仍有敲击声，则为活塞销与连杆衬套的间隙过大。

（3）活塞环漏气响

活塞环漏气响的主要特点如下：柴油机运转时，从加注机油口处听到曲轴箱内发出“呲呲”的声响，负荷越大时响声越强；随着响声的出现，加注机油口处向外冒烟。

造成活塞环漏气响的原因是活塞环与气缸套间隙过大、活塞环开口间隙太大或各环开口重合、活塞环卡死或折断等。

判断时可打开加润滑油口盖，柴油机高速运转时，可听到曲轴箱内发出“呲呲”的声响，加注润滑油口处向外冒烟；减小节气门时响声减弱或消失。断缸试验时，如停止某缸工作后异响瞬时消失或减弱，注润滑油口冒气明显减少，说明是该缸漏气。

3. 气门处异响

在工作过程中，气门处发出一种类似于“嘀嗒、嘀嗒”的敲击声，音调均匀且连续不断，这主要是由于气门间隙过大所致。当气门烧损时，由于密闭不严，在空气滤清器处往往也会听到一种“哧哧”的声音。严重时，摸进气管时有烫手的感觉。除此之外，当带有座圈的气门座口松动时，会发出一种“嚓嚓”的声音。伴随着这种声音的还有一股气流声，在柴油机熄火时最为明显。气门座圈松动时的响声特点是时大时小，并带有破碎声。柴油机在低速运转时响声比较清晰，高速时声音增大并变得杂乱。

气门杆与气门导管的间隙过大，也会产生敲击声。配气凸轮磨损后，其凸轮廓线发生变化，气门挺柱在凸轮上有跳动，并发出类似的响声。

对于顶置式气门的柴油机，如果摇臂轴弹簧与摇臂接触不良，当摇臂移动时，弹簧与摇臂发生摩擦，易出现有节奏的“唧唧”的响声。在怠速运转时，响声较明显、清晰，中速以上时，声音变得钝哑或消失。

4. 轴承异响

（1）曲轴轴承响

柴油机在急加速过程中，发出连续而有节奏的“咚咚”的金属敲击声，响声沉重而发闷，且随负荷的增加而加重，这种现象就是曲轴轴承响。响声严重时，机体会随着响声抖动，润滑油压力下降。这是由于主轴瓦与轴颈因磨损间隙过大、配合松旷引起的。检查时，用旋具在气缸体（机体）的中下部靠近主轴承的两侧通道听诊比较，找出响声最大的某一道主轴承，或者将曲轴箱通气孔盖打开，用耳侧听。

保持柴油机低速运转，并反复加大节气门。若在慢加速中响声随转速的升高而增大，可从中速急加速到高速，如沉重发闷的“咚咚”声明显，润滑油压力降低，一般是曲轴轴承松旷、烧损或抗摩合金层脱落。如柴油机在怠速或低速运转时响声明显，高速时响声杂乱，一般是曲轴弯曲所致。

柴油机在低速运转的短过程急加速中，发出非常沉重的“喀噔”声，好似不连续的撞击声，又像压路机铁轮在不平坦的石头上碾压的声音，这是由于曲轴轴向窜动引起的。此时断缸试验无反应，润滑油压力不会改变，温度变化也不受影响。

（2）连杆轴承响

若连杆轴瓦松旷，会出现“嗒嗒”的连续、明显、轻而短促的敲击声，打开加油口盖或拔出油标尺后，异响声音更加清晰。辨别时，可从高速到突然减速过程中查出，因为间隙过大时将会听到一种清脆的敲击声。响声的特点是随着柴油机转速的升高而增大，随着负荷的增大而增强，此时润滑油压力因配合间隙增大而有漏油部位，导致压力下降。

造成连杆轴承响的主要原因是连杆螺钉松动（这是十分危险的）；连杆轴瓦合金烧损或脱落；轴瓦和轴颈严重磨损后，配合间隙太大等。如果是轴承间隙过大所产生的敲击声，声音相对比较轻，且是钝哑的；若轴承烧损脱落，使得配合间隙很大（可达几毫米）产生的敲击声清晰可辨。

（3）烧瓦

烧瓦是指曲轴的主轴颈与主轴瓦之间或连杆轴颈与连杆轴瓦之间因缺少润滑油润滑而咬死。柴油机在工作中，如果突然在曲轴箱部位听到一种“唧唧”的响声，这一般是缺油烧瓦的前兆，应及时停车检查。

通常同时出现以下情况时可断定该柴油机的轴瓦已烧损：

1）润滑油压力原来正常，突然有明显下降。

2）润滑油温度急剧升高，达90℃以上。

3）拆开机油滤清器或清洗油底壳时发现许多轴瓦合金粉末。

5. 正时齿轮响

齿轮经长期使用磨损后间隙很大，柴油机运转时便会发出“咔啦、咔啦”的声音。其特点是具有连续性，低速、怠速时更为明显，高速时变得杂乱并带有破碎声，正时齿轮盖上有振动。

若齿轮间隙过小，会发出“嗡嗡”的呼啸声，转速越高，响声越大。如齿面有损伤或脱层，在怠速时会发出有节奏的声响；中速以上时变为有紧凑的“嗒嗒”的响声。故

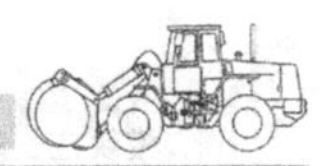

障发生在曲轴正时齿轮上时为连续的响声，发生在凸轮轴正时齿轮上则为间响。

研磨曲轴或凸轮轴轴颈时，没有精确找正，使磨好的轴颈与同齿轮配合的轴颈不在同一中心线上，此时会发出一种“嘶啦啦”的声音。凸轮轴的轴向间隙过大，也会发出间歇性的敲击声。

6. 飞轮松旷响

飞轮松动时常常发出“哐当、哐当”或“嘎嘎”的响声，这种响声比较大，特别在柴油机转速突然变化时更剧烈，通常在柴油机后部听得比较清楚，而某些时候响声又很小，因此这种响声没有一定的规律。如果停车后不供油，使气缸减压阀减压开启，快速摇转曲轴，然后突然撤掉减压，此时也能听到“哐当、哐当”的响声。如果飞轮松旷严重，在柴油机停机状态下用手扳动飞轮，还会有松动的感觉。飞轮松旷的主要原因如下：飞轮紧固螺母在工作中因振动而松动，安装飞轮时螺母没有拧紧。若发现飞轮松动，应及时紧固螺母，否则会引起严重后果。

四、柴油机起动困难故障分析

1. 柴油机起动困难的原因

柴油机的起动必须具备两个条件：一是油量充足、雾化良好的柴油能及时到达燃烧室；二是燃烧室的空气温度要高到能使柴油着火。柴油机难以起动主要是两个条件不具备或不完全具备。一般来说，柴油机难起动多是燃油系统有故障、压缩压力不足、燃烧室的气温太低等原因。

（1）柴油没有进入气缸引起起动困难

如果柴油机在起动机带动下，以正常的转速运转但不能起动，并且无爆发声，排气管口也没有柴油味和烟雾排出。这种情况说明没有柴油喷入燃烧室，不能形成可燃混合气，所以柴油机无法起动。具体原因如下：

1）油箱内柴油太少或没有柴油。

2）油箱内有充足的柴油，但油箱开关未打开。

3）油箱通气阀堵塞。

4）油箱油管堵塞或漏气。

5）油箱至输油泵间的油管破裂、漏气或堵塞。

6）输油泵工作不良或滤网堵塞。

7）低压油路中有空气（即产生气阻现象）。

8）喷油阀出现故障。

9）调速器与喷油泵的供油拉杆连接部分脱开。

10）高压油管破裂或其接头松动，高压管路中有空气。

11）喷油器出现故障。

12）驱动连接部件故障。

（2）柴油已进入气缸而起动困难

柴油机在起动机的带动下，可听到断续的爆发声，并且排气管口有柴油味，有白烟、黑烟或蓝烟排出，这种情况说明柴油已经进入气缸内，但由于气缸内的混合气体不具备着火条件（压力、温度、一定质量的混合气等），所以柴油机仍然无法起动。具体原因如下：

1）喷油泵故障。喷油泵柱塞磨损严重、喷油泵滚轮或凸轮磨损严重等都会导致供油压力降低和供油量减少。

2）喷油器故障。当喷油器针阀黏滞、喷油器针阀与阀座接触不良、喷油器喷油压力的调节螺钉松动等，都会导致喷油器雾化不良、漏油、喷油压力过低及喷油量过小。

3）调速器调整不当。

4）空气滤清器堵塞（或进气管路漏气）。这两种故障均可造成进气不足，无法起动。

5）进气管路堵塞，造成供油不足。

6）柴油油质低劣。当燃油中有杂质颗粒或水分时，会造成堵塞，喷油泵和喷油器磨损加剧，且燃油不易燃烧。

7）排气控制阀未全开。

8）排气不畅，造成废气排不尽。

9）气缸套与活塞环磨损，活塞环开口对齐，导致气缸套、活塞环、活塞配合不当而漏气。

10）气缸盖密封不当。气缸垫烧蚀或损坏、气缸盖螺栓松动、气缸盖翘曲变形等都会引起气缸盖密封不良，造成气缸压力不足。

11）气缸盖或气缸套有裂纹。转动曲轴，散热器冷却液中有气泡上冒，还可能有冷却液外流或流入曲轴箱，使润滑油油面升高。应找出裂纹部位，焊修或更换。

12）气门密封不严。当气门磨损、烧蚀或气门间隙过小时，都会导致气门密封不严，从而引起气缸漏气。

13）环境温度过低。造成燃油不易蒸发燃烧，所以，环境温度的高低直接影响柴油机的起动性能，对于没有安装起动预热装置的柴油机来说，冬天难以起动的现象特别严重。

14）供油提前角失准。供油提前角对柴油机各方面的性能影响都很大，对其起动性能影响也不例外。

2. 柴油机起动困难的对策

当气温低而造成起动困准时，一般可通过预热或更换燃油、加注起动液的方法来解

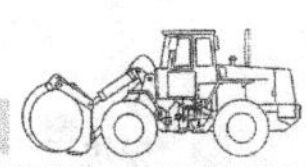

决。当柴油机不仅冷起动困难，热起动也有困难时，应注意综合分析。对于原来一直工作正常的柴油机来说，起动困难多由起动装置不良（对于使用电起动机的柴油机，如果起动转速极其缓慢，大多是起动机无力，并不说明柴油机本身有故障。应对电气线路方面进行详细检查，判断是否蓄电池未充足电、各导线连接未紧固及起动机工作不正常）、供油量下降、输油泵弹簧折断、喷油器不良、气缸压力下降、柴油滤清器或空气滤清器堵塞所造成；而对刚修过喷油泵的柴油机来说，起动困难则多数为供油不正时（安装错误所致）、低压油路漏油、溢流阀的低压油管接头装错所造成。

（1）低压油路的检查

1）先检查油箱内有无柴油（若有柴油，应检查油量是否充足、燃油箱开关是否打开或油箱盖通气阀是否正常）。

2）若以上正常，可用手油泵泵油。如果拉出手油泵手柄时感到不易拉出，松手后又自行回位，表明油箱至输油泵间的油路堵塞；如果拉出手油泵时感到无吸力，下压时感到阻力较大，表明柴油滤清器或输油泵至喷油泵的油路堵塞，此时一般应检查柴油滤清器是否堵塞；如果上下拉动手油泵时均无正常的吸油、泵油阻力，说明手油泵失效，此时应对手油泵进行彻底的检查并维修。

油路被杂质堵塞的原因有以下几个方面：

①若燃油箱长期不清洗，内部杂质被吸入油路并聚集在油路狭窄处或滤清器中而使油路堵塞。

②由于柴油的腐蚀作用，橡胶油管内壁胶层脱离或脱落而使油路堵塞。此时若用手油泵泵油，当泵油频率慢时燃油能被吸出，随着泵油频率的加快，燃油量并不增加或反而越来越少，严重时甚至完全不出油，但若放慢泵油频率则又会有燃油被吸出。

③蜡质堵塞油路。检查故障时可结合环境温度和燃油牌号来判断，也可在滤清器内或油管接头处直接观察到。

④“水”堵塞油路。有的机型上在油路中加装了油水分离器，当沉淀水腔中的水达到一定水位后，其水浮子会将油路关闭，以避免水进入喷油泵。因此，当泵不上油时，应从油水分离器进水开关处将水放净。另外，当气温降至0℃以下时，沉淀的水被冻成冰，会将油水分离器中的油路堵塞。此时，应拆检油水分离器，以清除冰碴。

若油路无堵塞，可拧松油路放气螺钉，用手油泵泵油。若流出来的油流里有空气（一般呈泡沫状油流），表明低压油路有漏气现象。应着重检查油箱至输油泵段的油路有无破损处（重点是油管接头），对密封处应拆下仔细查看后再重装，若垫片不良需要更换。

3）最后检查输油泵，查看输油泵的出油阀是否黏滞或不密封，查看弹簧是否折断，如果折断就应更换新品。

（2）高压油路的检查

当松开喷油泵放气螺钉，提压手油泵放气螺钉处出油正常，但各缸或部分缸喷油器无油喷出时，检查步骤如下：

1）首先起动柴油机，查看喷油泵输入轴是否转动，如果喷油泵输入轴不转或转得太慢，应检查驱动部件或半圆键是否完好。

2）如果正常，可在转动柴油机时用手触摸各缸高压油管，如果感到喷油有脉动，说明故障不在喷油泵而在喷油器；如果无脉动或脉动微弱，说明故障在喷油泵。

①喷油泵本身的故障

a. 若柱塞偶件磨损严重，将使起动时的供油压力低，油量少，喷油器喷入气缸的燃油不能雾化，不能满足柴油机起动时对浓混合气的需求。应更换柱塞偶件，并对喷油泵进行校正。

b. 若柱塞套与喷油泵壳体之间不密封，在长时间停机后会使喷油泵低压油腔内不存油，从而造成柴油机难起动。此时还会伴有泵腔润滑油增多而溢出或柴油机油底壳润滑油油面增高的现象。

c. 柱塞卡滞导致柴油机难起动，一般有以下几种情况：

a）柴油机起动时，在调速器的作用下齿条向起动油量位置运动并带动柱塞转动，使起动时供油量增加。若由于柱塞卡滞而使喷油泵不能完成向气缸供油的工作，将导致起动失败。如燃油中未经过滤的杂质进入柱塞偶件、长期停机后油中的水使偶件锈蚀、过度磨损等都会使柱塞偶件在工作中产生两种卡滞现象：一是柱塞不能转动，喷油泵无法完成油量调节过程，因而不能起动柴油机；二是柱塞在喷油泵凸轮轴的驱动下，向上运动后严重卡滞在上止点位置，造成柱塞弹簧不能使其复位，从而不能完成泵油过程，因而导致柴油机起动失败。这两种情况有时单独出现，有时会同时出现。在对喷油泵进行维修、校验时要对柱塞偶件进行更换。

b）出油阀压帽的拧紧力矩过大，柱塞套筒变形，致使柱塞卡滞、转动迟缓，这种情况通常在喷油泵刚修理后可能会出现。引起出油阀压帽拧紧力矩过大的原因是压帽与高压油管相接部分的金属疲劳而造成漏柴油，压帽防松锁片又因松动失效，因此，在拧紧高压油管时会带动压帽一起转动，使压帽拧紧力矩过分增大，致使柱塞卡滞。在修理时应将出油阀压帽松开，重新按规定力矩拧紧，然后锁紧压帽锁片。

c）康明斯柴油机上喷油泵的润滑多是靠柴油机润滑系统完成的。如果长期不更换润滑油，机油会产生胶质，并与柴油机运动件产生的磨料、炭粒等杂质混合，且黏附在柱塞下部，当柱塞向上止点运动时，将黏附的杂质带入柱塞套筒下部而使柱塞卡滞。此时，可通过肉眼直接观察到柱塞下部有明显的黏附物并有“梳状”划痕，严重时柱塞卡滞在上止点且不能回位。修理时，应将柱塞卸下，对柱塞偶件下部的油泥、杂质等黏附物进行清理，并研磨柱塞，使其活动灵活。

d）柱塞油量控制齿套与齿条间有异物进入，使齿套与齿条卡滞，导致柱塞不能向起动油量位置转动，使喷油泵不能供油。应逐缸仔细检查并进行清理和相应的维修。

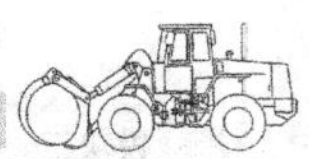

e）调速器有故障（如起动弹簧折断或脱落、调速弹簧折断和齿条弯曲等）也会引起柴油机不能起动。可根据不同形式的调速器进行相应的检查和维修。怠速调整过高有时会使起动困难，如喷油泵配RQV型调速器，由于其结构的特点，当怠速太高（800～900 r/min）时，熄火后齿条不能回到原熄火位置，因而重新起动时，踩下加速踏板后油泵齿条不能到达起动位置，使起动油量低而不能起动，这一情况通常在将怠速调高后才出现。这时，只要将加速杆向熄火位置推进后，再向加速位置扳动一定的角度，然后再起动便能成功。

其他可检查齿杆运动是否过紧，调节齿圈的螺钉是否松脱，出油阀是否密封不良或出油阀弹簧是否断裂（将高压油管拆下，用手油泵泵油，这时如果喷油泵的出油阀处有油溢出，说明出油阀密封不良）。用手推动停机拉杆，看供油齿圈是否能在大范围内移动；松开停机拉杆，看其弹簧是否自动回位。若加油行程短，则节气门操纵臂转轴的定位可能松动或错齿，这时可拆下检修后重新紧固。

②喷油器本身的故障

a. 喷油嘴的针阀卡滞在开启位置，加上喷油泵出油阀不密封，使气缸中的压缩空气通过高压油管窜入喷油泵低压油腔中，使柴油机不能起动。这一故障的特征如下：起动后柴油机只能运转1 min左右便熄火，低压油路中有空气存在，排气管伴有间断性白烟排出，此时若逐缸断开高压油管，便会发现故障缸的高压油管内有大量的油沫，将此缸完全断开，故障便不再重复。应更换故障缸的出油阀和喷油嘴偶件。

b. 喷油器的喷油嘴由于过度磨损，导致喷油压力低，柴油雾化差，使可燃混合气不能形成。这一故障的特征如下：通常在进气道用火加热进气时，排气管会有少量的白烟冒出，当起动成功后将从排气管排出大量的白烟，随着柴油机温度的升高白烟会逐渐变成黑烟。应对喷油器进行调试校正，必要时更换喷油嘴。

可将喷油器从缸体上卸下，仍接到高压油管上，用旋具撬动喷油泵柱塞弹簧座做喷油动作，如果喷油雾化不良和油嘴堵塞，说明故障在喷油器。应予以拆检。

（3）供油正时的检查。供油不正时会给起动带来很大困难，应按要求校核供油正时。对于带有提前器的喷油泵，应检查提前器的工作状况，使其工作正常。

（4）判断气缸的密封性

1）先用气缸压力表测定各气缸的压力值。其方法如下：先将被检查气缸的喷油器拆掉，将气缸压力表抵在喷油器座孔。

2）用起动机带动柴油机运转，读取气缸的压缩压力，每个气缸测三次，最后取平均值。

3）若气缸压力表指示测试结果低于2.4 MPa，起动就比较困难。若无气缸压力表，可以通过观察气门室和曲轴箱的冒烟情况进行判断：将空气滤清器拆下，并打开气门室密封盖，用起动电源起动，边运转边观察，若从此气门断续冒出气体，说明气门关闭不严，需要修磨气门；若在机油加注口（或油标尺插孔）处有烟冒出，说明活塞环与气缸套配合间隙过大，燃烧的气体通过较大的间隙窜入曲轴箱并从机油加注口冒出。这种故障现象说明已无法通过简单的应急处理来解决，必须对柴油机进行大修。

五、柴油机转速异常原因分析

1. 柴油机转速不稳

柴油机工作时转速不稳，反映在转速表上指针波动较大（柴油发电机组从频率表上也可看出），通常在怠速时更为明显，从柴油机的工作噪声中也可以明显地感觉到。柴油机转速不稳有多方面的原因，如果是因调速系统的作用失常造成的，可能会造成“游车”现象。

（1）故障原因

1）燃油系统中有空气或油路中有堵塞、泄漏（常发生在输油泵进口管路工作时吸入空气）、供油不畅、断续或个别缸没有供油等。

检查时，用临时油桶（位置稍高于喷油泵）直接给喷油泵低压腔供油，再起动柴油机试验，如故障现象消失，则说明低压油路供油不正常，再进一步查找低压油管中的故障部位。

2）调速器工作不正常。如调速器部件运动阻尼增大，调速弹簧弹力减弱过多，轴承损坏等将造成调速器性能降低，从而使调速器的稳定性变差，造成“游车”现象。

3）喷油泵工作不良。如柱塞有轻微卡阻；油量调节齿杆移动不灵活；油量调节齿杆与齿圈、柱塞凸耳与调节套筒配合松旷；各缸供油量不均匀等。

（2）排除方法

在查找以上两项故障原因时，如有可能，先拆下喷油泵检查盖板，起动柴油机，并把其转速调到波动最明显的范围内，再用手握住喷油泵的油量调节齿圈，不让其来回抖动，然后观察柴油机的转速波动情况，如果转速变为稳定，说明故障在喷油阀调速器总成上。

对有故障的喷油泵调速器，在分解后逐项进行检查，尤其是油量调节机构，运动应十分灵活，无任何卡阻现象，又不能松旷，防止影响油量调节的灵敏性。经全面检修、重新装配后，再上喷油泵试验台进行调试。调试合格后才能装上柴油机进行试车。

2. 游车

游车是指柴油机转速忽高忽低，飘忽不定，并且呈现出一定规律性。它通常出现在低速或中速范围内。发生游车时，调节齿杆会规律地往复移动，轻微时调节齿杆会抖动。

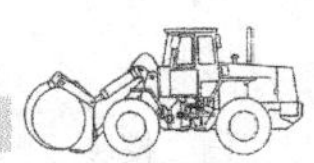

（1）故障原因

1）柱塞转动、控制套筒发生阻滞，调节齿杆和调节齿圈间有异物，调节齿杆在衬套中移动发生阻滞，使调节齿条发涩。当调节齿杆移动阻力增大时，调速器灵敏度降低，从而产生“游车”现象。

2）调速弹簧失效，各铰链处磨损综合间隙增大，运动件卡滞。

柴油机转速发生变化，调速器要克服阻力或先消除间隙，才能通过移动调节齿杆增减供油量，致使调速不及时，柴油机的转速忽高忽低。

3）调速器内的机油过多、过黏。

（2）排除方法

排除时，首先检查调速器内机油是否过多、过黏，多的要放出，过黏要更换。其次应检查调速器铰链连接处的松旷程度，如间隙过大应排除。拆掉齿杆与调速器的连接销，转动柴油机曲轴，同时用手移动齿杆，若喷油泵齿轮轴转至任何位置齿杆都能灵活、平顺地移动，说明故障在调速器；若凸轮轴转至某一位置齿杆被卡滞，则故障在齿杆。

3. 飞车

飞车是指柴油机转速失去控制（即转速自行升高），超过标定转速 110% 以上，并伴有巨大声响的故障现象。飞车时，往往停车手柄失去控制作用，转速直线上升，在很短的时间内，转速会大大超过标定转速，如不及时采取紧急措施强行停车，很可能造成重大的机械事故，并威胁人身的安全。

（1）故障原因

喷油泵有故障、调速器失去作用或缸内额外进油，具体分析如下：

1）喷油泵油量调节齿杆在最大（或比较大）的油量位置卡死，因而柴油机起动后不能及时地自动减油，转速就急剧上升而造成飞车。如果在柴油机运转过程中齿杆卡死，当负荷减小或卸去时，转速就会急剧上升，造成飞车。

2）喷油泵柱塞与柱塞套筒装配不正确或卡死，其结果也是造成油量调节齿杆不能移动，即不能自动减油而造成飞车。

3）油量调节齿杆和调速器拉杆的连接件脱落，或拉杆螺钉脱落等，使得调速器失去作用，因而当柴油机负荷减小时不能自动地减小供油量，造成飞车现象。

4）喷油阀调速器调整不当或最高转速限位螺钉松脱，使柴油机超过标定转速时还不能自动减油，当转速达到飞车转速时，不能完全停油。

5）调速器飞球松脱、折断或卡死；或者飞球（钢球）支架损坏，飞球脱落等造成飞车。

6）柴油机停放时间太久，保养不好，喷油泵和调速器的某些控制零件锈死在比较大的供油量位置（因在停机时油量齿杆位于最大供油位置），当柴油机起动时，转速就急剧上升，造成飞车。

（2）排除方法

柴油机飞车时，从柴油机运转响声和转速表上可以明显地感觉到。当出现飞车现象时，应采取紧急停机措施。紧急停车的方法应根据各种机型的结构和现场实际情况进行。常用的紧急停车方法如下：

1）切断进气。堵塞进气口，切断新鲜空气的进入渠道，这是最有效、最迅速的紧急停机方法，并且对柴油机没有任何损害。

2）切断油路。在飞车时，若停车手柄尚能拉动，则迅速把停车手柄拉到停车位置，并关闭柴油管路阀门，使喷油泵不供油，则柴油机也能迅速停车。但由于发生飞车时，有很多原因使停车手柄失去控制或拉不动，并且在柴油管路中尚有存油，则不能迅速及时地停车。此时，应快速松开高压油管的紧固螺母。

柴油机紧急停机后，应立即人工盘车数圈，检查机器有无因飞车而造成机件损坏、卡滞等异常现象，并根据情况做必要的拆检和修理。同时，还应分析、查找发生飞车的原因，及时进行排除，保证柴油机的安全运转。

六、发动机常见故障诊断流程

1. 发动机工作粗暴诊断流程（图3—4—1）

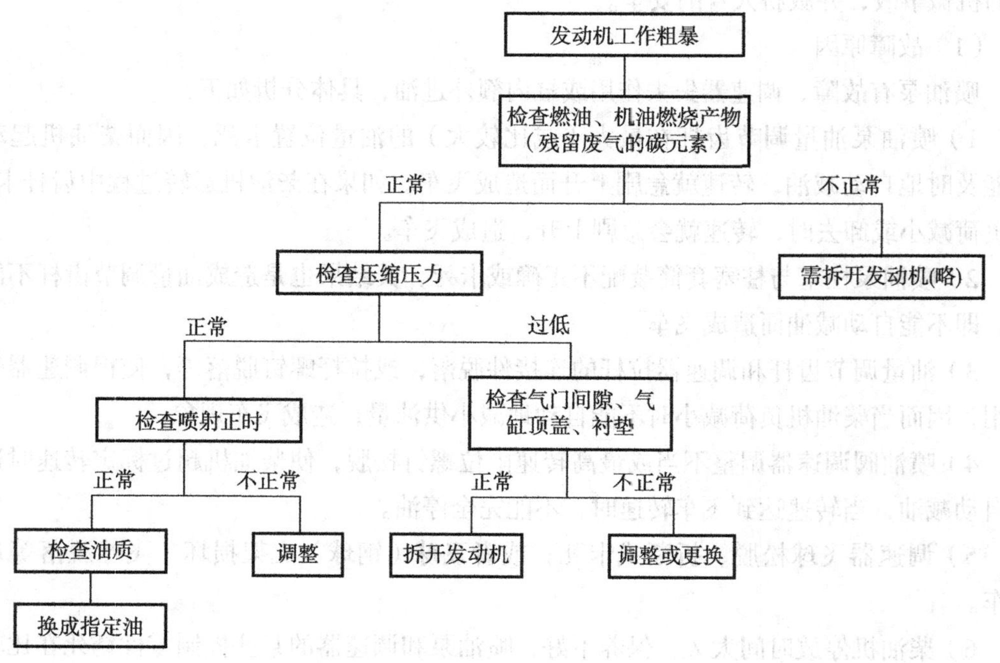

图3—4—1 发动机工作粗暴诊断流程

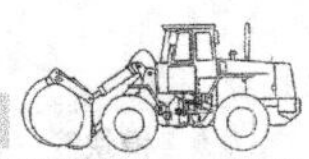

2. 发动机无法起动诊断流程（图 3—4—2）

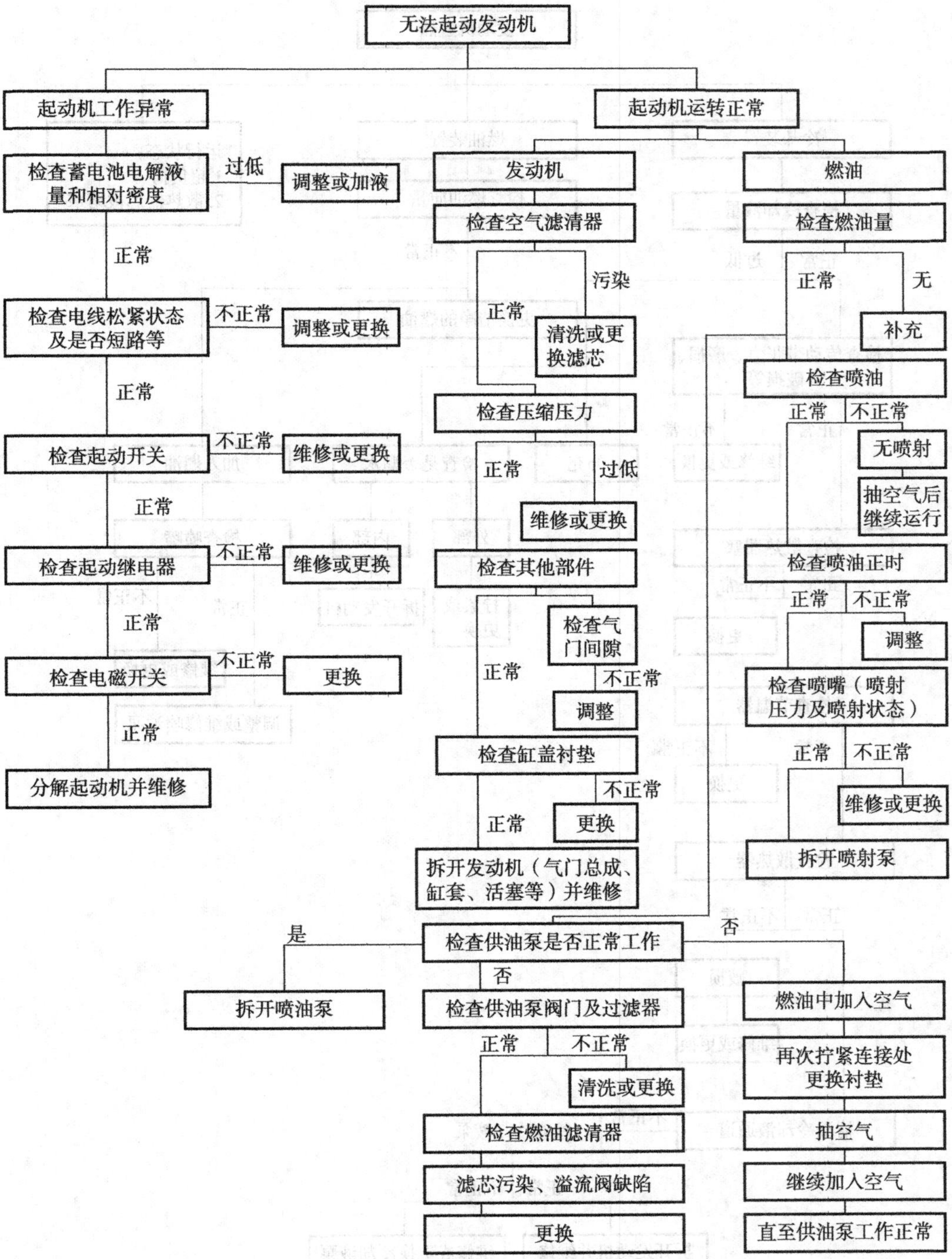

- 无法起动发动机
  - 起动机工作异常
    - 检查蓄电池电解液量和相对密度 —过低→ 调整或加液
    - 正常 → 检查电线松紧状态及是否短路等 —不正常→ 调整或更换
    - 正常 → 检查起动开关 —不正常→ 维修或更换
    - 正常 → 检查起动继电器 —不正常→ 维修或更换
    - 正常 → 检查电磁开关 —不正常→ 更换
    - 正常 → 分解起动机并维修
  - 起动机运转正常
    - 发动机
      - 检查空气滤清器 —污染→ 清洗或更换滤芯
      - 正常 → 检查压缩压力 —过低→ 维修或更换
      - 正常 → 检查其他部件 → 检查气门间隙 —不正常→ 调整
      - 正常 → 检查缸盖衬垫 —不正常→ 更换
      - 正常 → 拆开发动机（气门总成、缸套、活塞等）并维修
    - 燃油
      - 检查燃油量 —无→ 补充
      - 正常 → 检查喷油 —不正常→ 无喷射 → 抽空气后继续运行
      - 正常 → 检查喷油正时 —不正常→ 调整
      - 正常 → 检查喷嘴（喷射压力及喷射状态） —不正常→ 维修或更换
      - 正常 → 拆开喷射泵
    - 检查供油泵是否正常工作
      - 是 → 拆开喷油泵
      - 否 → 检查供油泵阀门及过滤器 —不正常→ 清洗或更换
        - 正常 → 检查燃油滤清器 → 滤芯污染、溢流阀缺陷 → 更换
      - 否 → 燃油中加入空气 → 再次拧紧连接处更换衬垫 → 抽空气 → 继续加入空气 → 直至供油泵工作正常

图 3—4—2　无法起动发动机诊断流程

3. 发动机过热诊断流程（图 3—4—3）

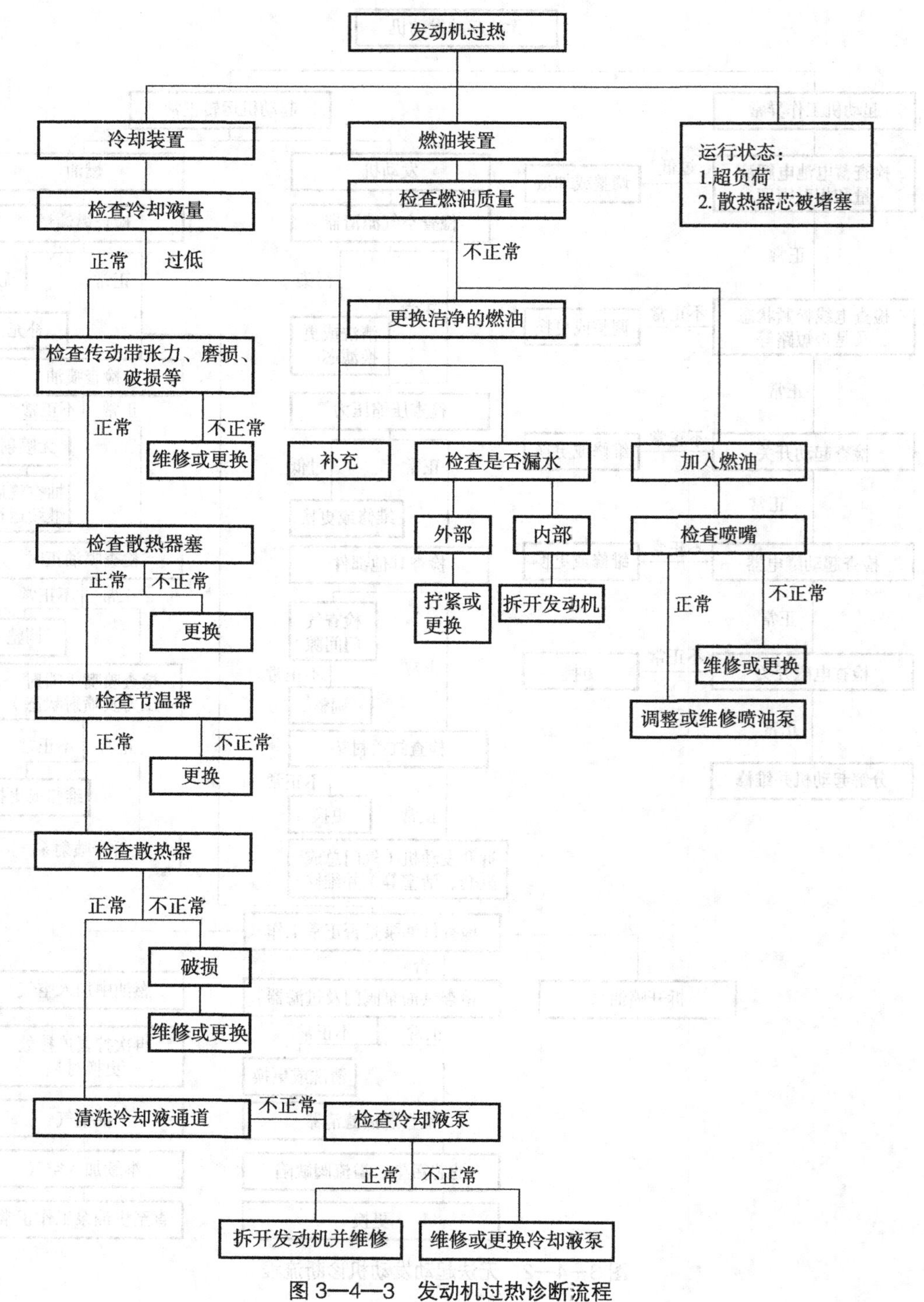

图 3—4—3 发动机过热诊断流程

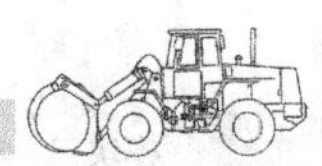

4. 发动机功率不足诊断流程（图 3—4—4）

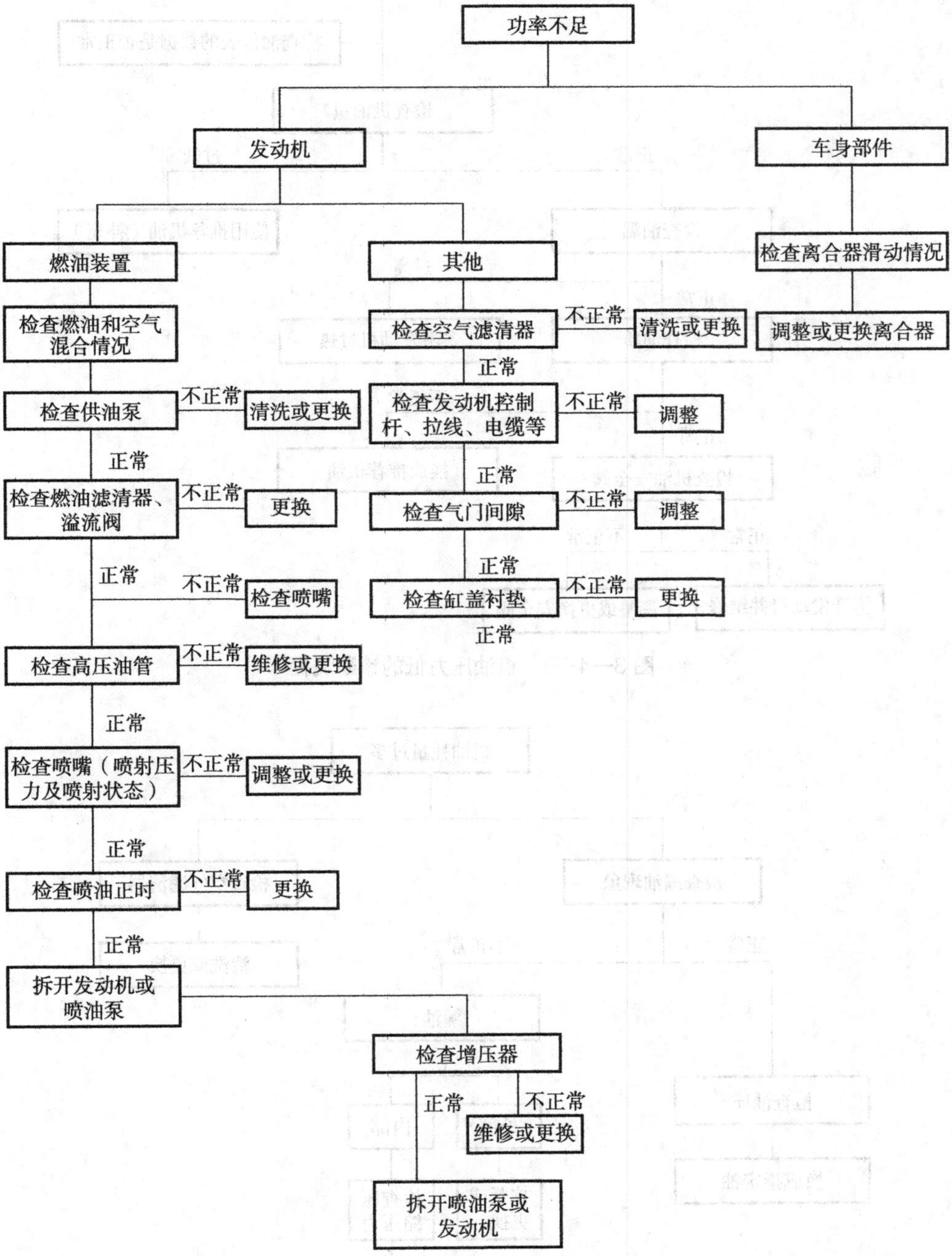

- 功率不足
  - 发动机
    - 燃油装置
      - 检查燃油和空气混合情况
      - 检查供油泵 —不正常→ 清洗或更换
      - 正常 → 检查燃油滤清器、溢流阀 —不正常→ 更换
      - 正常 —不正常→ 检查喷嘴
      - 检查高压油管 —不正常→ 维修或更换
      - 正常 → 检查喷嘴（喷射压力及喷射状态）—不正常→ 调整或更换
      - 正常 → 检查喷油正时 —不正常→ 更换
      - 正常 → 拆开发动机或喷油泵
      - 检查增压器
        - 正常 → 拆开喷油泵或发动机
        - 不正常 → 维修或更换
    - 其他
      - 检查空气滤清器 —不正常→ 清洗或更换
      - 正常 → 检查发动机控制杆、拉线、电缆等 —不正常→ 调整
      - 正常 → 检查气门间隙 —不正常→ 调整
      - 正常 → 检查缸盖衬垫 —不正常→ 更换
      - 正常
  - 车身部件
    - 检查离合器滑动情况
    - 调整或更换离合器

图 3—4—4　发动机功率不足诊断流程

5. 机油压力低诊断流程（图 3—4—5）

6. 机油耗量过多诊断流程（图 3—4—6）

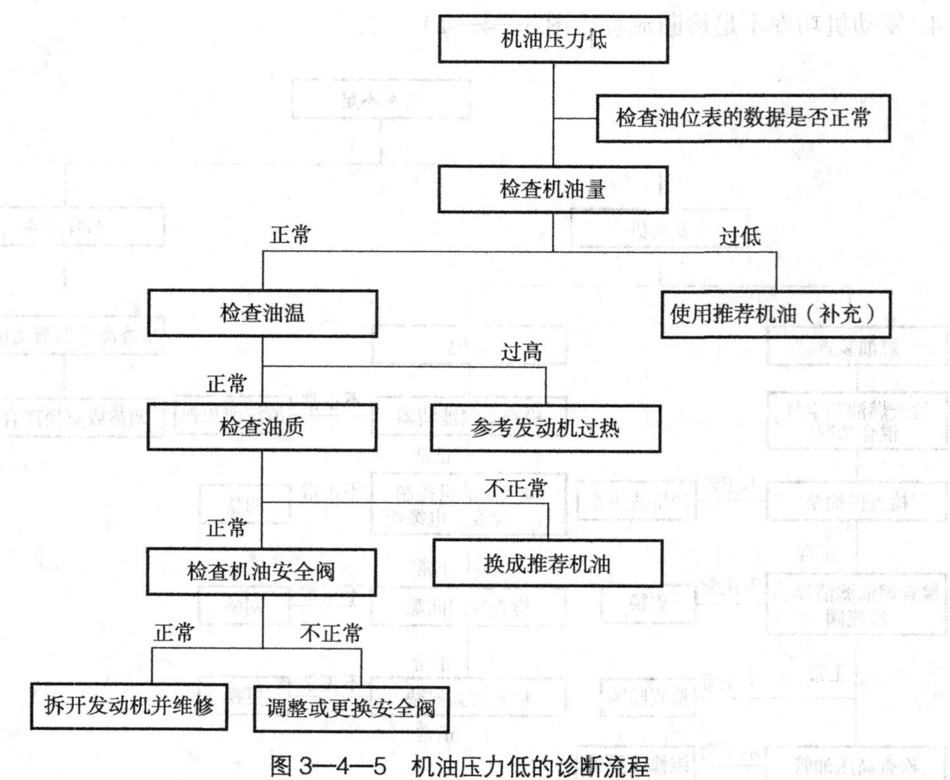

图 3—4—5　机油压力低的诊断流程

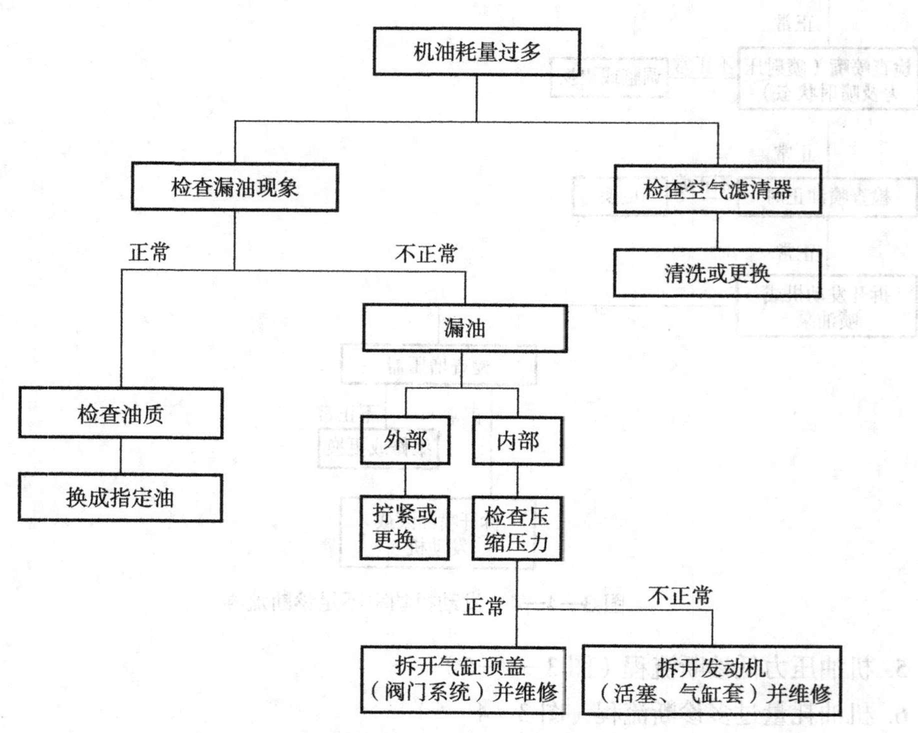

图 3—4—6　机油耗量过多的诊断流程

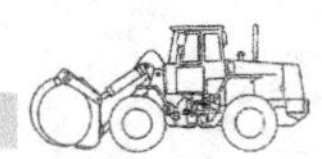

7. 燃油耗量过多诊断流程（图3—4—7）

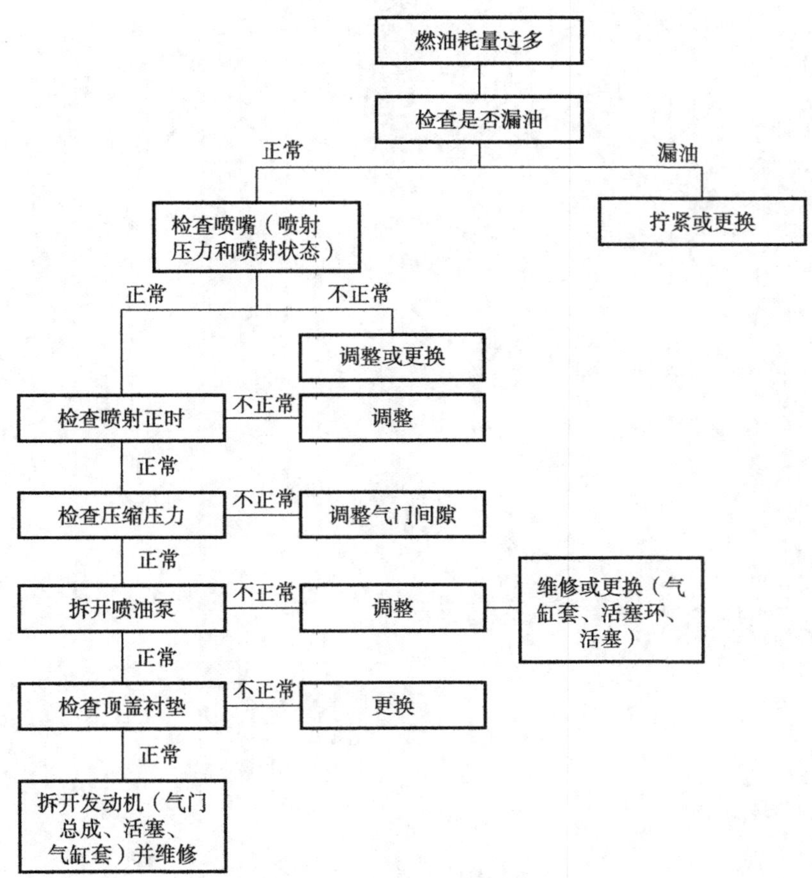

图3—4—7　燃油耗量过多诊断流程

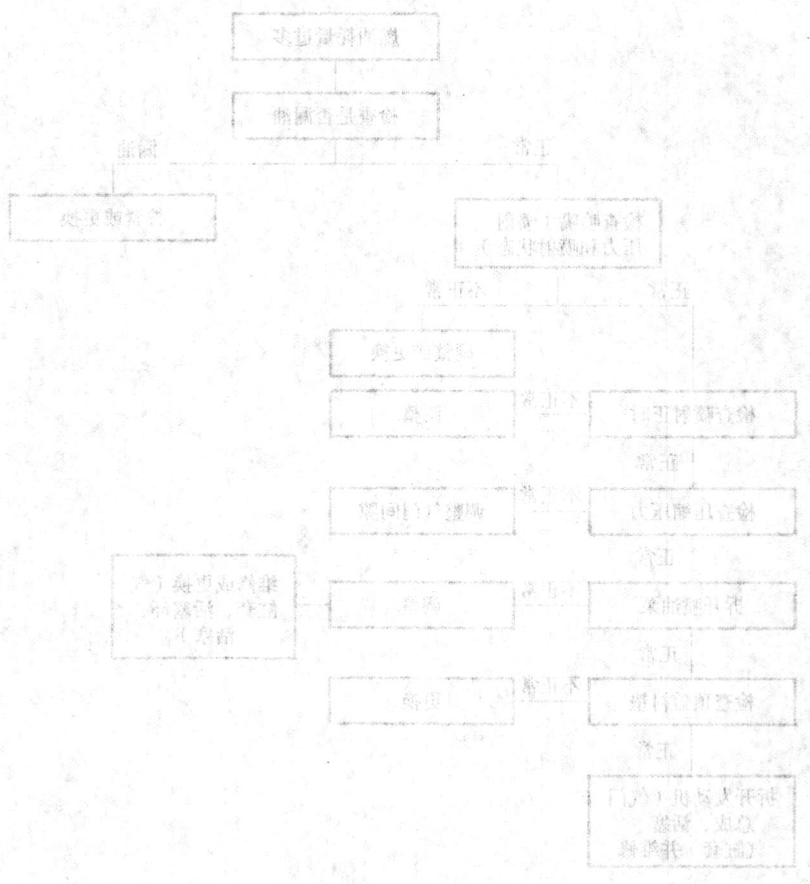

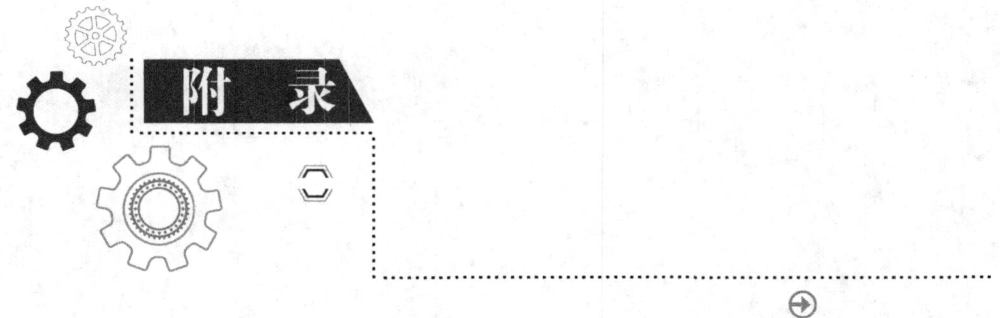
附　录

附图 2　XE210 型挖掘

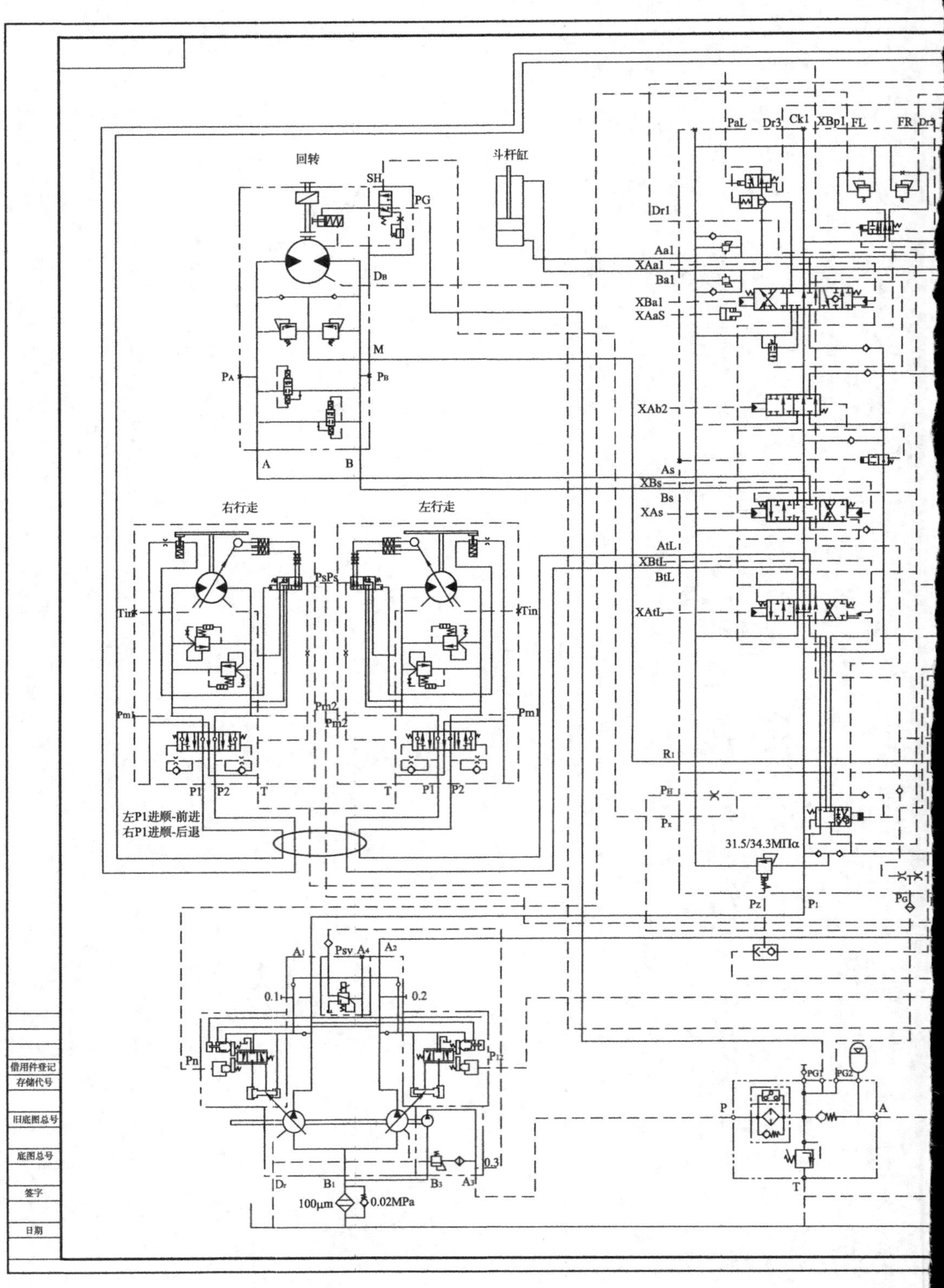

附图 1　XE60 型挖掘

推土铲手
DOWN UP
Pa7
Pb7
左先导阀
ARM
SWING
IN OUT RIGHT LEFT
Pa5
Pb5
Pb8
Pa8
左先导阀
BDOM
BUKET
DOWN UP IN OUT
Pa2
Pb2
Pa1
Pi4
Pb1
行走阀
TRAVEL (R)
TRAVEL (L)
BACKWARD FORWARD
Pb3
Pa3
Pb4
Pa4
铲斗油缸
BUCKET
动臂油缸
BOOM
右行走马达
TRAVEL RIGHT M
P1 P2
A1 B1 Pa1 B2 DR1 Pi1 A2 Pa2 A3
27.5MPa
Pb1 Pb2 T1
P3 P4 P2 P1
3.5 MPa
S
A3 Pm A2 A1
P
T1
借用件登记
存储代号
旧底图总号
底图总号
签字
日期

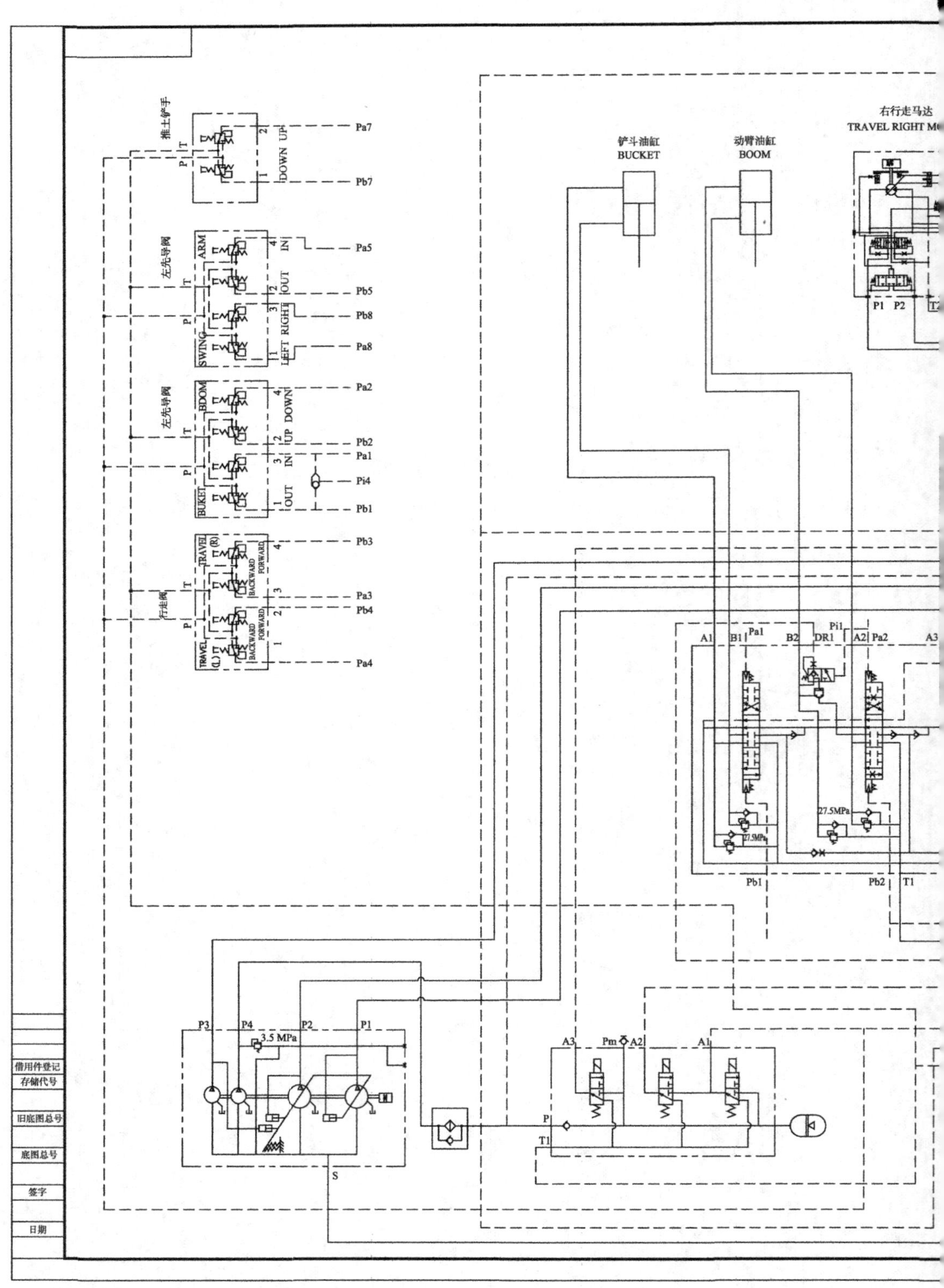

机液压原理图

TOR
左行走马达
TRAVEL LEFT MOTOR
ps
ps
P1 P2 T1
C D Dr E B A
斗杆油缸
ARM
破碎器
（选装）
推土油缸
DOZER
B A
P Q
回转马达
PB DB
GB GA
B Mu A
DR2
B3 Pa3 P1 P2 Pa4 B4 A4 Pa5 B5 A5 Pa6 B6 A6 A7 B7 Pa7 A8 B8 Pa8 Pi3
20.6MPa
P3
27.5MPa
27.5MPa
T2
Pb3 Pb4 Pb5 Pb6 Pb7 Pb8
Pi2
Pi4
1.5bar
T3
4bar
冷油器
(COOLER)
T1
T2
T5 T6 T4
标记 处数 更改文件号 签 字 日 期
设 计 标准化
校 对
审 核 批 准
工 艺 日 期
液压系统（原理图）
图 样 标 记 质 量 比 例
版次 共 张 第 张

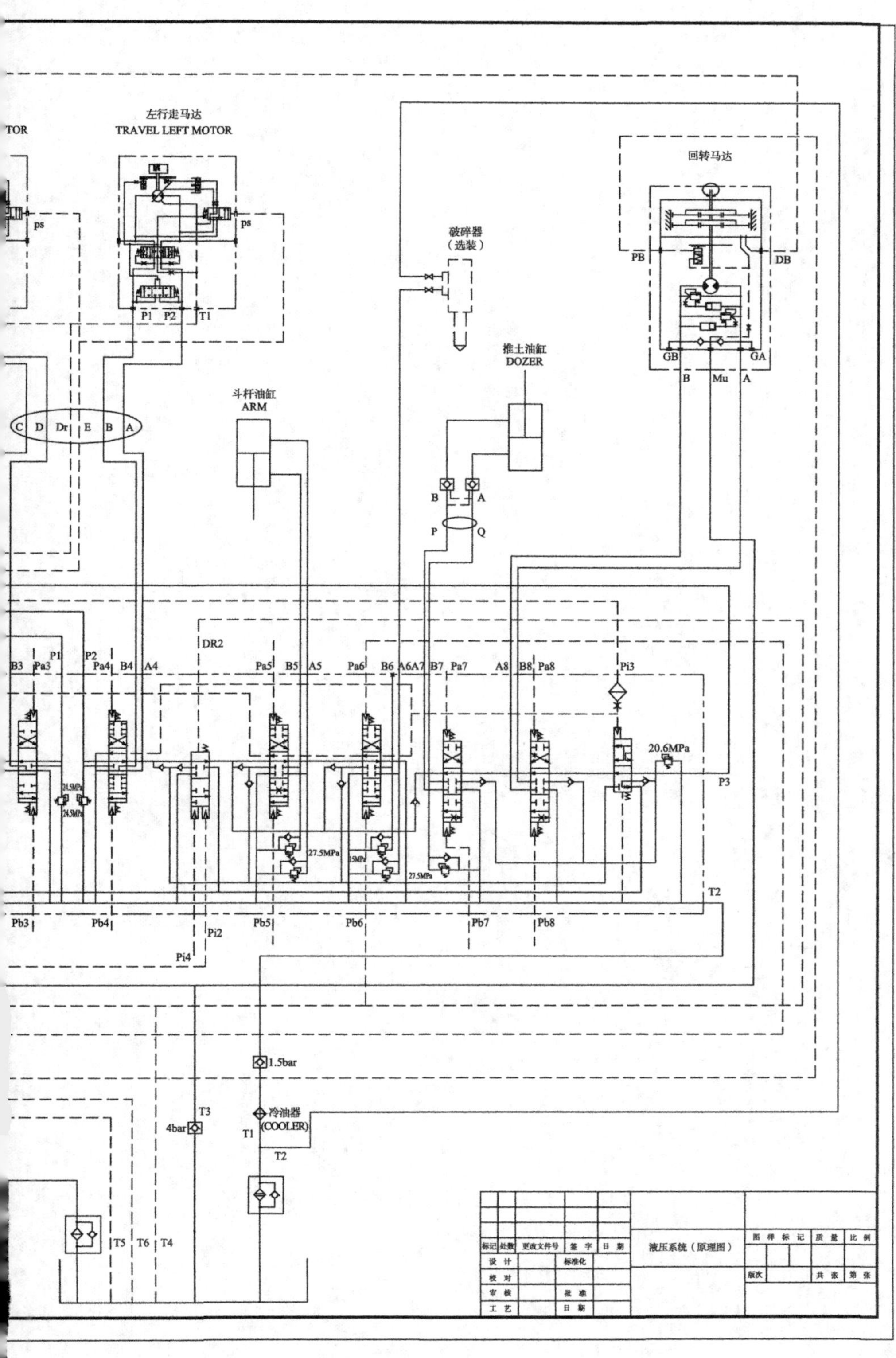

机液压原理图

动臂缸
铲斗缸
Dr2
XBa2
XAa2
Ak1
XAk
Bk1
XBk
XAks
Ck2
Dr4
PbL
Ab1
XAb1
Bb1
XBb1
Ao
XAo
Bo
XBo
Atr
XAtr
Btr
XBtr
P2
R2
Y2
Y3
Y1
2.5bar
4.5bar
0.2MPa
10μm
XBTr
前进
4
右行走
XATr
后退
3
XBTL
前进
2
XATL
后退
左行走
XBa2
XBa1
外摆
斗杆
PaL
XAa2
XAa1
内收
XBs
右回转
XAaS
(回转优先)
XAs
左回转
回转
XAKS
XAb1
上升
动臂
XAb2
XBb1
下降
PbL
(大腔解锁，使动臂大腔回油)
XAk
内收
XBp1
(切断FL油路，使铲斗合流)
XBk
外翻
铲斗
标记
处数
更改文件号
签字
日期
设计
标准化
校对
审核
批准
工艺
日期
液压系统原理图
图样标记
质量
比例
版次
共张
第张

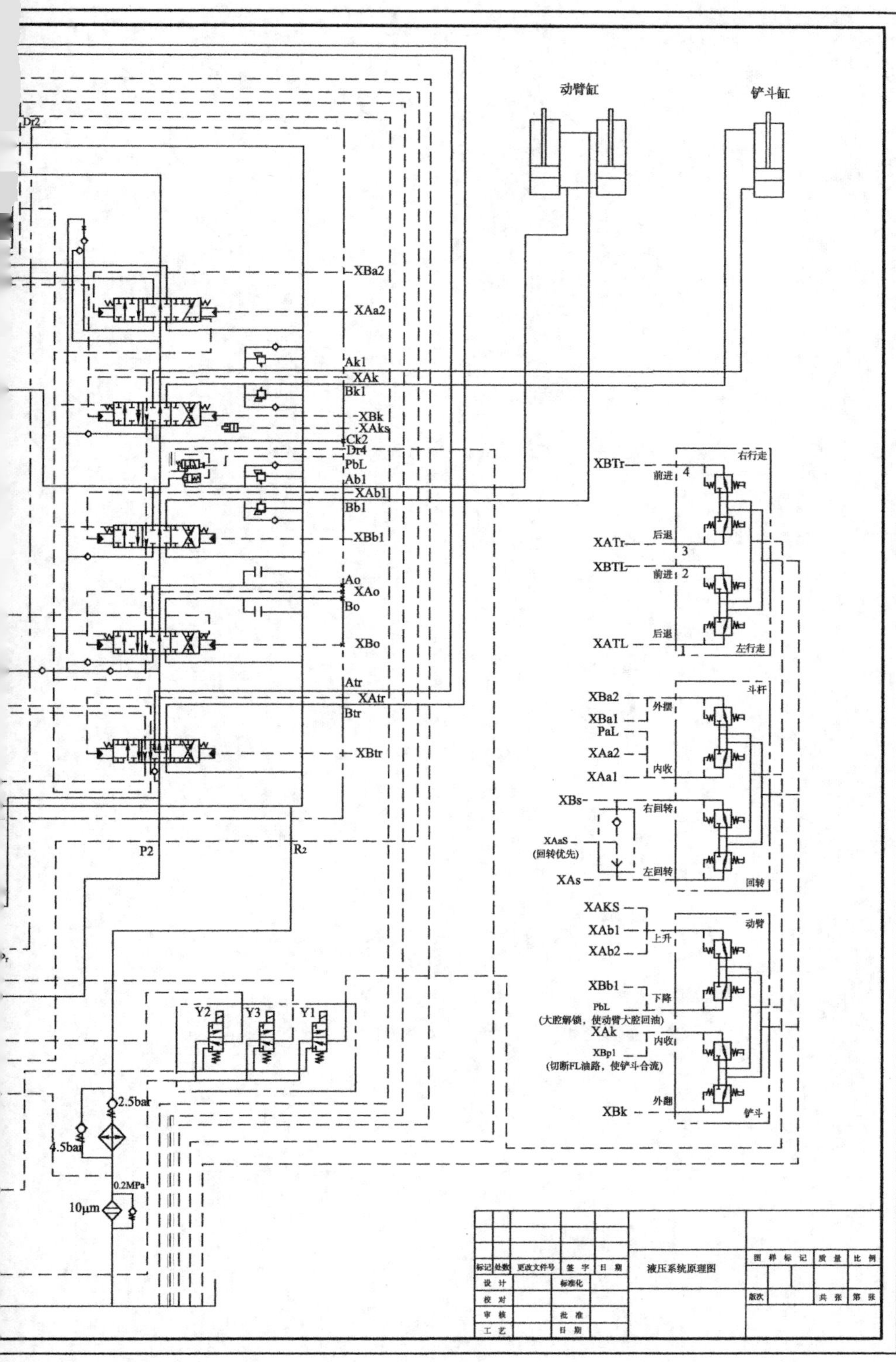

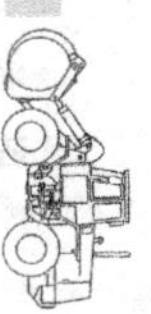

附图 3　XE60 型挖掘机电气原理图

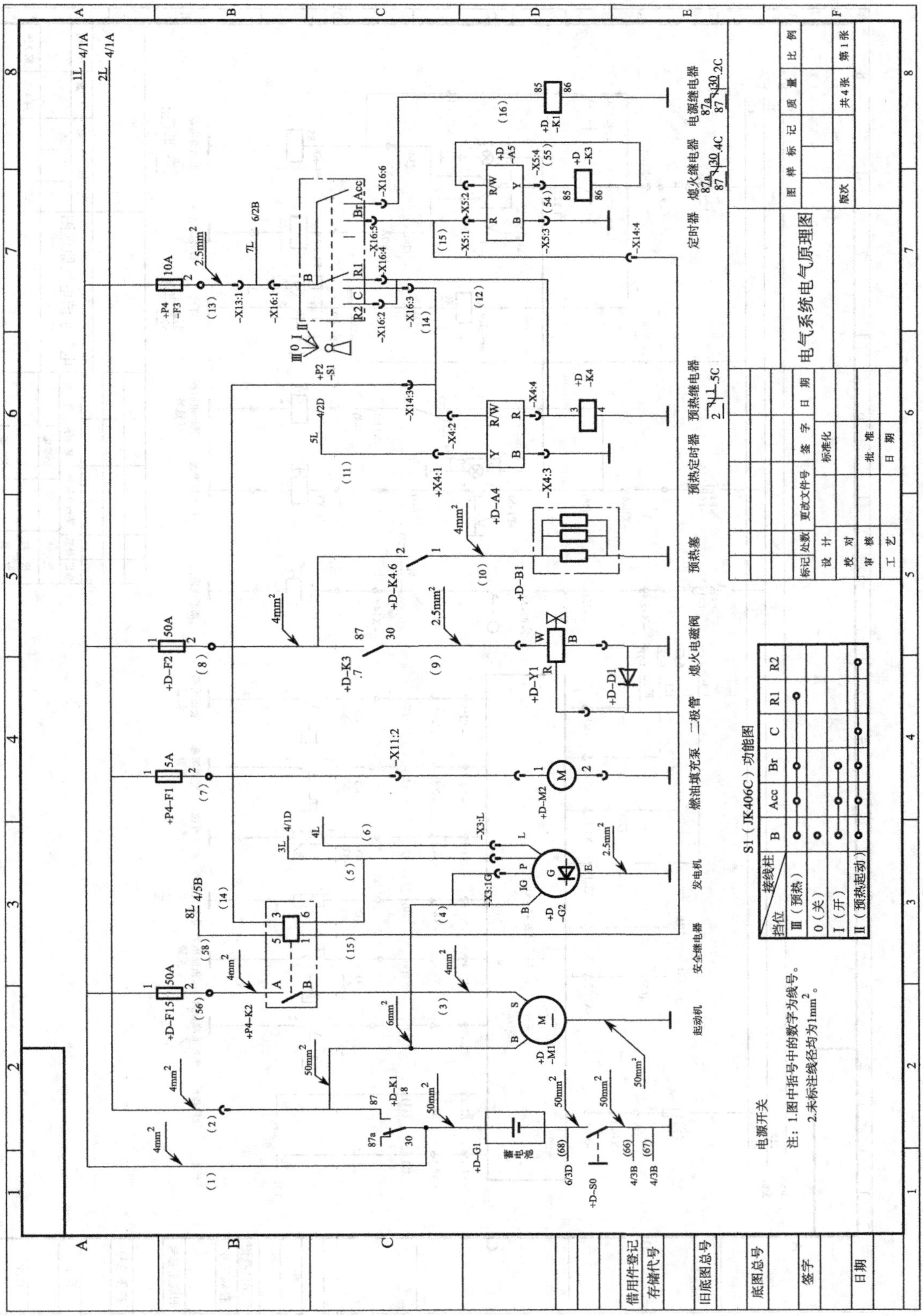

起动机　安全继电器　发电机　燃油填充泵　二极管　熄火电磁阀　预热塞　预热定时器　预热继电器　定时器　熄火继电器　电源继电器

电源开关

注：1.图中括号中的数字为线号。
　　2.未标注线径均为$1mm^2$。

S1（JK406C）功能图

挡位 \ 接线柱	B	Acc	Br	C	R1	R2
Ⅲ（预热）	●	●	●		●	
0（关）	●					
Ⅰ（开）	●	●	●			
Ⅱ（预热起动）	●	●	●	●		●

标记	处数	更改文件号	签　字	日　期
设　计			标准化	
校　对				
审　核			批　准	
工　艺			日　期	

电气系统电气原理图

图样标记	质量	比例
版次	共 4 张	第 1 张

借用件登记
存储代号
旧底图总号
底图总号
签字
日期

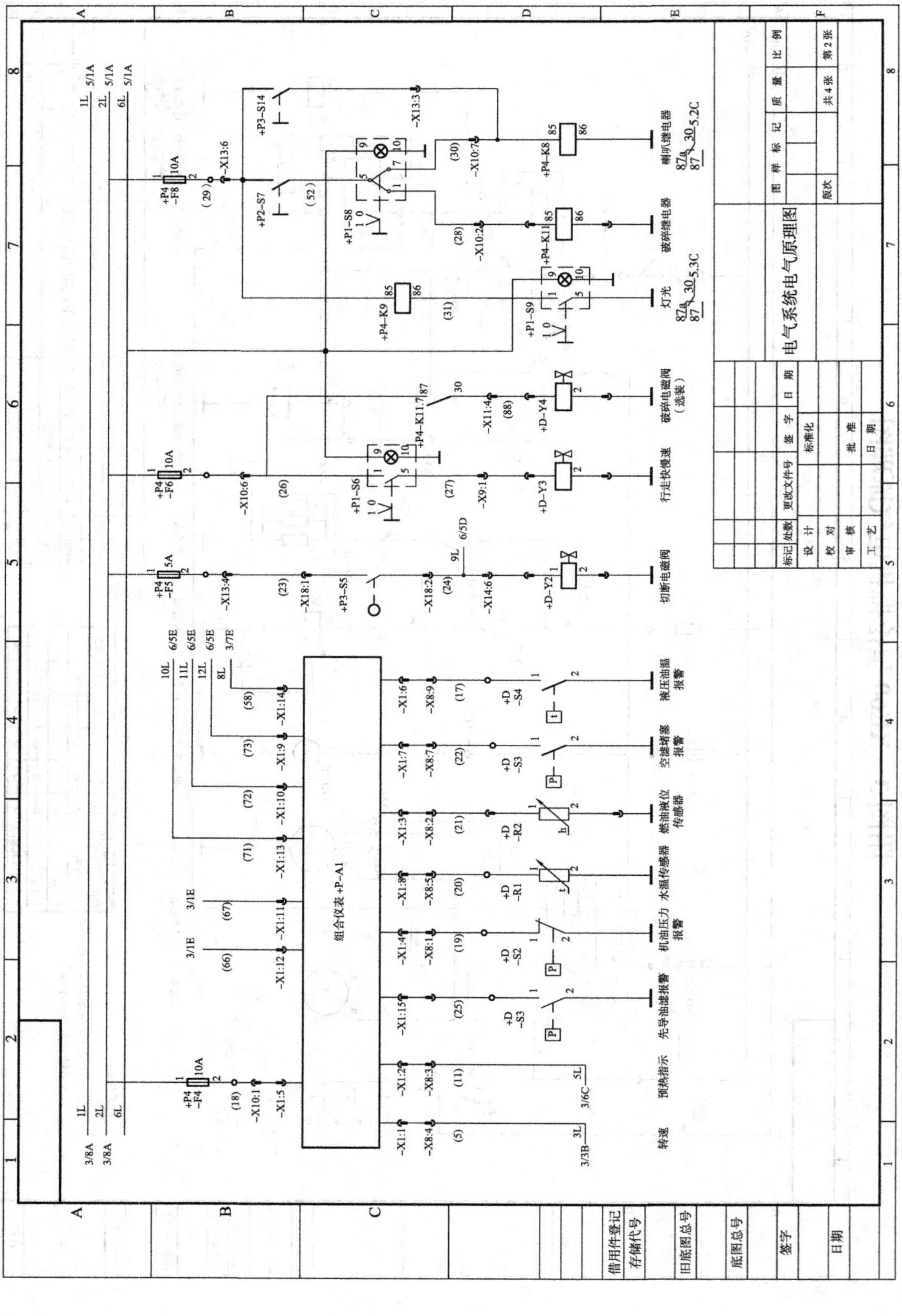
电气系统电气原理图
喇叭继电器
破碎继电器
灯光
破碎电磁阀（选装）
行走快慢速
切断电磁阀
液压油温报警
空滤堵塞报警
燃油液位传感器
水温传感器
机油压力报警
先导油滤报警
预热指示
转速
组合仪表+P-A1
标记 处数 更改文件号 签字 日期
设计 标准化
校对
审核 批准
工艺 日期
图样标记 质量 比例
共4张 第2张
版次
借用件登记
存储代号
旧底图总号
底图总号
签字
日期

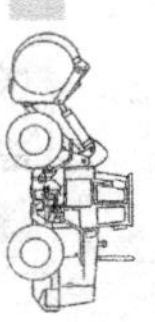

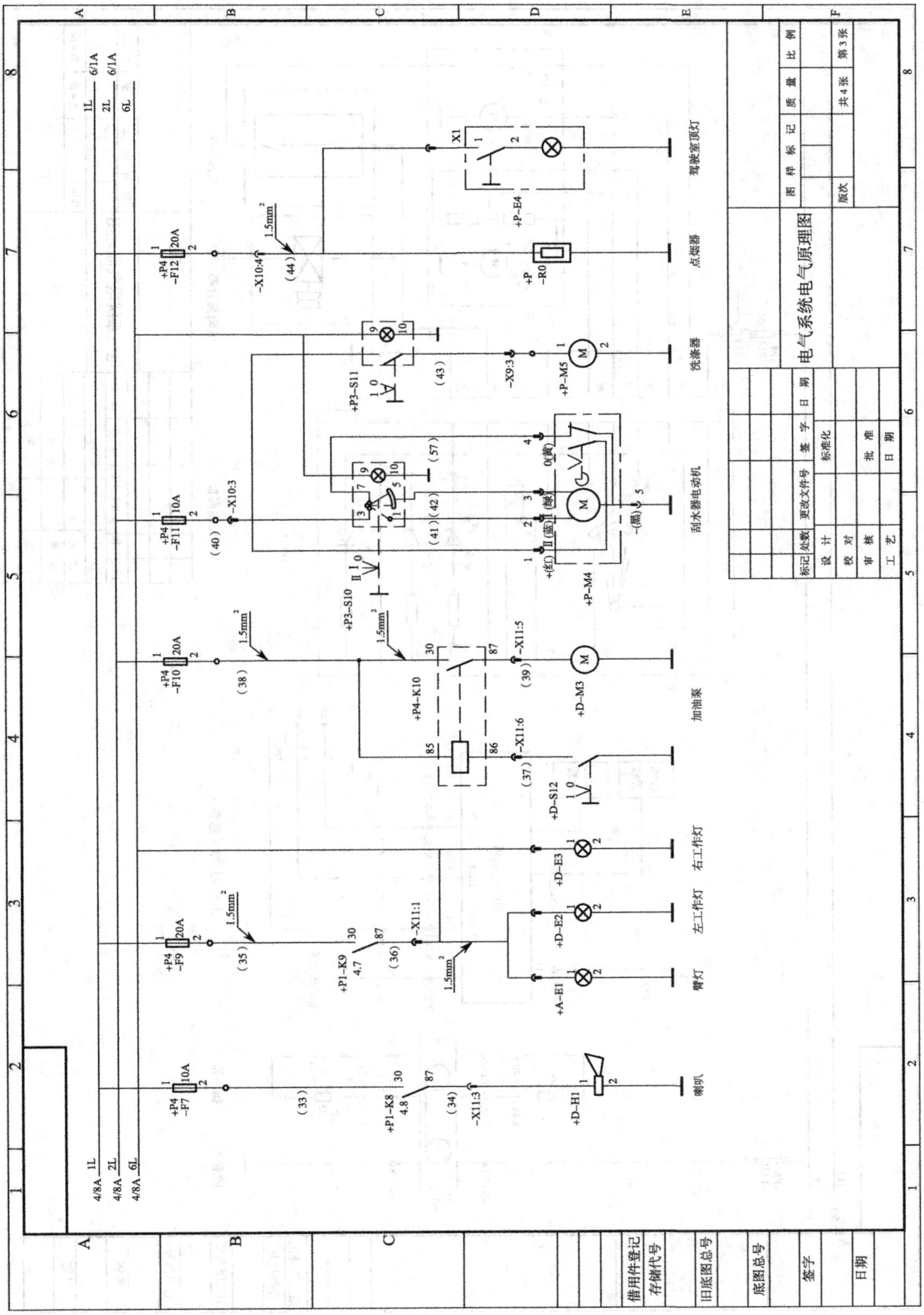

1 2 3 4 5 6 7 8

A B C D E F

4/8A 1L　　　1L 6/1A
4/8A 2L　　　2L 6/1A
4/8A 6L　　　6L

+P4 -F7 10A 1 2
(33)
+P1-K8 4.8 30 87
(34)
-X11:3
+D-H1 1 2
喇叭

+P4 -F9 20A 1 2
(35) 1.5mm²
+P1-K9 4.7 30 87
(36)
-X11:1
1.5mm²
+A-E1 1 2
臂灯
+D-E2 1 2
左工作灯
+D-E3 1 2
右工作灯

+P4 -F10 20A 1 2
(38) 1.5mm²
+P3-S10 Ⅱ Ⅰ 0
1.5mm²
+P4-K10 85 30 86 87
(37) -X11:6
(39) -X11:5
+D-S12 1 0
+D-M3 M
加油泵

+P4 -F11 10A 1 2
(40) -X10:3
3 7 9 1 5 10
(41) (42) (57)
1 2 3 4
+(红) Ⅱ(蓝) Ⅰ(绿) 0(黄)
+P-M4 M
-(黑) 5
刮水器电动机

+P3-S11 1 0 9 10
(43)
-X9:3
+P-M5 M 1 2
洗涤器

+P4 -F12 20A 1 2
-X10:4 1.5mm²
(44)
+P -R0
点烟器

X1 1 2
+P-E4
驾驶室顶灯

借用件登记
存储代号
旧底图总号
底图总号
签字
日期

标记	处数	更改文件号	签字	日期	电气系统电气原理图	图样标记	质量	比例
设计		标准化						
校对						版次	共4张	第3张
审核		批准						
工艺		日期						

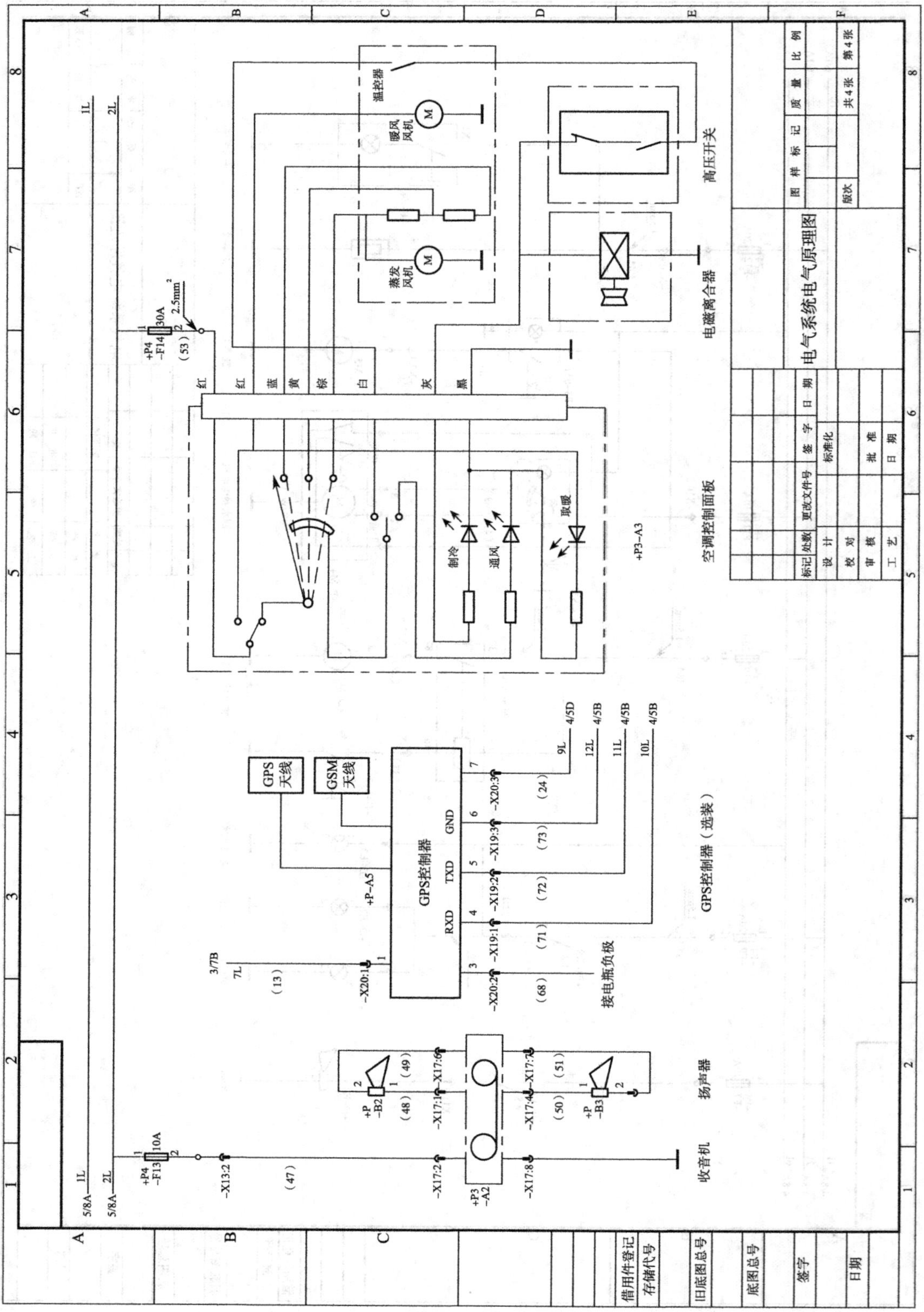

5/8A 1L
5/8A 2L
+P4 −F13 10A
−X13:2
(47)
−X17:2
+P3 −A2
−X17:8
收音机

+P −B2
(48) (49)
−X17:1 −X17:6
−X17:4 −X17:7
(50) (51)
+P −B3
扬声器

3/7B
7L
(13)
−X20:1
+P−A5
GPS 天线
GSM 天线
GPS控制器
RXD TXD GND
−X20:2 −X19:1 −X19:2 −X19:3 −X20:3
(68) (71) (72) (73) (24)
接电瓶负极
9L 4/5D
12L 4/5B
11L 4/5B
10L 4/5B
GPS控制器（选装）

+P4 −F14 30A
(53) 2.5mm²
红 红 蓝 黄 棕 白 灰 黑
制冷
通风
取暖
+P3−A3
空调控制面板

蒸发风机
暖风风机
温控器
电磁离合器
高压开关

标记	处数	更改文件号	签字	日期
设计		标准化		
校对				
审核		批准		
工艺		日期		

电气系统电气原理图

图样标记		质量	比例
版次		共4张	第4张

借用件登记
存储代号
旧底图总号
底图总号
签字
日期

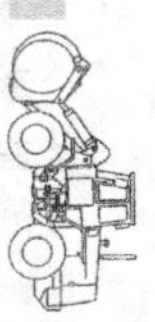

附图 4　XE210 型挖掘机电气原理图

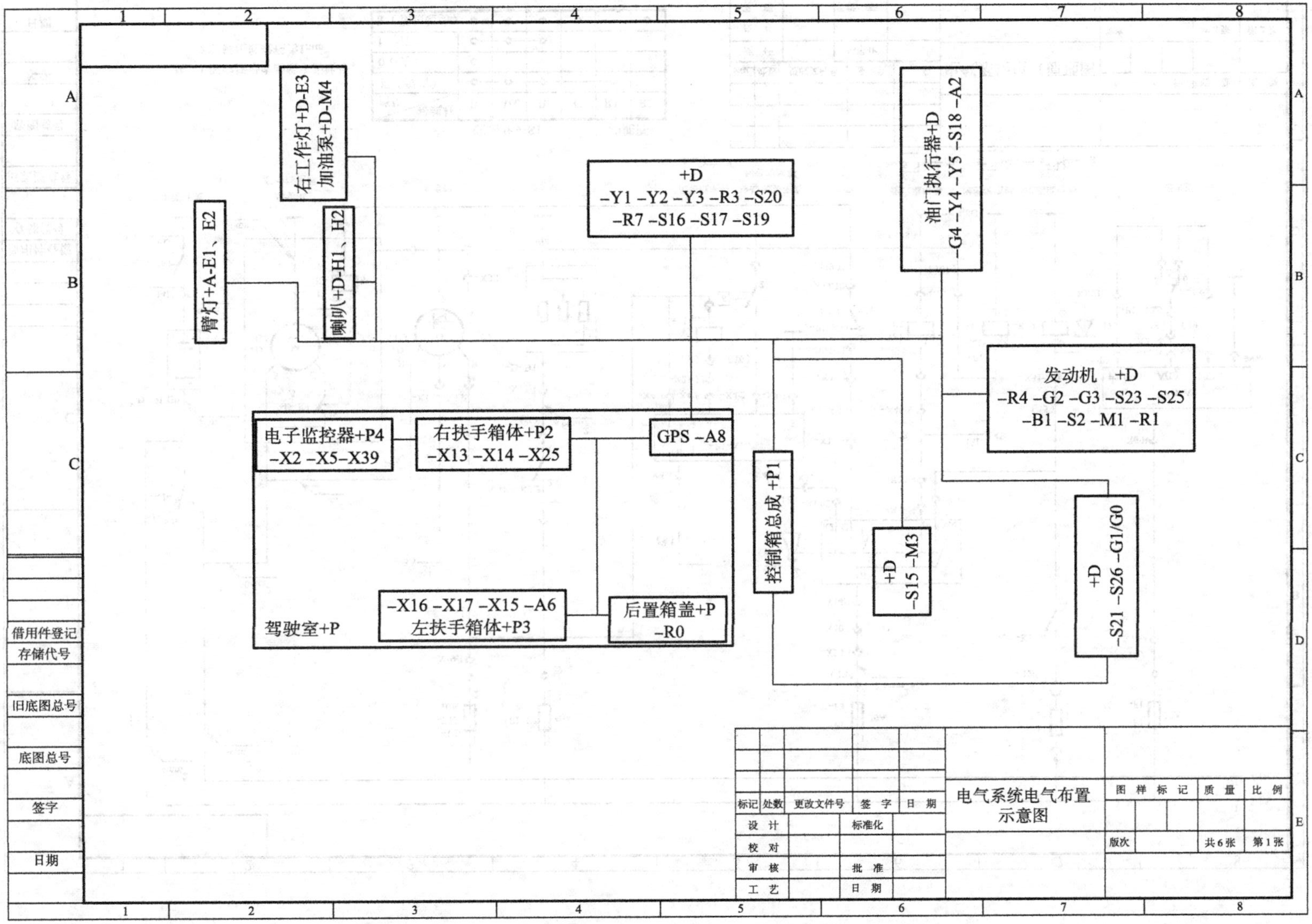

右工作灯+D-E3
加油泵+D-M4

臂灯+A-E1、E2

喇叭+D-H1、H2

+D
–Y1 –Y2 –Y3 –R3 –S20
–R7 –S16 –S17 –S19

油门执行器+D
–G4 –Y4 –Y5 –S18 –A2

发动机　+D
–R4 –G2 –G3 –S23 –S25
–B1 –S2 –M1 –R1

电子监控器+P4
–X2 –X5–X39

右扶手箱体+P2
–X13 –X14 –X25

GPS –A8

控制箱总成 +P1

+D
–S15 –M3

+D
–S21 –S26 –G1/G0

–X16 –X17 –X15 –A6
左扶手箱体+P3

后置箱盖+P
–R0

驾驶室+P

借用件登记
存储代号
旧底图总号
底图总号
签字
日期

标记	处数	更改文件号	签字	日期	电气系统电气布置示意图	图样标记	质量	比例
设计			标准化			版次	共6张	第1张
校对								
审核			批准					
工艺			日期					

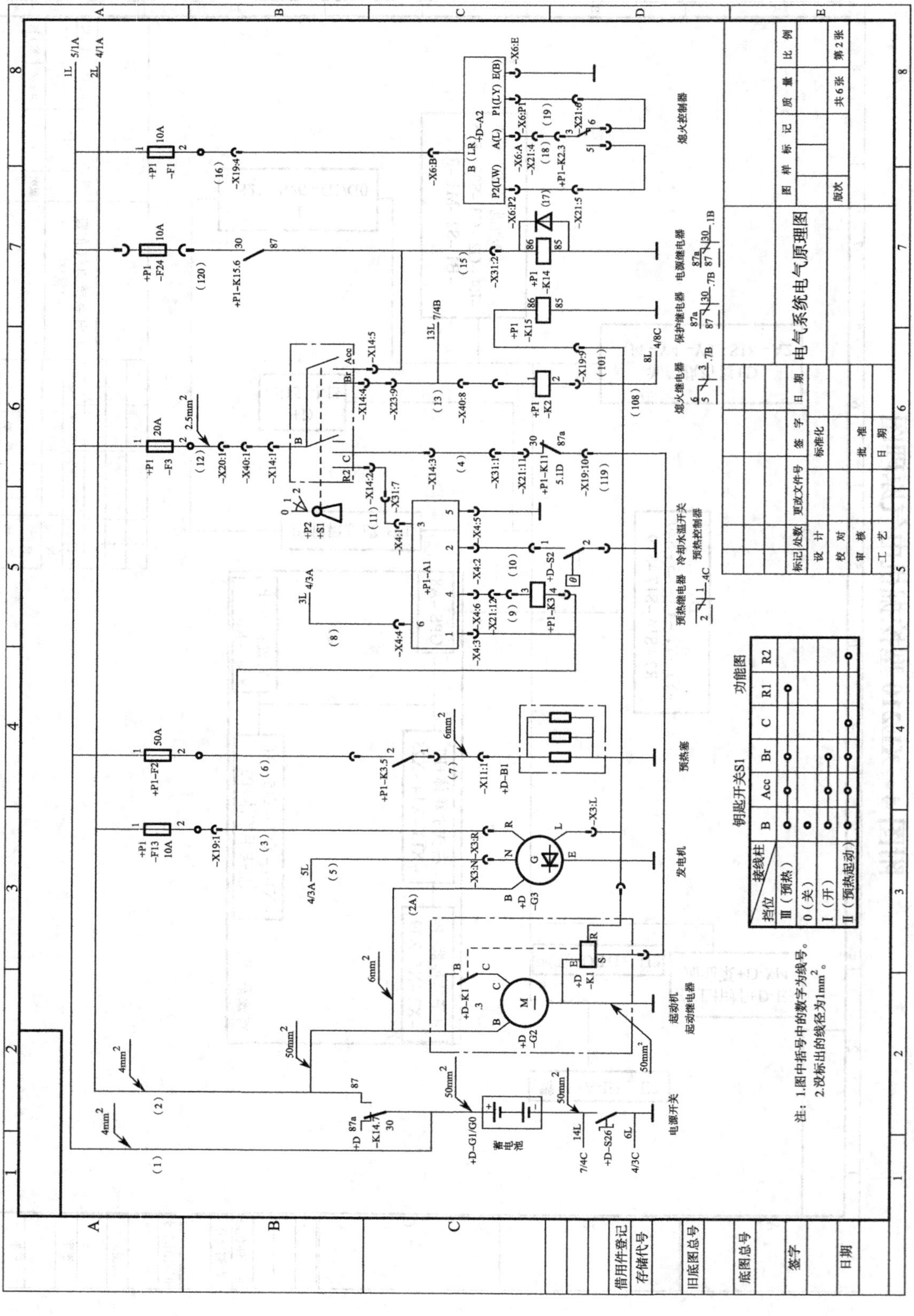

电气系统电气原理图

电源开关

起动机
起动继电器

发电机

预热塞

预热继电器

冷却水温开关
预热控制器

熄火继电器

保护继电器

电源继电器

熄火控制器

蓄电池

钥匙开关S1 功能图

挡位 \ 接线柱	B	Acc	Br	C	R1	R2
Ⅲ（预热）	o	o	o		o	
0（关）	o					
Ⅰ（开）	o	o	o			
Ⅱ（预热起动）	o	o	o	o		o

注：1.图中括号中的数字为线号。
2.没标出的线径为1mm²。

标记	处数	更改文件号	签字	日期	电气系统电气原理图	图样标记	质量	比例
设计		标准化				版次	共6张	第2张
校对								
审核		批准						
工艺		日期						

借用件登记
存储代号
旧底图总号
底图总号
签字
日期

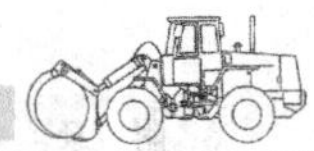

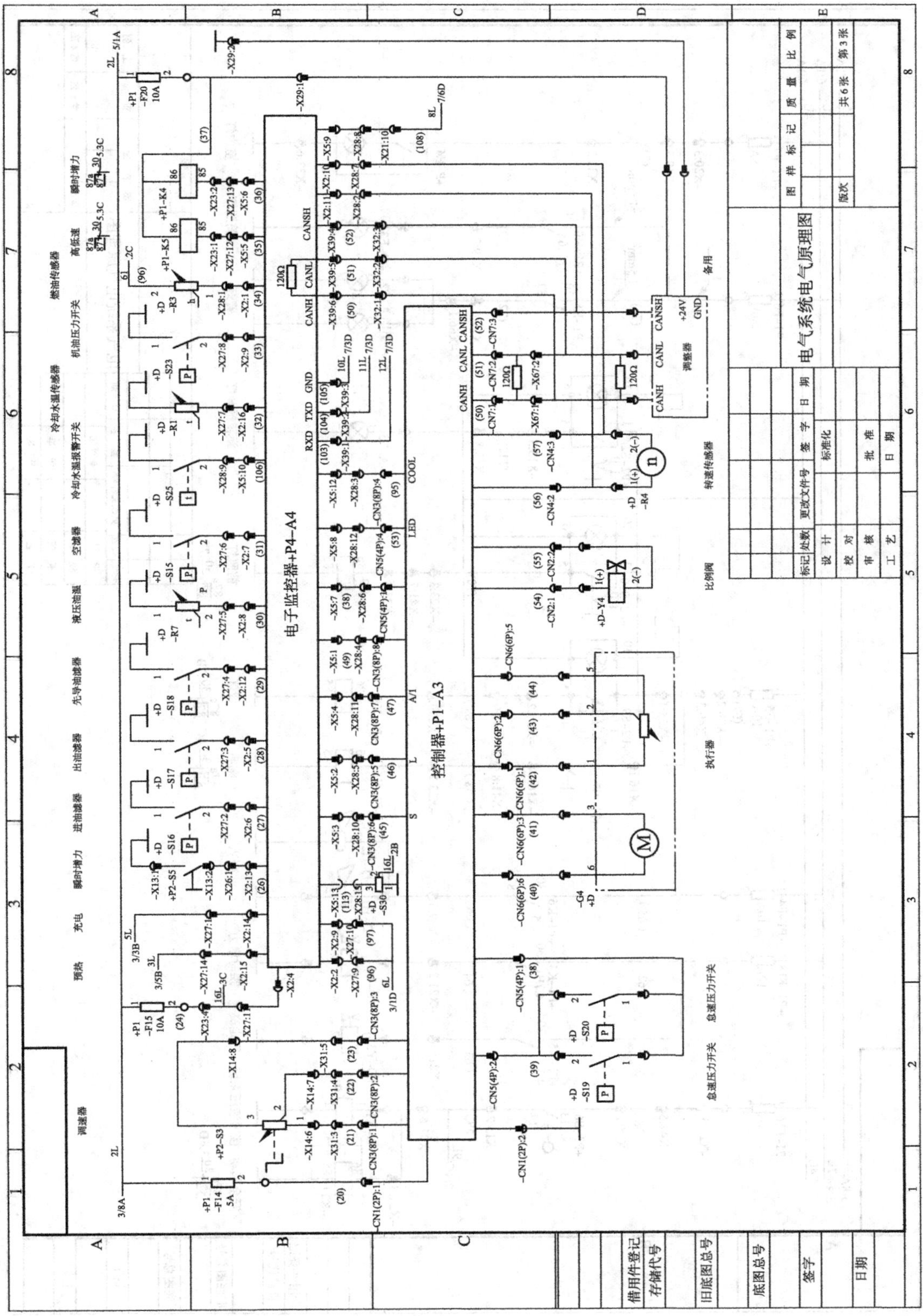

电气系统电气原理图

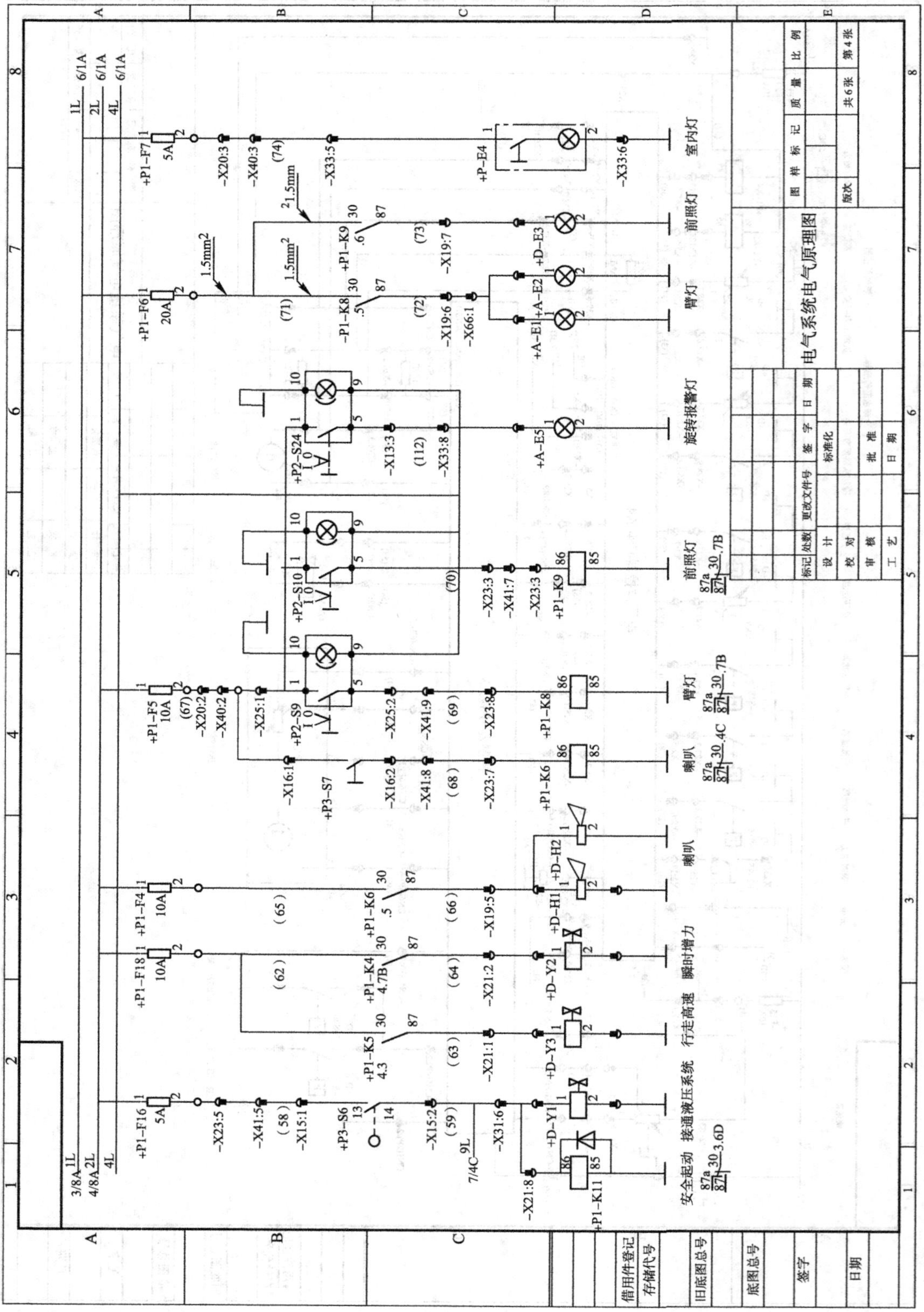

电气系统电气原理图

安全起动 接通液压系统 行走高速 瞬时增力 喇叭 喇叭 臂灯 前照灯 旋转报警灯 臂灯 前照灯 室内灯

+P1–F16 5A　+P1–F18 10A　+P1–F4 10A　+P1–F5 10A　+P1–F6 20A　+P1–F7 5A

+P1–K11　+P1–K5 4.3　+P1–K4 4.7B　+P1–K6 .5　+P1–K8 .5　+P1–K9 .6

+D–Y1　+D–Y3　+D–Y2　+D–H1　+D–H2　+P3–S6　+P3–S7　+P2–S9　+P2–S10　+P2–S24

+A–E5　+A–E1　+A–E2　+D–E3　+P–E4

1.5mm²　1.5mm²　1.5mm

标记	处数	更改文件号	签 字	日 期
设 计		标准化		
校 对				
审 核		批 准		
工 艺		日 期		

图 样 标 记	质 量	比 例
版次	共6张	第4张

借用件登记　存储代号　旧底图总号　底图总号　签字　日期

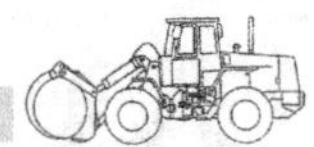

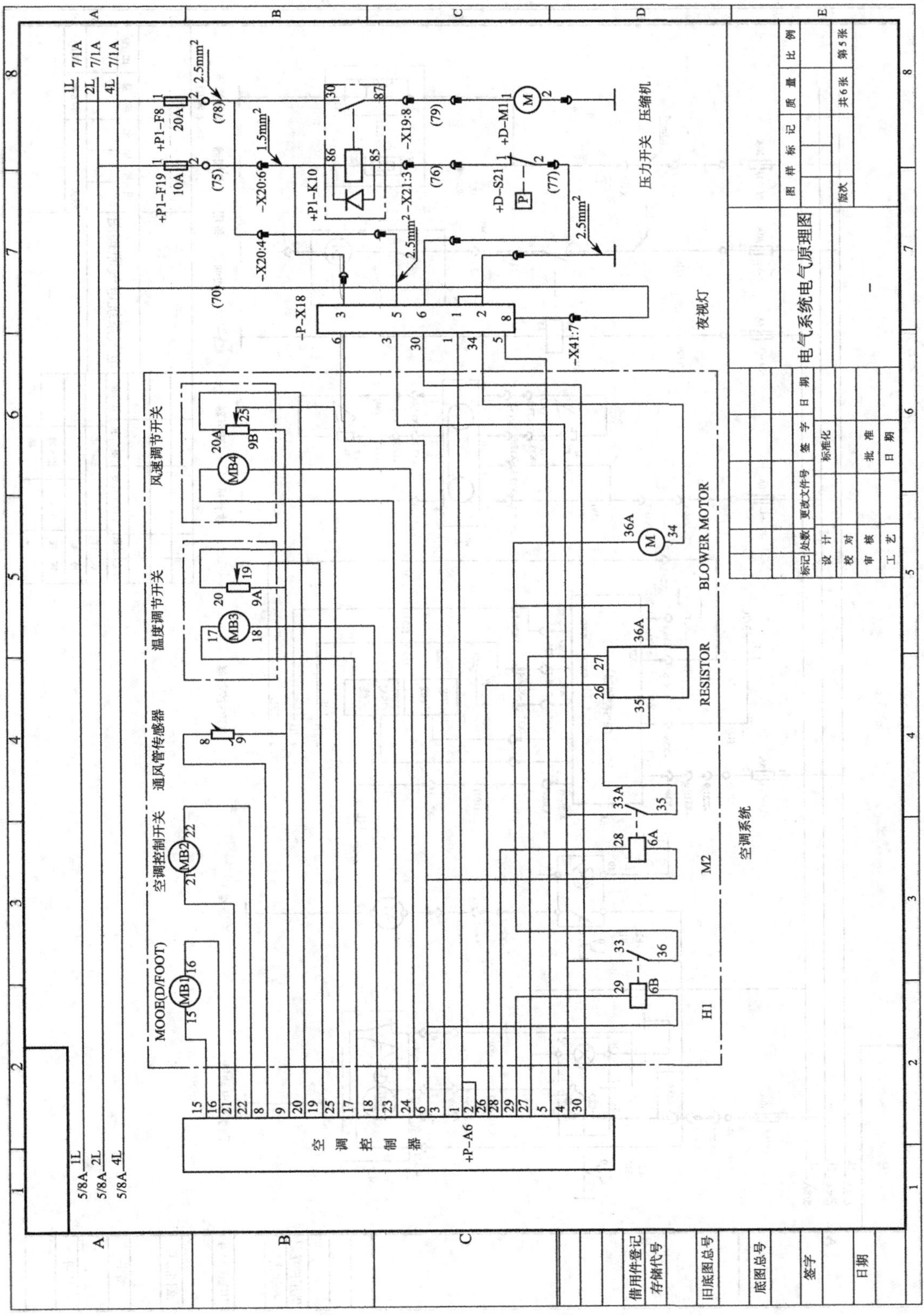

电气系统电气原理图

空调系统

空调控制器 +P-A6

MOOE(D/FOOT)　MB1　空调控制开关　MB2　通风管传感器　温度调节开关　MB3　风速调节开关　MB4

H1　M2　RESISTOR　BLOWER MOTOR

-P-X18　+P1-F19 10A　+P1-F8 20A　+P1-K10　+D-S21　+D-M1　-X20:4　-X20:6　-X21:3　-X19:8　-X41:7

压力开关　压缩机　夜视灯

标记	处数	更改文件号	签字	日期
设计		标准化		
校对				
审核		批准		
工艺		日期		

图样标记	质量	比例
版次	共 6 张	第 5 张

借用件登记　存储代号　旧底图总号　底图总号　签字　日期

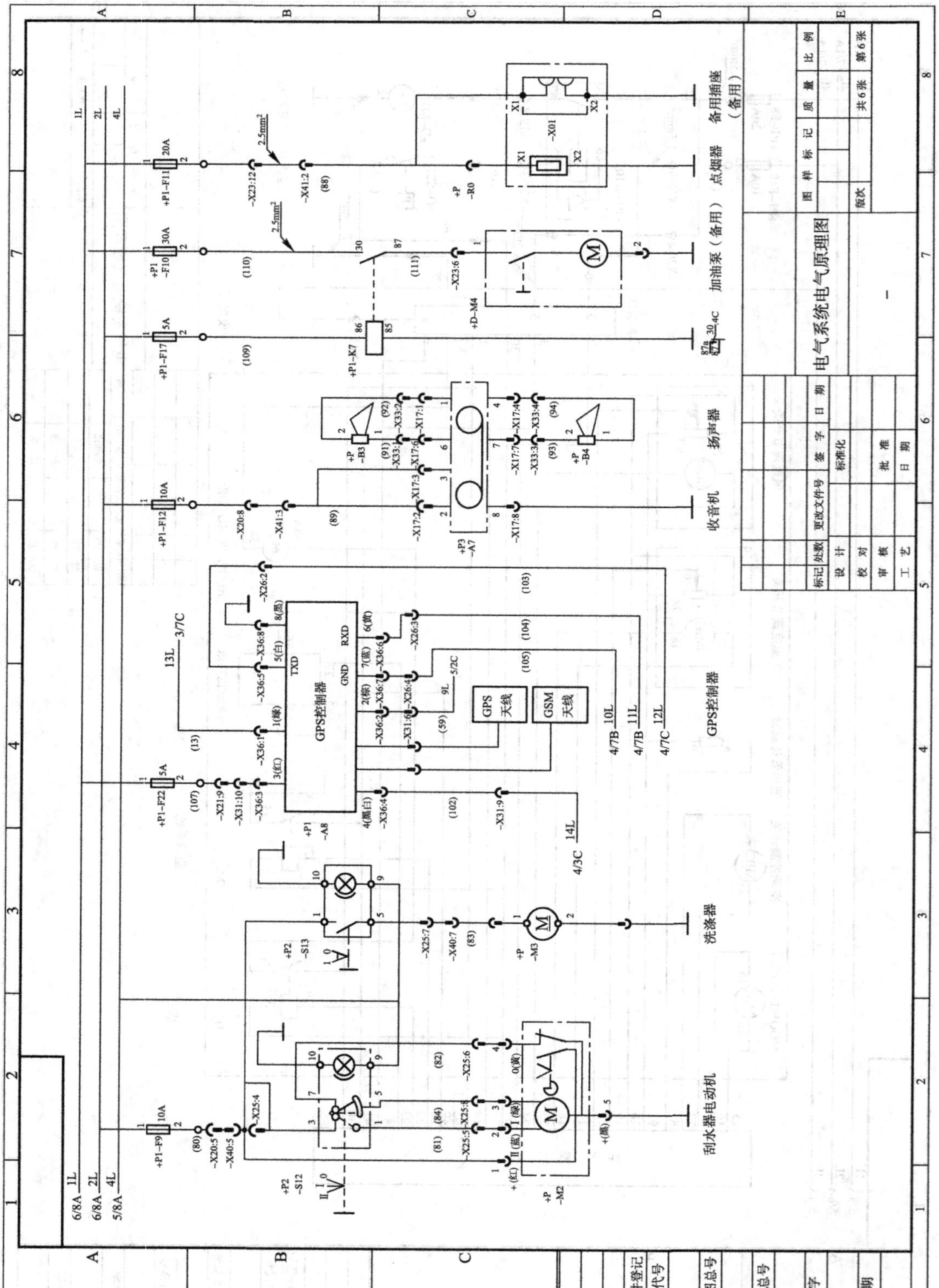

刮水器电动机　　洗涤器　　GPS控制器　　收音机　　扬声器　　加油泵（备用）　点烟器　　备用插座（备用）

+P1–F9 10A　+P1–F22 5A　+P1–F12 10A　+P1–F17 5A　+P1–F10 30A　+P1–F11 20A

+P2 –S12　+P–M2　+P2 –S13　+P –M3　+P1 –A8　GPS控制器　TXD　GND　RXD　GPS天线　GSM天线　+P3 –A7　+P –B3　+P –B4　+P1–K7　+D–M4　+P –R0　–X01

6/8A 1L　6/8A 2L　5/8A 4L　13L 3/7C　4/3C 14L　4/7B 10L　4/7B 11L　4/7C 12L　9L 5/2C　2.5mm²

标记	处数	更改文件号	签 字	日 期	电气系统电气原理图	图样标记	质 量	比 例
设 计		标准化						
校 对						版次	共6张	第6张
审 核		批 准			–			
工 艺		日 期						

借用件登记
存储代号
旧底图总号
底图总号
签字
日期